装备试验鉴定系列丛书

外军装备试验鉴定

刘映国　主编

国防工业出版社

·北京·

内 容 简 介

本书从研究探索装备试验鉴定发展规律角度,系统梳理了世界主要国家装备试验鉴定概念与分类、地位作用及主要特点,并从初创与兴起、趋向成熟和调整完善三个层面研究了现代装备试验鉴定发展演变历程。本书以西方军事大国为主要对象,全面总结了装备试验鉴定主要类别、组织管理体制、政策法规的主要内容,以及装备全寿命周期需开展的试验鉴定活动,并系统研究了美军装备试验鉴定组织实施与试验鉴定资源建设的主要做法。在此基础上,本书分析预测了未来装备发展对试验鉴定的需求,未来装备试验鉴定及相关技术发展趋势。

本书是一部装备试验鉴定发展规律探索与实践认知研究相结合的专著,融学科理论知识与实践活动于一体,适用于装备试验鉴定管理部门、组织实施机构与工程技术人员,也可作为装备试验鉴定学科领域专业人员培训和教学参考书。

图书在版编目(CIP)数据

外军装备试验鉴定/刘映国主编. —北京:国防工业出版社,2022.11

(装备试验鉴定系列丛书)

ISBN 978-7-118-12553-5

Ⅰ.①外… Ⅱ.①刘… Ⅲ.①武器装备—鉴定试验—研究—国外 Ⅳ.①E145

中国国家版本馆 CIP 数据核字(2023)第 020856 号

※

国防工业出版社出版发行

(北京市海淀区紫竹院南路23号 邮政编码100048)
三河市腾飞印务有限公司印刷
新华书店经售

开本 710×1000 1/16 印张 21¼ 字数 363 千字
2022 年 11 月第 1 版第 1 次印刷 印数 1—4000 册 定价 125.00 元

(本书如有印装错误,我社负责调换)

国防书店:(010)88540777   书店传真:(010)88540776
发行业务:(010)88540717   发行传真:(010)88540762

"装备试验鉴定系列丛书"编审委员会

名誉主任 许学强

主　　任 饶文敏

副 主 任 宋立权　杨　林　黄达青　陈金宝

委　　员 陈郁虹　王小平　葛晓飞　张　煦

　　　　　　杨赤军　王　宏　齐振恒　李宪光

　　　　　　江小平　于　光　黄常青　李　旻

　　　　　　杨玉辉　胡宜槐

《外军装备试验鉴定》编写组

主　　编　刘映国
副 主 编　李杏军　杨俊岭　曹金霞
编写人员　（按姓氏笔画排序）

王　凯	王　峰	石根柱	任惠民
刘宏亮	刘映国	刘继武	杨俊岭
杨慧莉	李加祥	李杏军	宋振国
张宏江	张宝珍	陈亚莎	武小悦
欧　渊	郑晓娜	郑　超	胡　壮
高新雨	唐　荣	曹金霞	韩进喜
智　慧	谢伟朋	薛　卫	

统　　稿　欧　渊　郑晓娜　李加祥　杨慧莉
　　　　　　郑　超

前　言

试验鉴定作为武器装备建设的重要组成部分,在装备全寿命周期管理过程中发挥着决策支撑作用,是确保装备实战运用与打赢战争的重要手段,其发展始终受到各国军队高度重视。以美国为代表的西方军事强国,在新技术推动下大力加强装备试验靶场建设与试验技术研发,积极构建试验鉴定管理、政策、法规与标准体系,打造与新型战争样式和新兴武器装备形态相适应的试验鉴定能力。在信息技术与智能技术快速发展并相互融合的新时代,设计未来战争与构成新型装备体系,呼唤装备试验鉴定理论、模式与技术创新。

军委装备发展部试验鉴定局组织编撰的《外军装备试验鉴定》,从国际战略格局演变与高新技术发展对武器装备及试验鉴定影响的视角,系统梳理了美、俄、英、法、日等国家军队装备试验鉴定管理体制、政策法规、资源建设,归纳整理了研制试验鉴定、作战试验鉴定、一体化试验鉴定概念内涵、内容要求、组织实施与安全管理,并从试验鉴定理念、模式与技术等方面讨论了军事强国试验鉴定发展趋势。我军顺应世界新军事革命发展大势,积极推进装备试验鉴定转型,明确今后装备试验鉴定在"性能试验–状态鉴定""作战试验–列装定型""在役考核–改进升级"三个环路下,开展性能试验、作战试验、在役考核三类试验和状态鉴定与列装定型,构建全新的试验鉴定体系并推动理论、模式与技术创新。试验鉴定转型与开展新的试验和鉴定定型,要求重组试验鉴定管理体系并不断完善试验鉴定法规与标准规范。他山之石,可以攻玉! 分析研究军事强国装备试验鉴定发展经验与成熟做法,对加快我军装备试验鉴定转型发展具有重要参考意义。

军事科学院系统工程研究院与军事科学信息研究中心组织长期跟踪研究外军装备试验鉴定的专家,潜心研究撰写的《外军装备试验鉴定》,是首次全面系统研究外军试验鉴定发展历程、现状与趋势的理论专著,融入大量国外研究成果与分析报告的内容,以及多年情报研究经验体会。在此,向承担各章撰写任务的作者表示诚挚感谢:杨俊岭(第一章)、刘映国(第二章)、李瑶、刘宏亮(第三章)、郑晓娜(第四章)、李加祥(第五章)、杨慧莉(第六章)、曹金霞、张宝珍、王峰、刘映国、欧渊(第七章)、欧渊(第八章)、任惠民(第九章)。在研究撰写过程中,各章节都借鉴使用了大量中外文参考文献与研究成果,本书不做一一标注,在此一并表达歉意!同时,向在本书研究撰写过程中给予大力支持的专家学者致以崇高敬意!

受资料源所限,本书还存在着内容之间不平衡,有些片段资料难以形成共性认识等问题。同时,受编写时间、研究经验与编撰能力所限,疏漏和不当之处在所难免,敬请专家学者批评指正。

本书编写组

2022 年 7 月

目 录

第一章 概述 ... 1
第一节 装备试验鉴定概念与分类 ... 1
一、装备试验鉴定概念 ... 1
二、装备试验鉴定分类 ... 3
第二节 装备试验鉴定地位作用 ... 5
一、国家检验的最高形式 ... 6
二、装备建设的重要保障 ... 6
三、采办决策的关键支撑 ... 7
四、作战能力的有效倍增 ... 8
五、战略威慑的强力手段 ... 9
第三节 装备试验鉴定主要特点 ... 10
一、管理体制逐步健全完善 ... 11
二、法规制度力求科学合理 ... 12
三、独立性和权威性尤为重要 ... 13
四、协调机制确保顺畅高效 ... 13
五、试验资源建设统筹规划 ... 14
六、试验技术与能力超前谋划 ... 15
七、考核内容与要求立足实战 ... 16
八、人才教育培训要求专业规范 ... 17

第二章 装备试验鉴定发展演变 ... 18
第一节 装备试验鉴定初创与兴起 ... 18
一、传统武器试验活动的兴起 ... 18
二、导弹武器与航天装备试验 ... 21
三、核武器试验活动 ... 24
四、试验靶场大规模建设与鉴定理论技术初步形成 ... 25

第二节　装备试验鉴定趋向成熟 ·· 27
  一、确定研制试验与作战试验两个基本类型 ································ 28
  二、构建职责明晰的试验鉴定管理体制 ······································ 30
  三、突出强调作战试验对装备决策的支撑作用 ···························· 36
  四、推动仿真与信息技术在试验鉴定中运用 ······························· 39

第三节　装备试验鉴定调整完善 ·· 40
  一、进一步强化对试验鉴定重要性认识 ······································ 41
  二、大力加强装备试验鉴定体系建设 ·· 43
  三、着力推进研制试验与作战试验一体化规划与实施 ················· 44
  四、充分利用现代新兴技术提升试验鉴定能力 ··························· 46

第三章　装备试验鉴定主要类别 ·· 48
第一节　装备研制试验鉴定 ·· 48
  一、研制试验鉴定的内容与要求 ··· 49
  二、研制试验鉴定贯穿装备采办全寿命周期 ······························· 51
  三、研制试验鉴定对装备采办决策提供支持 ······························· 54

第二节　装备作战试验鉴定 ·· 59
  一、作战试验鉴定的目的与意义 ··· 60
  二、作战试验鉴定的分类 ··· 62
  三、作战试验鉴定的主要特点 ·· 69

第三节　特殊类型试验鉴定 ·· 71
  一、特殊装备的试验鉴定 ··· 72
  二、特殊内容要求的试验鉴定 ·· 76
  三、特殊组织形式的试验鉴定 ·· 79

第四章　装备试验鉴定组织管理体制 ··· 82
第一节　装备试验鉴定管理体制 ··· 82
  一、美军装备试验鉴定管理体制 ··· 82
  二、北约其他国家装备试验鉴定管理体制 ·································· 89
  三、俄军装备试验鉴定管理体制 ··· 92
  四、日本自卫队装备试验鉴定管理体制 ······································ 93

第二节　装备试验鉴定组织机构 ··· 94
  一、美军装备试验鉴定组织机构 ··· 94

二、北约其他国家装备试验鉴定组织机构 …………………… 105
三、俄军装备试验鉴定组织机构 ……………………………… 114
四、日本自卫队装备试验鉴定组织机构 ……………………… 115
第三节 装备试验鉴定运行机制 …………………………………… 116
一、权威顶层监管机制 ………………………………………… 116
二、试验资源统建共享机制 …………………………………… 118
三、试验鉴定计划统筹规划机制 ……………………………… 119
四、一体化试验小组协调配合机制 …………………………… 119
五、作战试验鉴定独立运行机制 ……………………………… 120

第五章 装备试验鉴定政策法规 …………………………………… 122
第一节 试验鉴定法律法规 ………………………………………… 122
一、国家层面试验鉴定的法律 ………………………………… 123
二、军队层面试验鉴定法规 …………………………………… 125
第二节 试验鉴定规章制度 ………………………………………… 130
一、美国军种总部有关试验鉴定规章 ………………………… 131
二、美国各军种下属司令部关于试验鉴定的规章 …………… 137
三、美国各军种作战试验机构关于试验鉴定的规章 ………… 138
第三节 试验鉴定标准规范 ………………………………………… 143
一、装备试验鉴定通用标准和行业规范 ……………………… 143
二、装备研制试验和作战试验指标体系建立的规范 ………… 145
三、试验鉴定文档 ……………………………………………… 147

第六章 装备全寿命周期的试验鉴定 ……………………………… 156
第一节 方案论证阶段试验鉴定 …………………………………… 158
一、方案论证及对试验鉴定的要求 …………………………… 158
二、方案论证阶段试验鉴定活动 ……………………………… 158
三、鉴定结果对里程碑 A 决策的支持 ………………………… 160
第二节 技术开发阶段试验鉴定 …………………………………… 161
一、技术开发及对试验鉴定的要求 …………………………… 161
二、技术开发阶段的试验鉴定活动 …………………………… 162
三、鉴定结果对里程碑 B 决策的支持 ………………………… 165
第三节 工程与制造开发阶段试验鉴定 …………………………… 166

一、工程与制造开发及对试验鉴定的要求 ················· 166
　　二、工程与制造开发阶段的试验鉴定活动 ················· 168
　　三、鉴定结果对里程碑C决策的支持 ··················· 171
　第四节　生产与部署阶段试验鉴定 ······················ 172
　　一、生产与部署及对试验鉴定的要求 ··················· 173
　　二、生产与部署阶段的试验鉴定活动 ··················· 174
　第五节　使用与保障阶段试验鉴定 ······················ 176
　　一、使用与保障及对试验鉴定的要求 ··················· 177
　　二、使用与保障阶段的试验鉴定活动 ··················· 178
　　三、鉴定结果对决策的支持 ······················· 179

第七章　装备试验鉴定组织实施 ·························· 181
　第一节　研制试验鉴定组织实施 ························ 181
　　一、研制试验鉴定策略规划 ······················· 181
　　二、研制试验鉴定计划制定与审批 ···················· 185
　　三、研制试验活动组织实施 ······················· 187
　第二节　作战试验鉴定组织实施 ························ 190
　　一、作战试验鉴定策略规划 ······················· 190
　　二、作战试验鉴定计划制定与审批 ···················· 192
　　三、作战试验鉴定活动组织实施 ····················· 193
　　四、作战试验鉴定结果报告与使用 ···················· 195
　第三节　研制试验与作战试验一体化组织实施 ·················· 196
　　一、一体化试验鉴定概念与意义 ····················· 196
　　二、一体化试验鉴定组织实施基本原则 ·················· 198
　　三、一体化试验鉴定需要考虑的关键问题 ················· 198
　第四节　特殊装备与内容要求试验鉴定组织实施 ················· 200
　　一、军用软件试验鉴定组织实施 ····················· 201
　　二、军事航天系统试验鉴定组织实施 ··················· 205
　　三、网络安全试验鉴定组织实施 ····················· 213
　第五节　装备试验安全管理 ························· 218
　　一、试验靶场安全保障 ························· 219
　　二、试验过程安全控制 ························· 223

三、试验事故处置过程 …………………………………………… 229

第八章　装备试验鉴定资源 …………………………………………… 233

第一节　装备试验鉴定资源发展建设 ……………………………… 233
　　一、试验鉴定资源建设内容 ……………………………………… 233
　　二、试验鉴定资源发展规划 ……………………………………… 234
　　三、试验鉴定资源建设投资计划 ………………………………… 236

第二节　装备试验靶场建设管理 …………………………………… 238
　　一、试验靶场组成 ………………………………………………… 238
　　二、试验靶场使用 ………………………………………………… 243
　　三、试验靶场建设与维护 ………………………………………… 244

第三节　装备试验数据管理使用 …………………………………… 247
　　一、试验数据类型 ………………………………………………… 247
　　二、试验数据获取 ………………………………………………… 248
　　三、试验数据处理 ………………………………………………… 248
　　四、试验数据应用 ………………………………………………… 249

第四节　装备试验鉴定人员培养 …………………………………… 250
　　一、试验鉴定人员主要构成 ……………………………………… 250
　　二、试验鉴定人员能力要求 ……………………………………… 252
　　三、试验鉴定人员培养措施 ……………………………………… 253

第五节　装备试验资源调配使用 …………………………………… 257
　　一、试验资源需求提出 …………………………………………… 257
　　二、试验资源协调使用 …………………………………………… 259

第九章　装备试验鉴定发展趋势 ……………………………………… 264

第一节　未来装备发展对试验鉴定的需求 ………………………… 264
　　一、未来装备发展趋势 …………………………………………… 264
　　二、对试验鉴定的需求 …………………………………………… 266

第二节　未来装备试验鉴定发展趋势 ……………………………… 269
　　一、强化"像作战一样试验"的理念 …………………………… 269
　　二、强化多方联合、一体化试验的理念 ………………………… 270
　　三、突出能力主线,注重全要素检验 …………………………… 271
　　四、强调虚实结合,注重分布式实施 …………………………… 273

五、紧盯装备发展,注重协同式创新 ……………………………… 274
第三节 装备试验鉴定技术发展研究 …………………………………… 276
一、装备试验鉴定能力发展需求 …………………………………… 276
二、试验鉴定技术发展需求 ………………………………………… 278
三、试验鉴定技术发展态势 ………………………………………… 279

参考文献 ……………………………………………………………………… 281

附录 A 主要缩略语 ………………………………………………………… 287

附录 B 美国国防部试验专用名词术语 …………………………………… 306

第一章 概　　述

新的理论不经过试验鉴定,难以验证其正确性;军事技术不经过试验鉴定,不能确定其是否发展成熟并物化为武器装备;武器装备不经过试验鉴定,则不能确保其转化为真实的作战力。纵观世界军事强国,往往都高度重视试验鉴定在军事技术发展和武器装备建设过程中的重要地位。从长期的装备建设和战场作战实践中,以美军为代表的世界主要军事国家逐渐形成了自己的装备试验鉴定体系,不仅从法律层面赋予试验鉴定工作权威地位,还建立了科学完善的体制机制,确保试验鉴定工作地位作用得到有效发挥。大力发展试验鉴定技术,建设试验鉴定资源,推动武器装备综合试验鉴定能力的发展,最终确保国家安全利益得到军事力量的有效保障。外军武器装备试验鉴定好的经验做法,值得参考与借鉴。本章概要研究世界主要军事国家装备试验鉴定的概念与分类,试验鉴定在装备建设中的地位与作用,以及装备试验鉴定的主要特点。

第一节　装备试验鉴定概念与分类

世界主要军事国家对武器装备试验鉴定都有相应的定义或者阐述,虽然表述方式和分类名称并不完全一样,但是其概念内涵基本一致。

一、装备试验鉴定概念

美国国防部指示(DoDI)5000.02《国防采办系统的运行》中定义,"试验鉴定的基本目的是使国防部获得相应的武器系统。最终,通过试验鉴定的方式为工程师和决策者们提供相应的知识,以协助其管理风险、衡量技术进展和说明作战效能、适用性和生存性。这可通过计划和实施稳健严格的试验鉴定来实现"。美国国防部《国防采办大学术语》对试验鉴定的定义是,"通过对系统或部件开展试验鉴定,分析结果并提供与性能相关的信息,信息用于对风险进行识别和降低,并作为经验数据对建模仿真进行验证。试验鉴定可以对技术性能、指标以及系统的成熟度所达到的水平进行评估,以确定系统预期的作战效能、适用性、生存性和毁伤性"。

美国国防部《试验鉴定管理指南》将试验鉴定细分为"试验""鉴定"和"试验鉴定"三个概念。试验是任何旨在获得、验证或提供用于鉴定以下内容的数据的计划或程序:①实现研制目标的进展情况;②系统、子系统、部件及装备项的性能、作战能力和作战适用性;③系统、子系统、部件及装备项的易损性和杀伤力。鉴定是对数据进行逻辑组合、分析并与预期的性能进行比较以帮助做出系统性决策的过程。这一过程可包括对从设计审查、硬件检查、建模与仿真、软硬件测试、指标审查和装备作战使用中得到的定性或定量数据进行审查和分析。试验鉴定是通过对系统或部件进行试验、对结果进行分析以提供与性能相关的信息的过程。该信息有很多用途,包括风险识别、风险降低以及为验证模型和仿真提供经验数据。试验鉴定可对技术性能、技术规范的实现情况和系统成熟度进行评估,以确定系统是否具备预期的作战效能、适用性和生存能力。

美国陆军手册73-1《试验鉴定》对试验鉴定主要目的定义为"在系统工程迭代过程中,利用反馈机制来支持系统研制和采办。"美国《海军作战试验与鉴定部队作战试验主任手册》中对试验给出定义:"设计用来获取、验证或提供数据的任何计划或程序,以评估:目标开发完成的进展情况;系统、子系统、部件或设备的性能、作战效能和适用性;系统、子系统、部件或设备的易损性或杀伤性。"美国空军指示(AFI)99-103《基于能力的试验鉴定》定义:"试验鉴定的主要作用是完善系统设计、降低研发风险、及早识别并解决缺陷,确保系统具备作战能力(如作战效能和适用性)。"

英国国防部定义试验鉴定为对某一系统性能的演示验证、测试和分析,以及对结果的评估。其目的是为国防部提供以下三个方面的保证:一是国防部获得了所需要的装备;二是使用该装备是安全的;三是通过开展试验鉴定,可以进行装备设计的改进,开发战术、训练与规程,以及收集装备部署的信息。英国将试验鉴定视为装备采购过程中的关键部分,能够确保交付给部队的装备或能力满足好用、安全和管用的要求。它也是风险管理过程中的一部分,通过及早发现并解决装备研制中出现的问题,可有效降低项目的总费用。试验鉴定为国防部管理装备采购和全寿命使用提供支撑。

俄罗斯的武器装备试验大致可分为工厂试验、科研试验和部队使用试验。工厂试验的性质属于初步试验,也叫"设计试验"或"工厂试验"。工厂试验靶场一般隶属于国防工业委员会下属的研究机构或生产单位。科研试验靶场一般隶属于国防部,属于军方靶场。它所实施的试验是代表军方和用户、按国家标准实施的"验收试验",试验目的是在接近实战条件(部队使用条件)下,检验和认定所研制样品在作战技术性能和使用性能方面是否符合战术技术任务书所提出的要求,并对其能否投入批量生产或装备部队提出鉴定意见。部队使用试验主要在部队训练靶场进行,主要用于实弹发射火箭、导弹或投放炸弹、发射鱼雷等,以此进行人员训练、战术演习和对武器系统进行作战使用试验。

从外军对装备试验鉴定的各种表述可以看到,各国对试验鉴定的根本目的的认识基本一致,即通过开展试验鉴定活动,确保国防部和军队有效获得所需的装备,没有本质差别。美军的表述更加详细,从国家法规层面、国防部层面和军兵种层面都有阐述,并将试验、鉴定和试验鉴定分别加以描述,从一个侧面体现了军事强国对试验鉴定工作的高度重视。英军对试验鉴定的认识中也强调试验鉴定对装备改进和战术战法运用的支持。总体来说,装备试验鉴定是一种严谨而科学地产生特定数据的活动,这些数据描述了新装备的性能和特性,试验鉴定将这些数据转化为对负责装备研制的技术和管理人员有用的信息。广义上说,试验鉴定可定义为在某一武器系统或子系统的研究、开发、引进和使用过程中进行的所有物理试验、建模、仿真、实验和相关分析。试验鉴定的基本目的是使国防部能够获得可用的系统。为了实现这一目标,试验鉴定为工程师和决策者提供相关知识,协助其管理风险、评估技术进展并描述装备的作战效能、适用性和生存性,通过规划和实施完善而严格的试验鉴定计划可促成这一目标的实现。

二、装备试验鉴定分类

从不同角度,外军装备试验鉴定有多重分类方法,归纳起来,主要可以分三类:一是按装备发展阶段的不同划分,可以分为研制试验鉴定(DT&E)、作战试验鉴定(OT&E)、与生产有关的试验鉴定等;二是按考核内容的不同划分,如生存性、网络安全性、易损性、杀伤性试验等;三是按照试验鉴定活动的组织或运行方式的不同划分,还可分为一体化试验、结合试验、并行试验、分布式试验等。

(一)不同装备发展阶段的试验鉴定

实际上研制试验鉴定和作战试验鉴定在装备发展的全寿命周期内均会开展,但是有明显的侧重,研制试验鉴定主要是在装备进入生产阶段之前开展,作战试验鉴定主要是在装备进入生产或者样机生产之后的阶段开展。两类试验既可以说是按照装备发展阶段的不同来分类的,也可以说是针对考核内容的不同来确定的。但是相对其他类型的试验鉴定,这两种类型具有能够较为明显地反映装备发展进程的特点,有一定的时间先后顺序,不可颠倒,而其他类型的试验很少或者没有反映这一特点,因此,将这两类试验归为按照装备发展不同阶段来分类。

不同国家对研制试验鉴定的称谓也不同,美国和日本称为研制试验鉴定,俄罗斯称为工厂试验和科研试验,英国称为系统设计试验和系统性能试验,法国称为武器装备性能试验,德国称为性能试验、技术试验或工程试验等。虽然叫法不一,但是其内容基本一致。美军给出的研制试验鉴定定义是:任何用于支持产品、产品要素以及生产和保障程序的研发或成熟化的试验;任何用于检验技术进展的工程类试验,如检验设计风险是否最小化,是否实现合同要求的技术性能以及初始作战试验准备程度的认证。研制试验需要必要的测量设施和手段,主要由工程人员、技术人员或维护人员在受控的环境下进行故障分析。美军研制试验鉴定根据实施主体的不同,又可细分为承包商研制试验鉴定和军方研制试验鉴定;作战试验鉴定根据装备所处的发展阶段,又可分为早期作战评估、作战评估、初始作战试验鉴定和后续作战试验鉴定等几种类型。作战试验鉴定的称谓不同国家也有不同,如美国和日本是作战试验鉴定,俄罗斯称为部队使用试验,英国称为军种试验,法国称为作战使用性能考核,德国称为部队试验和后勤试验等。

试验鉴定除了用于检验装备性能和作战效能外,也会对装备制造过程的有效性和装备设计的可生产性进行检验,以此保证生产管理和生产过程能够按要求进行,这就是装备进入生产阶段后,与生产相关的试验鉴定。研制试验和作战试验部门通常不参与这类试验活动,由装备制造、质量保证、国防合同管理局等装备型号的管理部门负责。主要包括以下三类:一是合格试验,用于确认设计和制造过程,并为随后的验收试验提供一个基线,包括生产合格试验、初始产品试验、下线生产合格试验等;二是过渡期间的试验,是在研制向生产过渡期间完成的试验,包括验收试验、制造筛选试验和最终试验。这些技术试验将由承包商进行,以确保系统的平稳过渡,并且使影响设计的试验设计和制造问题得以解决;三是生产验收试验,确保产品满足采购合同或协议的要求和规范。同时确保正在生产的系统的性能要与全速率生产前的样机相同。采购项目或系统必须按照系统和项目规范运行。生产验收试验通常由项目办公室的质量保证部门在承包商的工厂中实施,用户可以参加。

(二)不同考核内容的试验鉴定

针对不同的试验内容或称考核对象,试验鉴定可以分为网络安全性试验、电磁兼容性试验、可靠性试验、适用性试验、杀伤性试验、生存性试验、互操作性试验等。这种分类方法特点是用途非常明确,考核目标非常清晰,针对装备的某一种特性、性能、能力甚至某一种参数开展试验鉴定,种类也是最多的。不同装备类型也对应不同的试验鉴定,如常规武器试验鉴定、核武器试验鉴定、空间系统试验鉴定、软件试验鉴定、后勤装备试验鉴定等。

(三)不同组织和运行方式的试验鉴定

这种分类方法主要反映了试验鉴定活动本身的组织实施或运行模式的区别。如美军的一体化试验,其主要内容是将研制试验和作战试验一体化规划、计划和实施,目的是使试验数据和结果既可以用于对装备性能进行鉴定,也可以用于对装备作战效能进行评估,减少重复试验,降低试验成本,缩短试验周期。并行试验是指某一种装备还处于研制过程中的时候,就已经开始了生产活动,系统的研制试验和作战试验并行开展。美军多军种试验则是当某一装备由一个以上军种使用的情况下,由牵头军种组织相关军种共同开展的试验鉴定,旨在检验该型装备多军种使用下的各种性能和作战能力。联合试验则是美军为了检验装备联合作战环境下的联合战术与条令的一种手段。

第二节 装备试验鉴定地位作用

不同的国家有不同的装备管理体制,相应的试验鉴定在其中的地位作用也有所差异,欧洲国家更加注重装备建设结果,美国则更注重试验鉴定在装备建设全过程中的每一个环节都发挥关键作用。此外,即便是同一个国家,在不同历史阶段,也会采用不同的试验鉴定策略,其作用的表现也并不完全一致。在现代战争条件下,世界主要军事国家都高度重视试验鉴定在装备建设中的重要作用。一方面,强调武器装备建设和装备试验鉴定必须以提升装备战斗力为目标,以试验鉴定为手段,全寿命把关装备建设,在降低装备建设风险的同时,保证装备具有高性能,同时具有高效能。另一方面,装备试验鉴定本身也是装备研制、装备战术运用、作战部队训练中的基本组成部分,在需求生成、技术发展、装备生产、装备部署、装备使用整个过程中充当着承前启后的重要角色,在装备形成战斗力以及展示国家威慑力方面,发挥着举足轻重的作用。

一、国家检验的最高形式

试验鉴定在装备发展过程中具有不可或缺的重要地位,具有显著的权威性和独立性。试验鉴定贯穿于装备发展全寿命过程,是装备建设决策的重要支撑,是装备采购管理的重要环节,是发现装备问题缺陷、改进提升装备性能、确保装备实战适用性和有效性的重要手段。

《美国法典》明确要求在武器装备发展过程中要开展全面的研制试验鉴定和作战试验鉴定,尤其是在开始批量生产前,装备必须在逼真作战环境下开展严格的作战试验鉴定,以充分检验装备的作战效能、作战适应性和生存性,为装备生产与列装决策提供关键支撑。遵循《美国法典》,美军为试验鉴定在装备建设工作中确立了不可取代的重要地位。一是国防部组建职能部门,确保对试验鉴定工作的监管。国防部研制试验鉴定办公室、作战试验鉴定局和试验资源管理中心分别对全军研制试验鉴定、作战试验鉴定和试验资源建设工作进行顶层指导和权威监督,审批试验鉴定计划、制定试验鉴定法规政策、拟制试验鉴定发展规划,保证试验鉴定工作依法开展。二是建立作战试验鉴定独立监管运行机制,确保作战试验真实、客观、有效,国防部作战试验鉴定局相对独立于装备研制、装备采购和装备使用方,对全军武器装备作战试验工作进行全面监管,可代表国防部直接向国会汇报工作,其在试验鉴定工作中的权威地位无可取代。三是试验鉴定结果直接决定装备建设进程,确保装备满足作战需求。在装备发展的每个阶段,都要由研制试验鉴定办公室主任和作战试验鉴定局局长对《试验鉴定主计划》进行审批,对试验鉴定结果进行审查,只有在经过了充分、全面、严格的试验鉴定考核后,装备研制进程才能由一个阶段转入下一个阶段,最终生产部署,试验鉴定在装备从研制到部署的每一个环节中,都扮演着重要角色。

二、装备建设的重要保障

美军认为,试验鉴定过程是系统工程过程的一个有机组成部分,它的作用是确定性能水平,帮助研制者纠正缺陷,同时也是决策过程的一个重要环节,装备建设风险管理的有效工具。对于装备建设的管理者来说,只有开展了试验鉴定和演示验证后,装备建设决策者才能够对装备性能成熟程度进行评判,也才有依据做出装备是否能够进入下一个研制阶段的决策。对于装备的使用者来说,最关心的就是装备性能和效能,即装备能否使用,能否完成既定任务,能否满足需求。试验鉴定过程提供的数据可以客观真实地告诉用户,装备在研制期间的表现如何,以及它是否做好了部署准备。装备建设管理者依靠试验鉴定来权衡费用、进度和性能的风险,以保持装备研制始终向着生产与部署的方向发展。决策者的责任集中在对风险权衡的评估上。美国国防部指令(DoDD)5000.01《国防采办系统》明确表述:"试验鉴定应贯穿国防采办的全过程。试验鉴定的构建,应能为决策者提供基础信息,评估达到的技术性能参数,确定系统是否是作战有效、适用和可生存的,以及对预定使用是否安全。结合建模与仿真开展试验鉴定,应有利于对技术成熟程度和互操作性的了解和评估,有利于与野战部队的结合,并对照文件规定的能力要求和系统威胁评估中描述的敌方能力进一步验证性能。"

及早开展充分的试验鉴定,可以在装备建设早期发现装备设计缺陷或质量问题并采取纠正措施,避免装备投入生产后再发现缺陷和不足时进行修改所带来的高昂代价,是有效减少装备建设"拖、降、涨"现象的管理工具。美军根据第三方评估得出结论,纠正武器装备的缺陷,每个项目的费用增加了10%~30%,其结论具有一定的普遍性。如果在装备建设过程早期认真规划和执行用来发现和改正装备缺陷的试验鉴定计划,此类代价高昂的重新设计和改进工作就可以减少。

试验鉴定结果的作用主要反映在装备建设过程的里程碑决策中。装备建设过程中,在重大决策点上,装备建设的进度、成本损耗、技术成熟度等因素并不能直接和充分地支持决策者做出继续下一阶段或者重新回到上一阶段的决定。最终的决策责任在于决策者,他必须依据试验鉴定结果,考虑各种关键问题,进行综合考量,权衡各种利弊。只有决策者才能决定各种因素对某一装备各种能力和不足所起的作用大小和重要性,以及可以接受的风险程度。没有试验鉴定提供的坚实的信息基础,决策者将无法做出这种判断。

三、采办决策的关键支撑

试验鉴定是武器装备采办过程的重要组成部分,有机融合于装备采办全过程,是各采办部门进行管理与决策的基本依据。装备建设的每个阶段都需要开展相应的试验鉴定活动,为新型号装备建设提供阶段性的决策依据。每个国家的装备建设体制不完全一样,装备建设阶段划分与名称也有差异,但总体可分为研制、生产、部署和使用等几个阶段。以美军为例,其装备方案分析、技术成熟与风险降低两个阶段主要开展技术发展的工作,工程制造与开发阶段主要开展装备的样机研制与演示验证的工作,生产与部署阶段主要是装备的小批量生产、大批量生产以及部署使用。在美军装备建设的各阶段,试验鉴定都发挥着相应作用。

在装备建设前期协助进行方案评估,支持采办项目启动决策。采办项目正式启动前,在"装备方案分析"和"技术成熟与风险降低"两个阶段,研制试验鉴定主要目标是协助进行装备的备选方案评估,通过建模、仿真与技术可行性试验对技术开发方案进行演示验证,降低采办的技术风险,获得的试验信息将直接支持各军种或国防部长办公厅的项目启动决策。作战试验部门除要对方案评估阶段的活动进行监督外,还将实施早期作战评估,评估备选技术途径对作战使用的影响,评估有关技术成熟度,为进入下一发展阶段提供决策依据。

制造阶段以降低集成和制造风险为目标,支持小批量试生产决策。进入采办的"工程与制造开发"阶段,标志着一个采办项目的正式启动。在"工程与制造开发"阶段,以降低系统集成风险和制造风险为主要目的的试验鉴定活动大大加强,主要包括承包商/政府的一体化试验、工程设计试验和先期发展演示验证试验等在内的一系列研制试验、结合的研制/作战试验或早期作战评估。充分的研制试验鉴定和及早的作战评估是这一阶段采办工作的关键,试验信息将为是否转入武器装备的小批量试生产提供最终的决策支持。

小批量生产阶段以检验系统作战效能为目标,支持大批量生产决策。美军装备的生产阶段细分为小批量生产和大批量生产两个阶段,进入小批量生产阶段后,试验鉴定以作战试验为主,进行初始作战试验鉴定(IOT&E)。美军规定,对于国防部重大采办项目或由国防部特别指定的采办项目,武器装备在完成小批量生产进入大批量生产之间,必须进行初始作战试验鉴定,在具有作战真实性的试验环境中,由实际操作者对武器装备的作战效能、作战适用性和生存能力等进行严格检验;作战试验鉴定局局长须向国防部长和国会提交一份有关初始作战试验鉴定的报告,结论将作为武器装备进入大批量生产阶段的重要决策依据。

生产部署后以保证产品质量为目标,为系统的作战使用、保障和改进提供支持。生产后的系统如进行了改型则需要进行研制试验。作战试验鉴定在这一阶段以后续作战试验鉴定(FOT&E)的形式开展,用以确定在初始作战试验鉴定中发现的缺陷是否得到纠正,以及鉴定在初始作战试验鉴定期间由于系统限制而未试验的内容,评估新战术及系统改进的影响。装备进入使用与保障后,试验的重点转向评估已部署产品的后勤战备和保障情况。

四、作战能力的有效倍增

试验鉴定,尤其是作战试验鉴定,在装备形成战斗力过程中起到重要的把关和推动作用,可以说,作战试验是装备从实验室、厂房、试验场走向部队和战场之前的重要环节,也是装备能否生成战斗力的关键一环。

美军武器装备在开始大批量生产之前,小批量样机或者系统整机必须要在接近于真实使用环境条件下进行严格的作战试验活动,对装备的作战效能、作战适用性和战场生存性等综合作战能力进行全面考核。美军作战试验环境的真实性,要求自然环境、对抗环境、敌方威胁等方面都要贴近作战实际。如果现有条件不能满足要求,还需专门构建逼真的试验环境。如美军 F-35 试验要求高复杂性和高强度的电磁环境,但作战试验鉴定局评估后认为,美军原有的靶场资源无法在开放空域复现这种电磁环境,建议实施电子战基础设施改进计划,以保证 F-35 能在作战对抗环境下进行试验,美国国防部采办部门同意并实施了这项计划,保证 F-35 后续的作战试验得以顺利开展。

作战试验要求操作人员具有真实性,即试验操作人员必须是未来装备典型的使用人员。所谓典型的使用人员,是指未来装备交付部队后,具有装备平均操作水平的作战使用人员,以保障装备部署后能被大部分作战人员熟练操作。为了促进战斗力快速形成,美军强调作战试验可将试验中取得的经验及时有效地转化为作战部队的训练方法,以促进装备的人机结合,指导训练部门为今后装备使用与操作制定科学合理的培训方案。美军根据不同军种的特定作战任务对参与装备作战试验的人员进行培训。对初始作战试验鉴定之前进行的作战试验,大多数装备训练由装备研制的承包商实施;初始作战试验鉴定阶段,承包商先对军种的训练教官进行培训,然后再由这些教官对参试的成建制部队进行训练。装备进入全速率生产之后,美军各军种还要通过作战试验开展装备的培训工作,由此保证装备作战能力的持续生成过程。

作战试验强调作战运用的真实性,要求武器装备必须按照真实的编配、战术、战法等进行试验,一方面可检验制定的战术、战法的有效性,另一方面,可促进战术、战法的改进和完善。美军作战试验鉴定一般都要包含兵力的对抗试验,因此,参与试验的部队也必须使用相应的威胁设备、战术和条令进行训练。通过实兵作战试验,既能保证部队掌握装备的技术性能,还可配套出台相应的操作使用和维护管理条例,制定适用的作战原则和战术指南,形成战术战法。

五、战略威慑的强力手段

战略武器是有效的战略威慑力量,尽管极少用于实战,如核武器、战略反导、反卫武器等,但是通过适时开展近实战环境下的试验鉴定活动,既可有效检验考核装备的作战能力,又展示了作战力量构成,形成国家战略威慑能力。

实战和威慑是当今世界武装力量的两大基本功能,也是武装力量运用的重要方式和手段。其中威慑是军事力量的非战争运用,国家战略武器往往采用威慑手段来展示武力或使用武力的决心,以迫使对方屈服于自己的意志。以美、俄为代表的世界军事强国,均常年开展近实战条件下的战略武器试验鉴定活动,将其作为本国重要的战略威慑手段,向世界展示其战略力量,从而发挥战略武器的止战、慑战的战略价值。试验鉴定活动越接近实战,威慑作用越显著。美国现役"民兵"-3洲际弹道导弹每年要开展后续作战试验鉴定,试射处于战斗值班状态下的多枚导弹,一是为导弹的更新延寿进行检验验证,二是检验其战略部队作战运用的有效性。俄罗斯也采取类似方式对其"白杨"-M、"亚尔斯"等在役洲际弹道导弹进行试射,也对"布拉瓦"新型在研导弹开展近实战条件下的试验鉴定,加快推动导弹形成有效作战力的进程。

除了以核力量为主的战略威慑外,对常规武器开展的试验鉴定活动,也是国家展示常规军事力量威慑的重要手段。试验鉴定尤其是作战试验鉴定,可有效展示武器装备的作战效能,也是军事技术向作战能力转化的重要把关和验证手段。当前信息获取与情报侦察技术高度发展,一个国家很难在完全保密的条件下开展装备试验,其装备在试验过程中的表现,以及未来是否能真正形成战斗力,通过试验基本已向外界展现了其实际状况。

美军要求武器装备在进入全面生产之前,必须开展严格的作战试验鉴定,尤其是国防部重大武器装备的作战试验鉴定,直接接受国防部作战试验鉴定局的监管,保证试验实施的作战真实性,以及试验结果的客观有效性。自20世纪80年代以来,美作战试验鉴定局每年都公开发布国防部重大武器装备年度作战试验情况,对每项装备(2017年为86项)的年度试验活动、试验结果以及对策措施进行阐述。除作战试验外,美国国防部研制试验办公室每年也公开发布年度重大武器装备研制试验鉴定情况。虽然美军武器装备试验鉴定详细情况仍属于高度机密,但是这种公开武器装备试验开展基本情况的做法,能够向世界不断展示其新型武器装备以及先进军事技术的发展进程,也是一种常规力量重要的威慑持续展示手段。

第三节　装备试验鉴定主要特点

不同装备的试验鉴定具有不同的特点,如常规武器装备试验具有采样多、品种多等特点,战略武器或航天装备试验则具有数量少、成本高、风险大等特点。对于不同国家来说,因武器装备建设模式不一样,试验鉴定特点也不完全相同,如以美、俄为代表的世界军事强国,装备发展以自主创新为主,其试验鉴定体制相对完善、试验资源体系基本健全、法规政策科学合理,而对于以引进仿制为主的发展中国家,武器装备试验鉴定能力的建设则相对落后。即便对于同一个国家,在不同的历史时期,试验鉴定的发展特点也不完全一样,例如美国在第二次世界大战和冷战时期,武器装备试验鉴定以检验装备战技性能的研制试验为主;越战之后,因装备未经过近实战的严格考核就投入战场,导致问题频发,国防部开始加强作战试验鉴定的独立权威地位;进入 21 世纪,美军装备研制试验工作相对减弱,装备带着缺陷进入作战试验阶段,装备采办进度不断拖延,迫使美军又重新审视研制试验鉴定在武器装备建设过程中的重要作用,开始强调研制试验鉴定也要考虑作战问题,尽量在装备发展的早期发现缺陷和不足,避免装备带着问题开展作战试验甚至部署使用。由此可见,对于不同的国家、不同的历史时期、针对不同的装备,试验鉴定又具有不同的特点。但总体上看,武器装备试验鉴定是对装备战术技术性能、作战效能和保障效能进行全面考核并独立作出评价结论的综合性活动,具有一定的内在特点和规律。本节不针对某型或某类装备试验鉴定特点进行具体分析,而是面向现代装备的多样性和复杂性,重点分析世界军事大国和军事强国武器装备试验鉴定的一般性以及值得借鉴的特点。

一、管理体制逐步健全完善

试验鉴定是装备建设的有机组成部分,从装备需求论证开始一直到装备使用和退役结束,每个阶段的试验鉴定都是装备建设的重要工作之一,发挥着不可或缺的作用,是装备建设全寿命过程的管理工具。当前,以美国为代表的世界主要军事国家均建有较为完善的试验鉴定管理体制,机构分级设置,职能划分明确,以保证在装备建设过程中试验鉴定工作能顺利开展,试验鉴定作用能有效发挥。美军的试验鉴定管理采取国防部统一领导与军兵种分散实施相结合的集中指导型管理体制。国防部设置研制试验鉴定办公室、作战试验鉴定局和试验资源管理中心,对研制试验鉴定、作战试验鉴定及试验资源实施统一规划与管理,同时,其试验鉴定工作也接受国会的指导和监督,服从国会的立法要求。军兵种在国防部领导的研制试验鉴定和作战试验鉴定体系下,通过各自的试验鉴定管理与执行体系开展工作。

美军作战试验鉴定机构独立于采办管理部门和作战指挥部门,确保作战试验鉴定结果的客观公正性,体现了国防部对独立评估武器装备作战效能和作战适用性的重视。英军武器装备试验鉴定管理体系主要分为三个层次:一是试验鉴定的决策层,国防部联合能力委员会是试验鉴定能力的最高管理机构,该委员会下设有分析、试验与模拟委员会,具体从事试验鉴定管理工作,制定相关政策和指导方针;二是试验鉴定的管理层,国防装备与保障总署主要对试验鉴定工作实施管理,总署下设试验、鉴定、服务与靶标一体化项目组,具体履行试验鉴定相关管理职能;三是试验鉴定的实施方,包括军种试验部队和靶场、国防部控股的公司以及相关军工部门。

二、法规制度力求科学合理

武器装备试验鉴定工作涉及国家政治、经济、科技、军事、外交和社会生活等各个方面,是一个庞大、复杂的系统工程。武器装备试验鉴定立法不仅要遵循法制统一、继承与发展、符合试验鉴定特点和规律、宏观与微观结合、整体协调等军事立法普遍采用的基本原则,更要依据国情、军情等大环境的变化而发展和完善。

从立法体制上看,美国武器装备试验鉴定立法机构除国防部系统外,还涉及总统、国会、能源部、国家航空航天局等部门,具有独特的纵向层次和横向分类,形成了由适用范围不同、法律效力不同的法律、法规和规章构成的法规体系。从立法技术上看,美国与武器装备试验鉴定有关的法律、法规和规章在内部结构和外部形式上也有其自身的特点,如法律的继承性、配套性、可操作性以及适用范围等。这样就在体制上保证试验鉴定立法职责清晰、层次分明。

美国国会制定的法律中关于武器装备试验鉴定的内容,是美军开展武器装备试验鉴定工作的法律依据;美国联邦政府及国防部等有关部局制定的武器装备试验鉴定方面的法规或规章,尤其是国防部关于武器装备试验鉴定方面的指令、指示和条例,则构成了美军开展武器装备试验鉴定工作的基本框架,规定了武器装备试验鉴定工作的基本政策和程序;各军种关于武器装备试验鉴定方面的指令、指示和条例则构成了武器装备试验鉴定法规的主体,是各军种贯彻落实国防部关于武器装备试验鉴定方面的指令、指示和条例的具体体现,是各军种管理并实施武器装备试验鉴定工作的主要依据。这些与武器装备试验鉴定有关的法律、指令、指示和条例,使国防部的试验鉴定活动有法可依、有章可循。

三、独立性和权威性尤为重要

美军武器装备试验鉴定,尤其是作战试验的独立性和权威性特点最为显著,主要表现在以下几个方面。

一是作战试验鉴定组织过程的独立性。在试验鉴定管理体系中,作战试验鉴定机构设立具有独立性,作战试验鉴定局与各军种组建的作战试验鉴定机构独立于研制部门、使用部门和采办部门;试验组织实施具有独立性,作战试验鉴定完全由作战试验鉴定机构独立组织实施,承包商原则上不允许参与;作战试验结果评估具有独立性,作战试验机构只能依靠自己独立的标准对武器系统性能进行评估,而不能使用其他方提供的标准。

二是作战试验鉴定局评判的权威性。各作战试验机构获得的重大武器系统试验鉴定结果,都由国防部作战试验鉴定局进行审定。审定结论直接作为采办里程碑评审的重要依据,决定了装备能否进入大批量生产阶段。如果作战试验鉴定局经过审查,认定采办项目作战试验鉴定未达要求,原则上该项目不能进入下一阶段。如美国海军F-35B联合攻击战斗机就曾因为作战试验不充分,作战试验鉴定局就判定其不能进入批生产阶段。

三是强化顶层监管。作战试验鉴定局局长由总统任命,向国防部长和国会提交作战试验鉴定报告、代表国防部参与国会听证,体现了作战试验鉴定的权威地位。作战试验鉴定局通过审查作战试验鉴定计划、监督军种作战试验鉴定组织实施,保证作战试验鉴定开展的充分性。如美国海军使用MH-60S直升机拖带AQS-20A声纳探测水雷项目,作战试验鉴定局鉴定后认为MH-60S直升机动力不足,不能安全完成拖带声纳的任务,最终使海军取消了这一项目。

四是注重监督制衡。美军作战试验鉴定机构独立于采办管理部门和作战指挥部门,确保作战试验鉴定结果的客观公正性。

五是明确职责分工。作战试验鉴定局统筹监管,项目管理办公室负责试验协调,军种作战试验机构负责计划与实施,靶场提供试验保障与支撑,作战使用部门操作被试装备,各层级职能明确,分工协作,确保作战试验鉴定的有效、有序开展。

四、协调机制确保顺畅高效

试验鉴定活动涉及装备研制、生产、靶场、采购、使用等众多部门,试验活动的规划、组织和实施的要求高、难度大,必须建立科学有效的组织实施机制和协调运行机制,才能保证试验鉴定活动的有效开展。现代武器装备成体系成建制发展,单个装备、单一平台、单一军种的试验模式逐步向装备体系、系统之系统、多军种联合作战环境下的试验模式发展,复杂系统的试验鉴定的性质也由单纯的科研活动向大规模的军事活动转变。如航天武器装备试验、航母海试、反导试验、高超声速武器试验等,参加试验的研制单位、保障单位、装备使用部队、试验靶场等各个方面,如同科学大会战,规模庞大、机构众多、地域宽广、协作广泛。

要顺利完成如此复杂的大型试验任务,在试验的组织实施上,一是要科学论证,正确决策,深入理解试验目标,系统分析试验信息,采取现代化手段和分析论证方法,科学预测试验任务,制定试验组织实施方案;二是要多方案预备,择优选择,争取时间,大型试验任务对时效性、精确性、适应性要求高,试验各级机构要立足预先设计和多案准备;三是要统一指挥,整体协调,组织实施既要统一筹划、统一部署,又要整体协调、局部推进,确保试验协调一致。美军各项目管理办公室都组建"试验鉴定工作层一体化产品小组"(T&E WIPT),小组成员来自各相关部门的代表,按照职责分工协同配合,就试验鉴定相关问题进行交流、协调,制定由各方都认可的《试验鉴定主计划》,依据该计划,各军种试验鉴定部门负责组织实施相应的试验鉴定活动,对于作战试验鉴定,各军种均有相对独立的作战试验鉴定部门,直接向军种参谋长(海军为作战部长)汇报工作,具有较大的试验任务组织协调权利,利于开展复杂的作战试验鉴定任务。

五、试验资源建设统筹规划

武器装备试验鉴定工作涉及方方面面,对试验资源和试验条件的需求非常大,除了被试装备外,要完成一次试验活动,还要有靶场测绘、通信时统、计量检定、气象水文、试验航区、试验后勤、威胁对抗、人力部署等各种试验保障措施和条件。被试军事装备品种繁多、门类庞杂,如陆、海、空、天、电武器装备作战域不同,对试验资源和试验条件的要求差距显著。相同武器装备,不同试验类型,试验资源要求也不同,如研制试验鉴定,以实验室和受控开放空域环境下试验为主,而对于作战试验,要在模拟的实战背景下开展,战场条件复杂多变,战场协同对抗强烈,参试单位和人员众多,为了全面考核装备的作战能力,需要针对不同的作战想定,编排战术战法,设置不同的威胁对抗措施,检验被试装备在各种作战任务中的表现,对试验实施的保障资源和条件要求极为苛刻和严格。

试验资源的科学规划与合理使用对于全面实现试验能力至关重要。美军试验鉴定资源发展早、积累厚、管理经验丰富,注重试验资源的科学谋划和有效整合。冷战之后,美军设立国防部重点靶场与试验设施基地,通过对试验资源进行不断调整与优化,美军综合试验能力逐步增强。尤其是在新世纪之后,随着国际战略环境和作战样式的不断变化,为满足其全球战略的需求,美军军事转型促使新型武器装备向着信息化、智能化和体系化方向发展,原有的试验鉴定资源越来越难以适应武器装备的发展,美军采取一系列措施,设立国防部试验资源管理中心,制定试验资源战略规划,加大试验资源投资力度,以保证美国试验鉴定能力的平稳发展。

为了考核装备在联合作战任务环境下的能力,美军开始大力发展联合任务试验环境,将分布在不同地理位置上的试验靶场和试验资源进行整合和连接,建设分布式试验环境,实现不同类型、不同地理位置的多靶场之间的互联互通,为联合任务环境试验提供永久性试验基础设施构建面向任务的联合作战体系环境,考核装备在体系中的作战能力,以推动对装备体系试验能力的综合发展。

六、试验技术与能力超前谋划

试验鉴定是科学研究的一种表现形式,也是技术与装备发展的管理手段,又是装备使用战术战法的检验方法,是一门集理论性、技术性和实践性的综合性现代学科,涉及军事、科技、自然、经济、政治、管理等众多学科领域。随着现代作战概念与军事技术的快速发展,新型武器装备技术含量越来越高,试验鉴定技术往往需要达到相应甚至超出被考核对象的技术水平,才能对军事技术进行验证、评估,对武器装备进行检验、考核。例如,要进行毫米级精度的测量,设备必须达到微米级以上精度,也就是说,要对先进的军事装备实施有效的测试、测量、控制并进行科学分析、评估与鉴定,试验技术与手段必须更加先进。为确保试验技术和武器装备技术保持同步发展,强化试验设施设备建设的技术基础,美国国防部从 2002 财年开始,按照国会《国防授权法案》的要求,推出了试验鉴定/科学技术计划(T&E/S&T),其目的是加强试验技术应用研究和先期技术开发,促进试验技术从实验室向靶场应用的转化;同时制定试验鉴定技术长期发展路线图,指导未来试验技术的资金投向,确保及时有效地满足最关键试验鉴定能力的发展。

美军武器装备世界领先,试验鉴定技术代表了世界武器装备试验鉴定技术的发展水平和方向。美国国防部依据其未来作战需求和装备发展远期规划,每两年制定一次未来十年的试验鉴定能力发展战略,试验鉴定技术是重点内容。美国国防部的试验技术发展战略重点聚焦各军兵种通用、各军兵种无力或无意愿发展的先进性和超前性试验技术,一方面实现试验技术全军的统一、协调发展,另一方面保证试验技术不滞后于装备的发展,甚至要超前于装备的发展,从顶层设计上避免未来因试验能力的断层推迟装备的研发甚至作战能力的生成。美各军种则主要根据现有在研装备型号研制的需求,发展急需的试验鉴定技术能力,以确保装备研制的进程。

七、考核内容与要求立足实战

美军将试验鉴定分为研制试验鉴定和作战试验鉴定,两类试验考核内容全面具体。研制试验鉴定主要考核装备的战技术指标,如兼容性、互操作性、安全性、通用质量特性以及具体的性能参数等。作战试验鉴定是为了确定在作战中武器、装备或弹药由典型军事用户使用时的效能和适用性而在逼真作战条件下针对武器系统、装备或弹药的任意组成(或关键部件)进行的野外试验及对此类试验结果的鉴定。作战试验鉴定法定定义的关键是作战效能和作战适用性:作战效能指在考虑了相应的组织、条令、可保障性、生存能力、易损性和威胁(包括对抗措施、核威胁、核效应和核生化威胁)环境的逼真场景(自然、电子和威胁)中,作战人员采用在后续作战试验鉴定早期开发的战术和技术,使用武器系统完成任务的程度。作战适用性指经过针对可用性、兼容性、可运输性、互操作能力、可靠性、战时使用率、可维修性、安全性、人员因素、人力可保障性、自然环境效应和影响、后勤可保障性以及文件和训练需求所做的专门鉴定后,武器系统可用于野外作战的程度。

2012年,美国国防部提出"左移"计划,开始强调无论是研制试验还是作战试验,本质上都是要面向未来的作战使用来检验装备的各项能力。开展"左移"计划,重点加强装备进入生产阶段之前的试验鉴定活动,采取一系列措施,即便是在研制试验阶段也要考虑未来装备的作战使用问题,引入一定的作战环境和因素,以此确保在研制的早期装备的性能就获得真实严格的考核,能够及早纠正缺陷,避免装备带着问题进入作战试验,为装备最终形成战斗力提供支撑。研制试验鉴定主要是在装备批量生产前,对其性能进行考核,作战试验鉴定主要是在装备批量生产后,对装备作战效能和作战适用性进行考核。美军认为,虽然两类试验考核内容各有侧重,但对装备发展的支撑作用却没有轻重之分,其最终目的都是面向装备的作战使用。两类试验哪个环节出现问题,均会直接影响装备作战能力的有效生成。如果研制试验开展不充分、不全面,装备缺陷不能及早发现和纠正,必会给后续的作战试验带来风险。

八、人才教育培训要求专业规范

美军认为,经过专业教育训练,不仅可以保持队伍人员的岗位资格,而且可以提升技术与管理能力。特别是在队伍规模缩减的情况下,只有更好地训练装备试验与鉴定队伍,才能形成满足试验与鉴定任务需要的队伍能力。通过对现有教育训练项目的调查、登记、编目,美军对装备试验与鉴定队伍使用的教育训练项目进行整理,以提供其正常使用。目前,装备试验与鉴定队伍接受的最主要的专业教育训练由国防采办大学负责提供。美国国防采办大学是国防部关于采办、技术和后勤方面的合作大学,为服役在14个采办职业领域的军职和文职人员提供强制的、具体指定的和持续的教育课程。为了保持岗位资格,这些人员必须通过上课、工厂学习、取得专业许可或认证以及其他方式来每2年持续学习80学分。国防采办大学已经为增强岗位技能制定了持续学习模块,并利用网络技术提供全时段的在线学习。各军种也通过各种计划提供高级教育机会,以提升其人员队伍的技术和管理技能。此外,美军还为试验与鉴定人员提供合作教育机会,通过对大学中支持高级试验与鉴定教育的项目进行调查,探究达成合作协议的可能性,丰富试验与鉴定人员的学科领域,为试验与鉴定人员能力的提升提供了更多途径。

美军通过对作战试验部门人员队伍的研究表明,作战试验部门通过增加在目标领域(统计学、运筹学和工业系统工程)受过教育人员的数量,有助于提高试验的科学性。美国空军理工学院设立了一个认证项目,特别明确地针对国防部完成5级课程试验人员的需要,大学本科级的项目直接适合国防部试验鉴定人员。许多大学也有关于应用统计学、运筹学和/或系统工程应用方面的卓越项目,可以满足这种教育需求。要学习和掌握试验鉴定所需的统计学原理,受教育人员应当具有高等级(硕士/博士级)学位。空军理工学院的试验鉴定认证项目可以为试验鉴定机构提供能基本理解分析基础理论的学生。该项目是一个大学本科级别的项目,重点关注试验鉴定中实用分析技术和方法的应用。特别注重的是把过去、目前和未来国防部试验鉴定的(来自研制试验、作战试验等所有方面)例子吸收进课程,适当地裁剪出每一个课程的方法和手段的应用。该项目提供了对专用分析工具的理解,这些分析工具旨在支持试验数据、试验设计和试验实施的评估。

第二章 装备试验鉴定发展演变

装备试验鉴定伴随着武器装备兴起而诞生,并随着武器技术的发展而发展。武器装备是人类科学与技术发展的产物,集中反映了人类社会发展演变的脉络,以及战争形态与作战理论的演进。现代装备试验鉴定起源于第三次科技革命浪潮之初,机械化武器装备在大规模战争中广泛应用,并伴随着高新技术武器装备作战效能提升而快速发展。纵观近一个世纪武器装备发展历程,现代装备试验鉴定经历了初创兴起、成熟完善与创新发展等阶段。在不断发展演进过程中,人类对现代战争规律认识的持续深化,推动了科学技术与武器装备的有机结合,从而使装备试验鉴定在武器系统研发、生产与作战运用中的作用得到有效发挥,并使试验鉴定理论与技术在实践中逐步趋于完善。与此同时,历史发展实践也表明,现代武器系统发展越来越依赖于国家的综合实力,大国在武器系统研发与试验鉴定领域的引领作用越来越凸显。

第一节 装备试验鉴定初创与兴起

尽管试验鉴定活动从人类开始使用兵器即出现,但现代装备试验活动的兴起主要是在第二次世界大战前后。这一时期,以原子能、电子计算机、微电子技术、航天技术为代表的第三次科技革命在工程领域产生巨大突破,为武器装备技术性能发展注入新的活力。在两极对峙的国际战略格局和科学与技术突飞猛进大背景下,世界主要国家利用新兴科学与技术最新成就,推动新型装备试验活动与试验靶场快速发展,现代装备试验鉴定理论与技术逐步成熟。

一、传统武器试验活动的兴起

20世纪初,科学与技术的发展促使大量新兴技术广泛应用于武器装备研发,"装甲制胜论""制海权""制空权"等一系列战争理论的出现,催生了武器装备领域的巨大突破。在常规武器装备快速发展的同时,导弹武器、航天装备、核武器与电子战装备等也得到主要国家高度重视,装备试验活动快速兴起。这一时期出现的武器试验靶场,是现代装备试验鉴定工作发展的萌芽,作为形成现代武器装备试验体制的先驱,标志着装备试验鉴定科学从此走上按其自身规律发展的道路。但就其性质而言,当时的武器试验场大多附属于生产制造厂或者研究机构,主要用于武器装备验收和研究过程中的试验活动。

(一)陆上装备试验活动

20世纪初,陆上装备在大规模战争中发挥着主导作用,其规模与种类决定着一个国家的军事实力。这一时期,主要大国都在极力扩大其陆上武器装备的制造规模,并探索通过试验来提升装备的性能。例如,美国陆军装备试验鉴定的演变历史可以追溯到1924年,当时陆军把试验鉴定工作在武器装备采购过程中综合考虑,没有专门的机构负责试验鉴定活动,所有工作只能根据经验或者来自战场的报告做出装备采购决定。在1924年之后,由作战部队提出研制新装备的要求,并开始对装备的技术性能进行测定。在此期间,各兵种的勤务部队负责进行新装备的研制,由装备研制单位进行工程技术试验(后称研制试验),测定装备在科学技术方面存在的问题;由使用部门进行使用试验(后称作战试验),确定武器装备在战场作战使用中的适用性。最终则由陆军部长根据用户的评定结果决定装备研发项目的取舍。

从20世纪40年代开始,美国陆军各兵种在后勤部门先后建立了装备研究和发展机构,由各兵种完成自身武器装备的试验鉴定工作。使用试验则责成与军事学校有关的部门完成。在各自部队的控制下,每个部门只完成它所使用装备的试验鉴定,一个部门的鉴定工作与其他部门不发生关系,没有集中的管理机构,试验鉴定工作处于一种各自为政的状态。

到20世纪50年代,由于美军对试验鉴定缺乏集中管理,试验周期较长等原因,新武器在成为标准制式装备时就几乎变成落后的东西。这使美军深刻认识到,第二次世界大战后形成的一套管理原则和方法必须改革,以适应战后新技术的快速发展,否则美军的武器装备就要落后。

基于上述考虑,1962年美军对其陆军组织机构进行了大的调整。陆军设立了全面负责装备试验鉴定的机构——陆军试验鉴定司令部。该机构的主要任务是对研制单位研制的武器系统实施试验鉴定,以支持研制工作和产品的改进。通过试验对陆军装备系统做出公正的、独立的评价,并将评价结果提供给决策人员。陆军试验鉴定司令部的组建,简化了武器装备的试验过程,减少了设计与生产之间的时间间隔,通过一些综合试验和协调,也消除了一些重复性工作。

(二)海上装备试验活动

20世纪之前,海军舰艇就成为大国攻城掠地的重器,也是世界霸权者宣示武力的标志。这一时期,以英国为代表的海洋强国大力发展海上武器装备,其装备试验活动也得到快速发展。海上装备在第二次世界大战中发挥了不可或缺的作用,德、日等国企图利用其强大海上力量控制战局,引发盟国强烈反击。珍珠港事件之后,以美国为代表的盟国在遭受重创情况下,竭力探索海军应对强敌的战法,大力提升海上装备作战效能,为赢得战争胜利奠定了基础。

美国海军最初开始进行海上装备试验的是美军的中国湖海军基地,后正式命名为美国海军空战中心(NAWC),其历史可追溯到第二次世界大战时期。1943年,美国战争部(国防部前身)急需一种对付滩头暗堡的新型火箭武器,这是盟军实施欧洲登陆计划所必须的。经过长期建设,该武器试验基地发展成集研究、开发、试验、鉴定等功能于一身的科技联合体,能完成从海上武器开发到测试修正直至投入实战的整个流程。这些武器包括海战武器库中的大部分火箭、导弹和炸弹,还有用于第一颗原子弹的炸弹爆炸部件,以及美国国家航空航天局的月球登陆车等。20世纪50年代开始,中国湖基地见证了无数精密制导武器的诞生与成长,例如"响尾蛇"空空导弹、"战斧"巡航导弹、激光制导炸弹和联合攻击弹药,以及 AGM-62"白星眼"、AGM-45"百舌鸟"、AGM-88"哈姆"、AIM-54"不死鸟"、AIM-7"麻雀"、AGM-65"小牛"等著名武器。除了各种武器外,中国湖的装备试验任务还包括电子战系统、空战威胁报警装置、夜间攻击系统和弹射座椅等。

(三)空中装备试验活动

20世纪初,航空技术的诞生并在战争的运用,改变了战争的样式和军事实力的表现形式。因此,研发新的作战飞机成为技术发达国家追求的一个目标,第二次世界大战前后一些国家开始组建研发与飞行试验机构,对高性能作战飞机进行飞行试验。美国空军飞行试验中心(AFFTC)隶属于空军装备司令部,位于爱德华空军基地。该基地前身是美国陆军航空兵穆洛克轰炸机训练和机炮训练靶场,于1933年创建。第二次世界大战期间被美军选为新型飞机的试飞基地,1949年12月,该基地以试飞诺斯罗普 YB-49 轰炸机而牺牲的试飞员爱德华的名字命名为爱德华空军基地。空军飞行试验中心负责研究、测试和评估有人驾驶和无人驾驶飞机及相关电子设备、飞行控制设备和武器系统。此外,爱德华空军基地还负责管理空军试飞员学校,培训试飞员、试飞工程人员、试飞导航员等。从创建时起,空军飞行试验中心就一直担负着试飞美国(世界上)最先进的飞机、试验飞行器和各种武器系统的重要任务,对支持航空技术进步做出了重要的贡献。

在 20 世纪 30 年代中期之前,苏联的主要航空设计工作和飞机的地面试验在莫斯科中央流体动力研究院(TsAGI)进行。而试飞则在莫斯科近郊库图卡中央机场进行。但随着莫斯科市区越来越大,以及试飞需要更大的试验室和更长的跑道,库图卡的试验工作受到了越来越大的限制。1933 年 8 月 13 日,苏联国防委员会决定在莫斯科东南 45km 处的拉明斯克建立一个新的中央研究院,并于 1935 年开始建设一个新的试飞机场。

1941 年 3 月,苏联政府和苏共中央决定将中央流体动力研究院的一部分和拉明斯克试飞中心一起组建为飞行研究院,并以著名试飞员米哈伊·格罗莫夫的名字命名为格罗莫夫研究院。1947 年 4 月 23 日,拉明斯克城改为茹科夫斯基城。其任务是试验所有的航空设备,开展包括各种飞行平台、无人驾驶飞机和遥控飞行器的基础研究,第二次世界大战后苏联的第一架喷气式飞机、垂直起降飞机和航天飞机都在这里进行试飞。

第二次世界大战以后,法国的大部分试飞活动都南迁集中到马赛附近的伊斯特尔和波尔多附近的卡佐,达索公司也在伊斯特尔建立了达索试飞中心。卡佐试飞中心是法国军方的武器装备部试飞中心,承担着法军主要武器装备发展的试飞任务,包括军用飞机和导弹,欧洲其他国家也经常到卡佐试飞中心去试验他们的出口装备(产品)。

二、导弹武器与航天装备试验

导弹武器与航天系统是 20 世纪武器装备发展最具标志性的技术突破,也成为改变人类战争形态的武器系统。从 20 世纪初开始探索液体火箭推进理论与技术,到 60 年代各类航天应用系统试验成功,主要国家在半个世纪内对导弹与航天技术进行研究、发展、试验与鉴定,既推动了导弹与航天技术的发展,也大大丰富了装备试验鉴定理论与技术。

(一)德国导弹试验活动

1925 年,德国率先在奥比尔公司生产的竞赛用汽车上试验了火箭推进器。尽管试验并没有得到预期的成果,但德国科学家并未因此放弃新的探索,反而着手设计飞向同温层的探空火箭。1932 年后,德国陆军开始考虑用液态燃料火箭作为远距离攻击武器的可能性,招募以沃纳·冯·布劳恩为首的火箭研究小组进入德国陆军兵器局,开始进行液态火箭推进器的试验,同年德军在柏林南郊的库斯麦多夫靶场建立了火箭试验场。从 1933 至 1941 年的 8 年期间,冯·布劳恩的研发团队不断进行火箭研发,先后试射了 A-1 到 A-4 四个型号。其中,A-4 火箭的预定研究目标为射程 175km、最大射高 80km、配载量 1t 的大型火箭。由于实验规模已经大到旧试验场无法提供足够测试空间,因此德国还兴建了新的火箭试验基地(HVP)。除了液态火箭以外,德国空军也在此地开始研发 FI-103 无人驾驶飞行器的研究工作(FI-103 即后来的 V-1 火箭),代号 FZG-78。1942 年 FI-103 研发成功后,纳粹宣传部长戈培尔亲自将此种新式兵器命名为"V-1 火箭"。"V"是德文 Vergeltungswaffewaffe(复仇武器)一词缩写,它意味着德国要用这种新兵器为第一次世界大战的失败雪耻,并向战胜国复仇。1937 年,德国陆军拨款 2000 万马克作为 A-4 火箭研发经费。A-5 火箭则是 A-3 火箭的改良版,A-4 火箭在吸取 A-5 火箭的研发经验后,于 1942 年正式研发成功,随即量产制造并在 1944 年 9 月正式命名为"V-2 导弹"。

从 1944 年 9 月到 1945 年 3 月,德军共发射了 3745 枚 V-2 导弹,其中 1359 枚射向英国,有 1115 枚击中英国本土,不过击中伦敦的只有 517 枚;2050 枚落在欧洲大陆的比利时安特卫普(1610 枚命中)、布鲁塞尔、列日等地;还有 582 枚用于发展、改进和训练。V-2 导弹是世界上研制的第一种弹道导弹,最大航程 320km,其研制、试验与战争中运用,成为火箭技术进入一个新时期的标志。战后,纳粹德国导弹/火箭计划的相关专家和技术资料分别落入美国、苏联和法国人手中。在此基础上,这三个国家分别发展了自己的火箭与航天事业。

(二)美军导弹与航天试验

1921 年,美国科学家戈达德开始研究液体火箭发动机,并于 1926 年发射了世界上第一枚以液氧、汽油为推进剂的液体火箭。1936 年,美国加利福尼亚理工学院的 T. von 卡门等人也开始研制液体火箭。第二次世界大战结束后,美国在缴获的德国 V-2 导弹基础上开始研究大型火箭和导弹武器。美国陆军在布劳恩等德国专家的帮助下于 1945 年发射了 V-2 导弹,1949 年开始研制"红石"弹道导弹,1954 年制定用"丘比特"C 火箭("红石"导弹作为第一级)发射卫星的"轨道器"计划。美国海军利用 V-2 导弹技术研制"海盗"号探空火箭并从 1949 年开始飞行试验。美国空军于 1954 年开始研制"宇宙神"洲际弹道导弹并提出以这种导弹为基础发射卫星的方案。为了不影响弹道导弹的研制,美国决定由海军以"海盗"号探空火箭为基础研制发射卫星的"先锋"号运载火箭。

1957年苏联成功发射人造地球卫星,促使美国在执行"先锋"号计划的同时狠抓"轨道器"计划。1958年1月31日用"丘比特"C火箭(改名"丘诺"1号火箭)成功发射美国第一颗人造地球卫星"探险者"1号。为了加速发展航天事业,美国在1958年2月成立了国防高级研究计划局(DARPA)并在同年10月成立主管民用航天活动的美国国家航空航天局(NASA)。从1961年开始实施"阿波罗"登月计划,1969年7月首次把两名航天员送上月球并安全返回地球。从1972年起,美国航天活动的重点转向开发和利用近地空间并开始研制航天飞机,1982年11月航天飞机进行了首次商业飞行。1984年1月美国国家航空航天局还开始研制永久性载人空间站。

从20世纪60年代开始,美国相继开始侦察卫星、气象卫星、导航卫星和测地卫星的研制与试验工作。1964年8月19日美国发射了世界上第一颗地球静止轨道试验通信卫星,使卫星通信进入实用阶段。从70年代起,美军还开始进行预警卫星、地球资源卫星研制与试验活动。

(三)苏军导弹与航天试验

1903年,齐奥尔科夫斯基发表著作论证利用火箭实现行星际航行的可能性,奠定了火箭理论和航天学的基础。早在1917年之前,俄国的一些科学家就开始探讨航天飞行的理论和实现途径问题,从1921年开始苏联组建多个专门研发机构,不断探索火箭推进器和飞行试验机理。从1945年底开始,苏军利用缴获的德国V2导弹技术开始发展自己的弹道导弹计划。但由于在相关基础工业存在差距,以及部分德国资料的缺乏(一些关键材料毁于战火或是被美军抢走),其研发之路走得很是曲折。1946年6月,苏军仿制的V2导弹在第2炮兵靶场进行发射试验,两次试验都以失败告终。同年12月,苏军完成了第一次成功的弹道导弹飞行试验,导弹命中了360km外的目标。

1949年,苏军自行研制的P-1A火箭发射成功,为设计和制造大型火箭奠定了基础。苏军从1954年开始研制洲际弹道导弹,到1957年完成全程试验。同年10月4日,苏联用这种导弹略加改装,发射试验了世界第一颗人造地球卫星,随后又发射试验了世界上第一个月球探测器、第一艘载人飞船和第一个火星探测器。

苏联航天是以导弹技术为基础发展起来的,它本身又是军事工业的重要组成部分。苏联的航天计划和政策由苏共中央国防会议决定,国防工业委员会组织实施,有关国防工业部门、苏联科学院和高等院校的科研单位参加研制与试验;空军负责训练航天员和回收飞船;战略火箭军负责试验靶场勤务和组织试验发射。当时,苏联已经建设了3个航天器发射场:拜科努尔、卡普斯丁亚尔和普列谢茨克航天器发射场。试验的运载火箭有"卫星"号、"东方"号、"闪电"号、"联盟"号、"宇宙"号和"质子"号运载火箭等。苏联航天试验活动规模宏大,发射频繁,从人造地球卫星、载人飞船、航天站,到空间探测器全面发展。1957—1984年苏联共发射试验各类航天器2011个,居世界首位。

三、核武器试验活动

美国是世界上第一个完成核爆炸试验的国家。1945年7月16日,美国进行了世界上第一次核爆炸试验,在新墨西哥州的沙漠中爆炸了第一颗原子弹,并实施代号为"三位一体"计划。20多天后,美国就将在这里研制出的两颗原子弹,投向了日本的广岛和长崎,成为世界上唯一将核武器用于实战的国家。

1946年,美国决定在位于太平洋马绍尔群岛的比基尼环礁进行核试验,代号为"十字路口"行动。从1946年到1958年,美国在马绍尔群岛为进行氢弹试验爆炸了67次核装置,在12年的时间里相当于每天爆炸1.6个广岛原子弹。自美国1945年第一颗原子弹试爆后,全球共进行了2000多次核试验。其中,美国共进行了1030余次核试验,苏联进行了715次,列第二位。法国自1961年首次核试验以后,在阿尔及利亚和太平洋共进行了204次核试验。首次核试验是在撒哈拉沙漠中的雷冈(阿尔及利亚)进行的。从1966年7月2日,法国的核试验改在南太平洋的穆鲁罗瓦和方加陶珊瑚礁上进行。

此外,英国进行了45次核试验,其中有23次是在美国的内华达州的沙漠中进行的。印度在1974年进行了一次核试验,但是印度并没有被看作一个核国家。根据不扩散核武器条约规定,只有在1967年1月1日以前进行过核试验的国家才算是有核国家。

核武器试验方式可分为:①大气层核试验。包括爆炸高度在海拔30km以下的空中核试验和地面核试验。②地下核试验。按比例埋深可分为成坑地下核试验和封闭式地下核试验。通常多采用封闭式地下核试验,这种试验方式有利于物理诊断,便于屏蔽,可模拟某些高空环境研究高空核爆炸效应,且放射性几乎全部被封闭于地下,受气象条件影响较小,有利于核试验中的安全和保密。③高空核试验。爆心在海拔30km或以上的核试验。主要目的是研究高空核爆炸杀伤破坏效应、地球物理效应和外层空间核爆炸探测技术等。④水面(下)核试验。主要目的是研究水面或水下核爆炸对舰艇、海港、大型水利设施和建筑物的破坏效应以及放射性沾染等。目前,只有美、苏(俄)两个国家进行过水下和高空核武器试验。

四、试验靶场大规模建设与鉴定理论技术初步形成

这一时期,世界大战虽然结束,但各主要国家仍面临着巨大的战争威胁。由于受到备战需求的牵引以及现代科学技术成就的支撑,主要国家武器装备建设与军事工业的发展极为迅猛,加速显现出的各种复杂制约关系导致专业和职能的重新划定,开始出现武器装备研制与装备试验两大部门的分离。从20世纪50年代开始,大批专业化程度较高的武器试验场不断涌现。基于现代武器装备的技术含量越来越高,装备试验要求越来越严格,试验的规模和手段开始趋于全面、复杂,从而大大地推动了装备试验迅速演变成为一个相对独立的科学领域,鉴定技术也得以快速发展。

(一)试验靶场数量快速增长

以美国为例,从20世纪40年代到60年代末期,美国各军种主要从工业部门接收并改建的装备试验靶场与机构达到80多个。仅海军一个军种,第二次世界大战期间除原有的新港鱼雷靶场外,又新增了所罗门、劳德代尔堡、基韦斯特等沿海靶场。此外,做过鱼雷试验的海区还有波士登湾、长岛海峡、诺福克等。同期开辟的内陆湖泊靶场有摩里斯水库、潘马腾宁湖、昆西加蒙湖、乔治湖、马里湖等。而在第二次世界大战后,美国海军集中力量研制反潜鱼雷,又新建了大量鱼雷靶场,地处松荫角、要塞港、圣克利门特岛(1949年)、达波湾(1958年)、长滩、圣克洛伊克斯(1964年)等地。同时,美国海军还临时在查塔姆海峡(1959年)布设了与加拿大合用的内奴斯靶场。

专业化的装备试验场在数量上的大幅增加,为装备试验鉴定科学的发展奠定了坚实的基础,出现了研制方与军方(使用方)装备试验场同时并存,且相互制约、独立鉴定的局面。这种如雨后春笋般发展的景象,在20世纪60年代前后达到鼎盛期,各主要国家在军方靶场方面开始走向兴建大型的综合性装备试验靶场,其使命任务涉及武器装备的研制、定型、生产验收和部队训练等诸多领域。例如,美国海军兴建了大西洋试验鉴定中心(1966年)、巴尔金沙滩水下试验场(1966年)和大西洋舰队装备试验靶场,美国空军组建了托诺帕试验靶场,英国海军建成了水下试验鉴定中心,法国创建了迄今仍是最大的两个导弹试验中心——朗德试验中心(1963年)和地中海试验中心(1968年),等等。

在这一时期,各主要国家在国际战略格局两极对峙背景下加紧国内备战,加快新型武器装备研制进程,千方百计增强作战部队的训练水平。但是,由于

新武器的推陈出新大多不能用于战场检验其实际作战效果,因此装备试验的地位得以不断提高。在加强装备研制管理力度的同时,各主要国家不惜付出巨额资金来提高试验鉴定在武器装备研制中的占比。例如,美国海军部1964年开始大西洋试验鉴定中心的筹建,前三年仅设备费用一项就高达1.3亿美元。特别是在越南战争紧张期间,美军在投入40亿美元研制新式鱼雷MK48的同时,又向该靶场拨款13亿美元作为反潜战研究的专项试验建设费用。

(二)装备试验系统逐步形成

冷战初期,美、苏两大阵营军事集团在激烈的军备竞赛中,为研制占据军事优势的高、精、尖武器装备,不惜耗费巨额资金,建立了庞大的装备试验与鉴定系统,在世界各地建立起数十个综合性较强的武器试验靶场,并配置了大量试验设施和精密测试设备,对新研制武器装备进行专业化试验鉴定。

这一时期,美国与苏联两个军事大国的武器装备建设以导弹、核武器为重点,新技术武器系统也得到大规模研发。高新技术武器系统规模与性能出现的根本性变化,也使得装备试验鉴定的内涵、涉及的领域、作用与特点等,在深度和广度上发生了根本性的变化。其中,最核心的变化之一,就是装备试验鉴定与武器装备研发人员的分离,推动了装备试验理论与试验技术学科的形成与发展。

最初的装备试验与装备研制机构与人员高度重叠,二者主要职能是探索新技术在武器系统中应用的可行性,以及研究新型武器装备的性能特征。此时,装备试验工作主要由装备研发人员承担并广泛参与。随着装备技术含量的提高和武器系统规模的扩大,装备试验的内涵与职能都在发生着深刻的变化,重点在考核检验新型武器装备的技术性能与战场使用效果。这种职能与内涵的变化,对装备试验的组织管理、人员结构、技术手段等提出了特殊要求。职能任务与要求的变化,促使装备试验系统进一步趋向专业化,推动装备试验理论方法、试验鉴定技术手段快速发展,并建立起与武器装备发展相适应的试验鉴定系统,逐步形成了较完善的装备试验鉴定科学技术领域。

(三)装备试验鉴定理论初步形成

大规模的现代化武器试验场的出现,是武器装备发展进程中的必然产物,标志着武器装备试验已经开始独立于武器研制之外,寻找并构建自己特有的科学实践与理论体系。客观来看,在20世纪60年代末之前,武器装备技术仍相对简单,对环境的敏感度也较低,而且对抗措施有限,相应的装备试验主要反映为一种单纯的工程性鉴定,试验活动仅附属于研制与生产。因此,研制人员只需关注武器系统的技术问题,主要采用的是经典的概率与统计理论,基于此人们把当时的这种做法习惯上称为技术鉴定。

理论上说,技术鉴定应纳入统计测试的范畴,具体的实施方法是选定武器装备战术技术指标体系中的某些特定量,试验中保持其他要素的相对稳定且彼此互相独立,允许重复测量其中感兴趣的少数变量。技术鉴定虽然战术背景比较单纯,但它是现代装备试验最基本的核心组成部分,广泛应用于装备的科研、试制、生产与定型。

经典统计理论萌芽产生于17世纪中叶,在20世纪三四十年代就已经建立了完整的体系,其后一方面进入某些高度数学化的纯抽象领域,另一方面则从实用的角度伴生了其他许多新的应用学科。在现实需要因素推动下,使得试验统计方法得以形成,并且焕发了古典理论的活力,进而对后续学科发展产生了长远的影响。在经过长期的认识摸索,利用贝叶斯统计决策方法开发小子样试验鉴定技术终于结出了硕果,一些现代的评估理论如序贯检验、时间序列的各种参数估计模型、非线性高分辨力参数估计、时频分析、小波分析、高阶谱分析等,也在装备试验领域得到推广应用。此外,在提高武器装备试验场测量精度和置信度方面,也开始倾向于研究各种测量误差模型,以及系统误差和偶然误差的分离与检验方法等。技术鉴定主要对设计研制和生产验收这两个环节发生作用,如果与部队的作战使用相脱节,必然带有很大的经济风险和军事风险。20世纪70年代之后,随着试验科学一些主流观念与理论的产生,试验鉴定进一步转向对装备作战试验问题的研究。

第二节　装备试验鉴定趋向成熟

第二次世界大战之后的20余年,新型武器装备的大规模研发生产,牵引着装备试验鉴定的快速发展。随着新型装备技术含量增加,其战场操作难度越来越大,多数新装备在战场上并没有发挥出应有的作战效能。为了确保新技术装备的战场作战效能,从20世纪70年代初开始,主要国家对武器装备实施全寿命管理,并探索依据装备试验鉴定结果进行管理决策。装备试验科学也开始把武器装备全寿命阶段作为主要研究对象,为武器装备论证与研究、设计与生产、使用与保障提供决策支持。其中,将研制试验与作战试验作为装备试验鉴定的两条核心主线,贯穿于武器装备全寿命周期管理过程,并突出强调作战试验鉴定在装备建设过程中有着不可或缺的地位与作用。

一、确定研制试验与作战试验两个基本类型

20世纪70年代初,以美国为代表的主要西方国家对武器装备采办管理体制进行全面改革,将武器系统研制与使用划分为相对独立的建设阶段,装备试验鉴定在不同建设阶段发挥的作用不尽相同。经过较长时间的实践总结,特别是美军在越南战争中的作战教训,装备试验鉴定学科领域形成了具有代表性的试验鉴定概念内涵,以及既相互联系又有严格区分的两个试验鉴定基本类型:研制试验鉴定与作战试验鉴定。

(一)美军对试验鉴定类型的界定

经过越南战争中武器装备作战应用的教训,美军认识到装备试验鉴定应分为研制试验鉴定与作战试验鉴定两个基本类型。其中,研制试验鉴定的主要任务是验证装备的技术性能是否达到规定要求,工程设计是否完善。这类试验要求承包商参与,但试验计划及其监督工作则由军方研制主管部门负责。此类试验鉴定涉及内容十分广泛,复杂程度有较大差异:既有整系统的试验,也有分系统或部件的试验;既可以采用模型、模拟系统和试验台,也可采用武器系统样机或真实的工程研制模型。这类试验活动贯穿武器装备采办全过程,而且还要循环往复,不断迭代,通过"试验—分析—改进—再试验"的方式,促进新武器的设计日臻完善。

作战试验鉴定最突出的特点是由军方独立的专门机构组织实施,主要目的是考核检验新武器系统的作战效能和作战适用性(包括可靠性、适用性、协同性、可维修性与可保障性)。同时,美军还特别强调作战试验要在逼真的作战环境中进行,通过作战试验鉴定还要对各种工程设计之间的性能进行折中平衡,并要为拟订战术、编制与人员要求及编写操作维修手册等提供必要支持。

美军强调,研制试验鉴定与作战试验鉴定的严格区分,既是武器装备建设发展的需要,又是装备试验鉴定发展客观规律的集中反映。装备试验鉴定的不同类型在武器装备采办过程中发挥的作用不同,要求管理机构、方式、技术与手段也不尽相同。

(二)法军对装备试验类型的界定

20世纪70年代后期,在美军采办管理体制改革影响下,西方主要国家对武器装备研发管理体制进行了较大规模改革,也开始用研制试验与作战试验概念对装备试验鉴定活动进行区分。例如,法军由武器装备总署负责的试验主要是控制技术设计合格性试验,用于确保质量标准、澄清技术问题、按合同交付研究

报告和装备,以及控制武器装备的作战特性。这些试验活动需要武装部队在试验手段和人力资源上提供支持。试验可能在工业公司的试验中心或者在武器装备总署的试验中心完成。其中,武器装备总署管理的试验设施包括试验中心、发射场与实验室等。

在研制过程中,法军装备技术试验的目的是确保完全满足技术规范要求。另外,这些试验用来帮助确定系统(或者其使用的作战条件)的技术边界或限制条件,是为了检验武器系统或装备的合格性。参与的武装部队共同寻求试验机会,以减少自己的试验时间。一些研制试验还可能包括由有关武装部队提供试验人员和手段,并在真实作战环境下实施试验。

在生产过程中,法军武器装备总署负责进行一系列装备澄清性试验,要求有关武装部队参加试验活动。甚至在武器系统通过初始澄清试验后,武器装备总署仍然可能在首次批量生产检查以后对系统进行修改。

由军种负责的试验主要是有关作战鉴定和实验性的试验,其实施的流程是:鉴定试验在设计期间进行;实验性试验在首次批量生产的装备上进行。武器装备总署的责任是确认生产的装备是否合格,参与试验的武装部队的责任是验收和做出将武器系统投入作战使用的决定。

(三)德军对装备试验类型的界定

德军要求,"联邦军事技术与采办总署"采购的每一个武器系统或每一件装备,都要经过一系列的试验活动:工程试验、技术试验、部队试验和后勤试验,以保证武器装备在战场上的使用性能。首先是承包商在系统研制时的试验,然后在联邦军事技术与采办总署项目主任指导下,由联邦军事技术与采办总署的试验中心进行技术与工程试验,以保证该武器系统达到合同的要求。军种院校和用户负责作战能力和后勤保障能力的试验,以保证装备满足军种要求。军方为采购的每一个武器系统或每一件装备组建一个由作战人员和工程人员组成的试验小组,验证新武器系统的作战效能。如果装备试验通过,将签发"作战使用合格证",同时提交最终试验报告,说明装备存在的缺陷。如果装备还存在有某种缺陷,但是一旦系统达到合同要求,装备将仍然可进行采购,并纳入军种的现役装备。已经确定的缺陷由军种负责编制预算和制定计划进行改进,以便在服役期间纠正缺陷。

(四)日本自卫队对装备试验类型的界定

日本自卫队将装备试验分为承包商试验和政府试验两大类。在样机阶段,承包商负责的试验主要目标是表明装备达到合同规范的技术性能和环境使用要求。这一阶段的试验种类繁多,如仅对飞机的试验就有风洞试验、可靠性试验、飞机验证试验、地面功能试验和公司飞行试验等。这些试验旨在证明该武器系统具有预期的战术技术性能。这一阶段试验完成后,装备的试验责任即转交给政府部门。

政府部门的试验通常由自卫队官员批准新型装备的"试验鉴定总体大纲"。一旦制定出设计试验和初始作战试验计划后,由政府部门对新研发的装备进行各种试验,诸如静态试验、耐力试验、强度试验及最后的飞行试验等。在生产阶段,将完成装备验收试验。后续试验(后续作战试验鉴定)由自卫队的作战司令部负责,每个自卫队都有自己的试验与鉴定设施。在日本装备研发过程中,通过试验经常提出需要进行设计变更的问题。由于严格的预算管理程序,由试验结果提出的任何设计变更要求,都将列入下一年度预算给予保障。

二、构建职责明晰的试验鉴定管理体制

试验鉴定组织机构的建立与规模的不断扩大,促进各国装备试验鉴定管理模式逐步形成。试验鉴定的管理与武器装备管理体制紧密相关,既与各国武器装备建设管理机制相适应,又要为武器装备采办决策提供支持。

(一)装备试验鉴定管理趋向法制化

武器装备试验鉴定的指导方针和各项政策规定,是在不断总结武器采办实践经验教训的基础上逐步制定,并日益完善起来的。装备试验鉴定管理体制和政策调整,与各国国防管理体制及国防采办政策密切相关,并随着国防管理体制与采办政策变化做出相应调整。美军自20世纪70年代开始,逐渐加强对武器采办的统筹管理,装备试验鉴定工作的方针政策也相应做出一系列重大调整。

1971年,美军对武器装备采办体制和政策进行全面改革,这对装备试验科学的发展具有划时代的意义。当时,美国在对国防部管理体制进行改革的同时,也发布了大量国防部指令和指示,对武器系统采办管理和装备试验鉴定做出全面改革。其中,国防部指令(DoDD)5000.01《国防采办》将武器装备采办过程划分为若干阶段和关键决策点,并规定将装备试验鉴定结果作为采办关键点决策的重要依据。国防部指示(DoDI)5000.02《重大国防采办项目(MDAP)及重大自动化信息系统(MAIS)采办项目的强制性程序》(1971年发布第一版文件名称),对武器装备采办管理做出整体政策协调,并要求建立国防系统采办审查委员会,根据装备试验鉴定结果进行采办过程审查。该文件规定了具体的强

制性政策及程序,以指导重要武器计划的研制与生产,并对管理国防采办系统的运作确定了三个基本原则:一是把作战需求转化为稳定的、经济上承受得起的计划;二是采购优质的武器装备;三是高效地进行组织实施。

这一国防采办政策调整,最大变革就是废弃了60年代推行的,基于分析论证而签订研制与采购合同的所谓"一揽子计划",代之以"先飞后买"的采办方针与政策,即必须根据新武器系统的作战试验结果来确定采办项目。美国国会在国防拨款法中规定,自1973年起申请武器采购费必须呈报所购武器系统的作战试验鉴定结果。1973年,美国国防部在管理"重要武器系统"的指导性文件"5000系列"指令/指示中,又颁布了国防部指令5000.03《试验与鉴定》。该指令明确规定了"重要武器系统"试验鉴定工作,必须遵循的一般指导方针和各项具体政策要求。《试验与鉴定》于1973年颁布后,先后在1978年和1979年进行了多次修改,以反映不断变化的采办管理要求。

该文件规定了装备试验鉴定活动的政策、作战试验鉴定的目的、阶段划分、时机、内容、方法、程序和必须遵循的原则。以此为基础,美军各军种也制定了相应的试验鉴定政策规定与相关制度要求,如美国陆军发布了陆军条令70-10《装备研制与采办过程中的试验鉴定》,美国陆军部手册71-3《部队新型装备作战试验鉴定方法和程序指南》。这些文件系统规定和阐述了陆军装备试验鉴定的具体政策,成为实施具体试验鉴定工作的指导性政策规范文件。

(二)试验鉴定管理体制趋于稳定

冷战后期及冷战结束后,世界主要国家对武器装备采办管理体制进行了大幅度改革,将试验鉴定作为武器装备发展的重要环节与组成部分,为全寿命周期管理提供决策支持。这一时期,各主要国家根据军队员额裁减、国防预算压缩、装备建设步伐放缓的实际,对装备试验鉴定管理体制与组织机构进行全面调整。主要思路与方向:一是克服"军备竞赛"时期随意设置机构造成的混乱现象;二是根据国家军队管理与国防采办体制理顺装备试验鉴定组织管理机构;三是积极应对压缩人员编制与国防预算给试验鉴定带来的冲击。

1. 美军装备试验鉴定管理机构

美军装备试验鉴定管理部门与实施单位,从80年代初期开始加强力量建设,组织日趋健全,职责逐步明确。从国防部长办公厅,经军种各级司令部,直至每个武器项目(型号)办公室,都设有专门机构或人员,具体负责试验鉴定的组织管理工作。同时,美军还拥有众多为试验鉴定服务的试验靶场与设施,具体负责试验鉴定活动的开展。管理部门与实施单位有机结合,构成了一个强大的、独立的试验鉴定管理体系。到90年代中期,美军装备试验鉴定管理机构基本趋于稳定,对试验鉴定重要性也有了较明确的认识。时任国防部长的威廉·J·佩里在谈到试验机构在采办中所起的作用时说,"试验是采办的良心"。作为采办系统的"良心",国防部的试验机构要及时向决策者提供有关武器系统正常状况的信息,并帮助确定和降低研制风险。

这一时期,美军在国防部长办公厅设置有两个主管试验鉴定的部门:一是研制试验鉴定局(办公室),由负责研究与工程的国防部副部长领导;二是作战试验鉴定局,直接向国防部长报告工作。国防部还设置有与采办有关的委员会,如"国防采办委员会"和"国防规划与资源委员会"等,都在各自职责范围内指导和影响着装备试验鉴定活动。研制试验鉴定局局长是负责采办与技术的国防部副部长在试验鉴定方面的助手与顾问,负责统管重要武器项目的所有研制试验鉴定活动。作战试验鉴定局局长由国防部长直接领导,负责向国会提供有关作战试验鉴定独立的公正的报告,使之对新武器系统有比较全面、深入的了解,便于新系统得到授权与拨款。

美军具体试验活动实际上由军种部主管,并由承包商或研制部门(对研制试验)或独立的作战试验机构(对作战试验)组织实施。每个军种部都有一个试验执行官,主要负责试验鉴定政策以及监督和管理试验鉴定程序。每个试验执行官直接向该军种部的高级军事官员(参谋长或海军作战部长)报告工作。每个军种部都有一个独立的作战试验机构,其司令官(将级军官)直接向军种参谋长报告工作。每个作战试验机构实施作战试验鉴定,以确定武器系统的作战效能及适用性。作战试验不依赖于研制部门、项目主任和承包商,这样可以公正地评估武器系统的作战潜力。

2. 法军装备试验鉴定管理机构

冷战之后,法军对武器装备总署进行改组,并对其运行和工作方式进行全面改革,目的是大量减少用于武器装备研制的费用和时间,以使法国建立持续和有效的防务体系。武器装备总署要求自身必须减少运行开销,将精力集中于核心活动,改变组织结构和工作方法,并对武器系统采办程序进行改革。

为实现此目的,法国国防部武器装备总署于1997年1月开始实行新的组织结构。过去以作战领域(陆、海、空和航天)为基础的组织结构,被反映装备工作领域(项目管理、工业活动、试验与鉴定等)特征和具体管理的技术活动(技术知识、采办、质量控制等)所替代。这种新组织机构的主导思想是便于武器装备采用的新方法和新政策,以尽可能低的费用研制出高性能的武器装备。同时,武器装备总署还要求在欧洲范围内执行积极的合作政策,注意加强法军武器装备的通用性,使之完全符合北约的标准。

法军装备采办政策改革强调,在武器装备项目实施过程中需要进行试验,以检查装备是否满足技术和军事方面的需求。试验工作由一体化项目小组协调,其职能包括:

(1)项目主任和工业公司在装备成熟时对其进行试验,目的是在系统级和子系统级保证装备满足技术要求;

(2)武器装备总署在认为试验结果和装备符合技术要求后,宣布装备合格;

(3)军种参谋长在认为装备符合军事需求后,批准装备投入作战使用。

3. 德军装备试验鉴定管理机构

1991年,德国国防部改组计划实施后,"联邦军事技术与采办总署"的任务扩大到武器系统的整个项目管理职能,具体负责武器装备的项目确定、研制、工程、试验与鉴定、生产和采购。

分布在全德的多个国防军研究院、技术中心、兵工厂和各试验基地也是该总署的一部分。国防军技术中心的主要任务是对国防装备进行试验,也从事一些研究工作。国防军研究院主要开展所负责技术领域的研究工作,同时也完成一些军事装备的试验活动。

德国各军种行使试验职能的组织机构不尽相同。在联邦军事技术与采办总署的试验完成后,陆军和空军的保障司令部为每一类装备组建一个"试验小组",试验完成后该小组即解散。陆军保障司令部装备/现役管理办公室的政策、条例和综合事务处负责管理部队试验。试验方案在陆军保障司令部和联邦军事技术与采办总署的项目联合会上协商制定。海军保障司令部在德国北部的埃肯弗德设有单独的机构——试验司令部,负责计划和实施舰队使用前的装备试验活动,其试验计划从研制阶段就开始制定。

20世纪90年代后期,德军装备试验发展的总趋势是,以"一体化试验"的形式将各类试验结合在一起,承包商、联邦军事技术与采办总署和各军种开展直接合作,常常能以较低的费用交付装备,并可提高武器装备的质量。

4. 日本自卫队装备试验鉴定管理机构

这一时期,日本防卫厅下设的技术研究本部,是唯一负责军用系统和装备研究、发展、试验鉴定的机构。技术研究本部由三个行政管理部、四个项目发展部和五个研究中心及五个试验中心组成。四个项目发展部负责陆、海、空和制导武器系统的发展项目,由中将级或相当级别的文职官员领导。各个部都负责相应装备发展的计划、设计和样机研制。五个试验中心和五个研究中心分别负责基础和应用研究,并负责样机试验与鉴定,以确保这些装备满足自卫队的要求。

新型装备的试验鉴定由技术研究本部和自卫队负责。新型装备、部件和武器系统的试验由相关机构在各个阶段为了不同的目的而进行。在研究阶段,技术研究本部将进行分系统试验,主要是降低进入研制阶段之前的技术风险。在研制阶段,技术研究本部负责工程试验鉴定的性能要求,以确定样机是否达到合同要求。同时,技术研究本部还进行武器系统的初始作战试验与鉴定。经技术研究本部鉴定后,由自卫队保证该武器装备满足作战要求,并进行新系统的作战试验与鉴定。

具备要求陆上自卫队负责试验鉴定的是试验鉴定司令部,由它进行武器系统和装备的演示试验。对于某些特定装备,如飞机与机载设备,由各相关院校(如航空与工程学校)负责试验与鉴定。补给仓库将评估装备的供应和维修性能。海上自卫队的舰队培训与发展司令部主要进行舰船的演示试验,第 51 航空研究中队管理和进行海上飞机的试验。如果试验不能在日本完成,有时还要在其他国家的试验靶场进行。航空自卫队的航空研制与试验司令部,对航空自卫队所需装备进行演示试验。实际试验由航空研制试验联队来完成。航空自卫队还设有电子发展与试验大队,以及进行人因工程试验的航空医学实验室。

(三)装备试验鉴定管理模式基本形成

经过长期实践,主要国家装备试验鉴定的管理,逐步形成了集中指导分散实施、集中管理与分阶段管理等几种模式。不同管理模式与各自武器装备采办体制和建设规模相关,也与不同国家国防工业管理体制及军事战略指导思想密切相关。

以美军为代表的北约国家军队,装备试验鉴定主要采用国防部集中指导,各军种分散实施的管理模式。具体方式是在国防部层面组建具有集中管理的指导机构,并制定指导全军装备试验鉴定职能的政策法规,以及对试验靶场、试验设施与试验技术发展建设的总体策略和长远发展规划。各军种设置有与国防部相对应的试验鉴定管理机构,并制定装备试验鉴定实施、试验设施建设与试验靶场使用维护的规章制度。美国之所以采用集中指导分散实施的管理体制,主要与其国力雄厚、大规模发展武器装备、装备试验鉴定任务繁重密切相关。

以法国为典型代表,采用的是国防部集中统一领导的装备试验管理体制。

在 1960 年以前,法国武器装备采办由陆、海、空三军各自分散管理,结果造成人力、物力和财力的巨大浪费。为改变这种分散管理带来的弊端,1961 年法国政府决定对分散管理体制进行彻底改革,在国防部内建立一个统管三军科研和装备采购的领导与管理机构,即武器装备总署。该机构集国防科研、采购和国防工业管理的职能于一体,根据各军种提出的军事需求,综合评估技术与经济可行性,统一制定全军武器装备发展规划、计划和年度预算,对装备发展的预先研究、型号研制、试验鉴定、订货采购与作战使用等实施统一管理。法国根据自身特点和国情实际,采用集中管理体制,既便于装备试验鉴定工作的统筹规划、统一建设,又有利于靶场的综合利用,尤其有利于人力、财力的通盘安排。

以苏联为代表,在这一时期装备试验鉴定采用的是军地分阶段管理模式。这是由苏联的国防科研(武器装备研制)分阶段管理体制派生而来。即军方重点抓武器装备指标论证和试验工作,而武器装备的型号研制则主要由政府及所属军事工业集团承担。具体到装备试验鉴定分阶段管理,就是当武器装备样品(分为正样)的初样(初始试验模型)试制出来后,首先由军事工业集团公司独立组织进行试验,当证明初样的正确性后,经过初步鉴定并报上级批准,适时组织正样生产,并及时转入由军方组织的国家试验。苏联装备试验采用这种管理模式,是因为苏联拥有庞大的军事工业规模且自成体系。在这个体系结构中,各系统都有自己的研究所、设计局、生产工厂和试验中心(场)四大组织机构,这些机构互相联系构成了一个武器装备从研究、设计、生产至试验相对独立、完整的层次结构体系。在试验中心配置有昂贵的试验设施和靶场设备,如大型测控设备、试验风洞和试验水池等。具体讲,就是由军事工业部门独立组织安排大量的设计试验和初样试验,只有在技术"冻结"阶段结束并转入试验生产阶段才安排国家试验。苏联分阶段管理模式与其作战思想、国防科研战略因素有关。一方面,当时的苏联国防科研、试验与生产单位规模庞大,平时兼顾部分民品研制生产,战时可迅速动员,扩大科研生产能力。特别是这种管理体制接近于战时体制,有利于战争动员,需要时军工研制部门能独立组织武器装备的研制、试验与生产,使武器装备研制、试验和生产的效率较高。但是,另一个方面,这种管理模式也造成组织机构复杂、重叠现象较为严重等问题。随着苏联解体,在国家体制重塑与经济复苏压力下,俄军管理体制与军事组织结构始终处于改革变动之中,其装备试验鉴定管理模式在继承苏军模式基础上也在不断调整,还需要持续跟踪研究。

20 世纪 90 年代后期,欧洲和北约集团在装备试验鉴定领域出现两个趋势:

一是国际上成立一些试验集团,以减少西欧的过剩试验能力。例如,在西欧联盟领导下的试验设施子集团,以及法国和德国之间的投资股份公司等。尽管这些合作进展十分缓慢,但当时已取得了一些成果,特别是法、德两国签订的相互使用设施的谅解备忘录,已用于车辆试验。另一个是在工业设施经理之间建立对话机制。像投资共享、互惠使用、依靠国外试验设施等一些设想,当时已被认为是试验鉴定管理的好方案。

二是欧洲国家通过减少人员等各种方法,开始重组试验鉴定管理机构。在减少人力方面,法国武器装备总署技术知识与试验中心局的人员由 1997 年的 1200 人减至 1999 年的 1000 人;在关闭设施方面,英国关闭了彻特西的设施,法国关闭了布雷提格里中心等。

三、突出强调作战试验对装备决策的支撑作用

20 世纪 70 年代,以电子信息技术为代表的高新技术在武器系统中广泛应用,武器装备技术性能出现大幅跃升,系统越来越复杂,战场作战保障要求越来越高。确保武器装备作战效能与作战适用性,成为这一时期装备试验鉴定关注的重点,作战试验鉴定的职能作用得到进一步凸显。

(一)组建独立的作战试验鉴定管理与实施机构

这一时期,主要国家在军队装备管理部门设立了独立的作战试验鉴定管理机构,并由作战部队(用户代表)在逼真战场环境中完成作战试验,对武器系统作战效能与作战适用性进行检验考核。美军认为,由研制部门自行实施作战试验证明装备的作战效能,存在着难以保证作战试验有效性的问题。

因此,美国国会建议在国防部层面加强对作战试验的监管,在军种设立独立于研制部门和使用部门,直接向军种参谋长汇报工作的作战试验鉴定机构。国防部采纳了该建议,要求各军种组建独立的作战试验鉴定机构。因此,海军作战试验鉴定部队于 1971 年被正式指定为作战试验管理机构,陆军在 1972 年成立了作战试验鉴定司令部,空军在 1973 年成立了作战试验鉴定中心;海军陆战队也在 1978 年成立了作战试验鉴定处。

虽然美军成立了作战试验鉴定监管机构,各军种也成立了独立的作战试验鉴定部门,但研制试验鉴定和作战试验鉴定同由国防研究与工程署的一名副署长监管,而且都处在国防部采办副部长的领导之下。经过 10 余年的实际运行,美军发现作战试验监管机构的独立性、权威性明显不够。有时军种采办决策者迫于政治或利益集团的压力,会不考虑作战试验暴露出的缺陷而继续推进装备

项目采办。为了更好监管军种作战试验鉴定工作,为国会的采办决策提供客观、准确的作战试验支撑结论,美国国会于1983年9月通过授权法案,要求国防部组建独立于研制部门、直接向国防部长报告工作的作战试验鉴定局,由该局长统一指导和监督全军的作战试验鉴定工作。1985年,美军正式组建作战试验鉴定局,局长由总统任命。从此,美军的装备试验鉴定管理形成了研制试验、作战试验分属国防部不同部门监管、相互制衡的格局。

同时,在各军种与国防部组建作战试验鉴定管理机构基础上,美军在装备采办项目或型号办公室设立专门的作战试验鉴定机构和人员,具体负责作战试验鉴定的组织实施。由国防部长直接领导的作战试验鉴定局,负责向国会提供有关作战试验鉴定报告,审批"重大国防采办项目"的作战试验鉴定计划安排和经费使用情况;在重大武器系统开始作战试验之前,核准试验计划;监督作战试验鉴定活动的准备与实施;分析每个"重大国防采办项目"的作战试验鉴定结果,并就作战试验鉴定工作是否有效向国防部长和国会提交报告等。美军各军种都设有独立的作战试验鉴定规划与实施机构,既负责制定本军种作战试验规章制度与标准规范,又负责协调、指导和监督试验活动的开展。

(二)强调作战试验鉴定贯穿武器装备研发全过程

美军将作战试验鉴定工作划分为两个阶段,第一阶段是在全速率生产之前进行的作战试验,主要进行早期作战评估(EOA)、作战评估(OA)和初始作战试验鉴定(IOT&E)。第二阶段为全速率生产之后进行的作战试验鉴定,通常将其称为后续作战试验鉴定(FOT&E)。美军强调,作战试验鉴定要及早介入武器系统采办全寿命管理过程,并为武器系统采办管理决策提供支撑。

作战评估要在项目采办的早期开始,要求在装备采办项目启动前介入,一直持续到确认武器系统做好初始作战试验鉴定的准备为止。其中,早期作战评估主要用于预测和鉴定在研武器系统的潜在作战效能和适用性。早期作战评估要在装备方案分析和技术开发的采办阶段进行,也可能要持续到武器系统集成阶段。作战评估重点关注武器系统研制过程中出现的重要趋势、项目缺陷、风险领域、需求变化等,通常在里程碑C之前进行。作战评估的主要作用是在各决策点为决策者提供对潜在作战效能和适用性的早期评估。

初始作战试验鉴定是为在研武器系统全速率生产决策提供支持,在低速率初始生产期间进行。初始作战试验鉴定要求在逼真作战想定中采用典型的作战人员,在生产型系统或具有生产代表性的武器系统上进行,用于提供对预期武器系统作战效能和适用性的有效评估。

后续作战试验鉴定是武器系统全速率生产决策审查之后进行的一类作战试验鉴定,目的是改进后续作战试验鉴定期间所做的评估,对变更内容进行鉴定,对武器系统进行再鉴定,以确保武器系统可持续满足作战需求,并能在新的作战环境或面对新威胁时保持其作战效能。此类试验鉴定活动是在武器装备部署和作战保障期间进行,主要是对已部署武器系统进行可靠性(包括备件保障)评估。

由上可见,作战试验鉴定围绕武器系统作战效能与适用性问题,在装备采办全寿命周期管理过程中发挥着重要的决策支撑作用。因此,作战试验鉴定需要由独立的管理监督机构组织实施,评估结果必须客观公正,从而为武器装备建设决策提供技术保障。

(三)强调作战试验鉴定着重解决作战效能与适用性问题

随着武器装备技术含量不断提高,操作控制更加复杂,其作战效能与适用性成为考核验证的主要指标。由此,装备试验鉴定职能与任务也发生了新的变化,不仅要关注武器系统的技术性能,而且更注重考核检验武器的作战效能与作战适用性。

装备作战适用性是指在考虑可用性、兼容性、运输性、可靠性、战时利用率、维修性、安全性、人力保障性、后勤保障性、自然环境效应与影响、软件和技术文件及训练要求的情况下,武器系统投入战场使用的满足程度。美军认为,武器系统在部署、使用和维持过程中,作战适用性的关键作战问题包括是否可用、可靠(可信)、可运输、可保障等。武器系统能够投入作战使用的程度,取决于其在军事作战的一个或多个阶段完成任务的能力。

美军实施的作战试验鉴定通常有两种方案:一是"面向系统的适用性",从系统的角度试验与评估适用性,判断《作战需求文件》中规定的可接受的最低使用性能是否得到满足;二是"面向作战任务的适用性",从战场作战的角度试验与评估适用性,判断武器系统的能力是否符合使命任务需求,可评估适用性对作战任务或作战任务各组成部分所造成的影响。无论作战试验鉴定以哪种方式进行,每一项试验与评价都必须判断武器系统能够投入战场使用的程度,包括试验和评价整个武器系统的硬件与软件适用性,并将适用性能与用户要求进行比较。

同时,美军作战试验鉴定还十分重视综合后勤保障,关注维修计划、人力与人员、物资与设备保障、技术资料、训练与训练保障、计算机资源保障、设施、包装/装卸/贮存/运输、设计接口等要素。其中,美军还特别重视训练与训练保障问题,包括在对武器系统的使用和保障人员进行训练的过程中所使用的程序、规程、方法、训练设施和设备,单兵训练和机组训练、新装备训练,初级、正式和在职培训,以及训练设备与器材的保障计划等。

四、推动仿真与信息技术在试验鉴定中运用

这一时期,随着试验鉴定规模扩大,试验费用与周期和装备快速形成作战能力要求的矛盾变得十分突出。特别是在武器系统越来越复杂的情况下,通过实装试验已不可能穷尽各种复杂环境。以微电子为核心的信息技术快速发展,使试验鉴定建模与仿真成为可能,也为装备仿真试验带来曙光。同时,信息技术在靶场网络化建设与靶场之间互操作等方面带来机遇。

(一)建模与仿真在装备试验鉴定中得到广泛应用

从20世纪70年代开始,装备试验鉴定技术手段发展的一个主要特点是,广泛应用建模与仿真技术。建模与仿真对于武器装备采办全过程的试验鉴定有着特殊作用,尤其对于作战试验鉴定,可使其前伸到全寿命周期的先期论证阶段,后延到最终的使用保障阶段,从而使后期的作战试验鉴定更加具有针对性和有效性。伴随着信息技术、计算机技术、网络技术、图形图像处理技术的飞速发展,在计算机系统中描述和建立客观世界中的客观事物以及它们之间的关系成为可能,从而使建模与仿真理论与技术得到跨越式发展,并在武器装备研制与试验鉴定中得到大规模使用。

仿真试验与外场试验的结合,始见于20世纪60年代英国"警犬"地空导弹的研制项目。70年代初出现大系统半实物实时仿真,如美国"爱国者"导弹利用仿真技术进行了系统设计性能预测、飞行试验前性能预测、飞行试验后结果分析,以及对全数字仿真模型进行的验证。仿真试验能够短时低耗地提供大量统计信息,如美国陆军高级仿真中心的射频仿真系统,3周内可对带干扰的目标完成3000次地空导弹模拟打靶试验。因此,装备仿真试验作为一种新的试验手段,是对武器装备实物试验手段的有效补充,可更多获取装备全寿命管理过程中所需的信息。

仿真试验可有效缩短装备的研制周期、减少靶场试验次数、降低试验消耗,具有显著的综合效益。根据国外专家对"爱国者""罗兰特""毒刺"等三种不同类型地空导弹型号研制过程的统计分析,由于采用系统仿真技术,使靶场试验实际消耗导弹数量降低30%~60%,研制费用节约10%~40%,研制周期缩短30%~40%。同时,利用建模与仿真技术,还大大扩展了装备试验的内涵和外延,使装备试验从传统的真实环境条件下的实物试验扩展到模拟条件下的仿真

试验,也使装备试验从型号研制过程中部分阶段试验扩展到型号研制和使用全寿命过程的试验,同时也将试验活动扩展到战法研究、部队训练、作战使用等多个方面。

(二)利用信息技术推动试验鉴定能力提升

20世纪90年代,随着冷战结束及各主要国家军队员额与预算的压缩,带来装备试验鉴定能力严重下滑。其主要表现在两个方面:一是试验投资大幅减少,造成设施设备老化,试验能力明显不足;二是试验技术研发投资降低,导致试验能力滞后于武器装备技术发展。根据美军2000财年作战试验鉴定年度报告的统计,国防部在试验设施设备方面,运行投资相对1990财年的水平减少了30%约10亿美元,致使用于装备试验设备设施的更新改造滞后于装备发展要求。而进行大型试验设施建造的军事建筑投资则减少了91%,使大型试验设施的建造几乎完全停顿。由此导致的结果是,"试验靶场努力使用老旧的设备和设施来试验最新、最现代化的武器系统"。

为此,美军开始从战略顶层规划试验鉴定体系结构,积极拓展整体能力发展空间。从1990财年开始,美国国防部设立了中央试验鉴定投资规划。这是一个长期性年度滚动的投资项目,目的是协调与规划国防部试验鉴定设施的投资,满足多军种试验鉴定能力需求。在20世纪90年代中期,由该投资计划资助的"2010基础倡议"(FI2010)工程,就是国防部从顶层探索信息技术发展和规划美军试验鉴定网络顶层结构的重要举措,其目的是促进美军各靶场、试验设施与仿真资源之间的互操作、可重用与可组合。其中,试验与训练使能体系结构(TENA)为各种试验资源的相连提供了公共体系结构,而围绕这一体系结构开发的公共语言(TENA对象模型)和公共通信机制(TENA中间件)为各靶场接入(TENA)网络提供了条件。

由国防部统一规划网络基础设施,建立公共体系结构、规范、协议和数据转换结构,提供标准的、可升级的通信机制和通用软件工具,自上而下地推进靶场信息化发展,避免了各靶场独立发展造成的重复建设,以及相互不兼容、互操作困难等问题,并最大限度地节省了建设费用,提高了使用效益。通过试验与训练使能体系结构,美军初步实现了试验靶场与训练靶场资源的互操作,促进了试验与训练的结合,也为各类试验尤其是作战试验拓展了能力发展空间。

第三节 装备试验鉴定调整完善

新世纪以来,国际战略格局继续保持"一超多强",以信息技术为代表的高

第二章 装备试验鉴定发展演变

新技术在军事领域广泛运用,武器装备发展由机械化向信息化迈进,并从数量规模型向质量效能型转变。联合作战背景下,武器装备体系对抗的特征要求装备试验鉴定进一步树立"试为战"的基本理念,加强试验鉴定体系建设,推动试验鉴定整体能力全面提升。

一、进一步强化对试验鉴定重要性认识

分析外军装备试验鉴定发展与演变过程,其中既有成功的经验与做法,也有失败教训及导致的问题。失败的教训与导致的问题可主要归纳为两个大的方面,一是对装备试验鉴定地位作用认识不到位,以及由此产生的不良后果;二是对装备试验鉴定投资、基础设施建设和人力资源保障等弱化,带来试验鉴定技术发展与能力滞后于装备建设需求的突出矛盾。

在对试验鉴定地位与作用的认识方面,美军有着深刻的教训,结果是在20世纪末与新世纪初装备试验能力出现大幅下滑。1999年,美国国防科学委员会关于装备试验鉴定能力特别工作组在其报告中,曾将装备试验价值的衡量问题作为一个重大问题提出来。该报告认为,从国防部到各军种的试验鉴定管理机构中,都没有有效衡量试验鉴定所产生价值的方法、标准与目标,即对试验鉴定的地位与作用无法进行量化评定,也无法确定装备试验鉴定的投资回报。这直接导致国防采办系统对装备试验鉴定产生一些不正确的看法,进而使采办系统对装备试验产生不信任。有些武器系统项目采办管理人员甚至认为,"冗长的试验周期是系统研发缺乏效率的证据""试验成为推动采办项目进入下一个里程碑需要克服的障碍"。其后果是一些采办项目的试验不够充分,某些试验项目甚至被"豁免"。据统计,由于前期试验活动开展不充分,导致66%的空军项目由于主要系统或安全方面存在缺陷,不得不停止作战试验;约80%的陆军系统在作战试验中甚至达不到一半的可靠性要求。而海军陆战队的 V–22 "鱼鹰"项目由于费用和进度压力而减少了研制试验项目。

第二个方面,关于装备试验鉴定投入、基础设施建设与人力资源保障,美军等西方主要国家军队也经历了从压缩到加强的变化过程。20世纪90年代,主要国家都对国防预算进行持续缩减,军事人员与机构大大压缩,导致装备试验鉴定人员、经费和基础设施保障能力出现大幅下滑,严重影响到装备试验鉴定工作的质量。为此,美国国防科学技术委员会在1999年成立了针对装备试验鉴定能力评估的特别工作组。该工作组经过调查分析在2000年12月提交的最终报告中指出,试验鉴定对21世纪美军建设发挥着重要指导作用。该报告

得到美国国会的认可,国会采纳了特别工作组的建议,指示国防部成立专门的试验资源管理机构,对美军重点靶场、试验技术投资规划与试验鉴定人员培养进行统一规划,并对国防部的试验投资进行综合管理。

有关美军研制试验鉴定局撤销与恢复重建的情况,也在一定程度上反映了美军对试验鉴定地位作用认识的变化。研制试验鉴定局于1999年被裁撤,又于2009年恢复组建,前后历时约10年。期间,由于研制试验鉴定监管能力下降,大部分研制试验活动开展不充分,导致在研武器系统存在大量可靠性、可用性和可维修性方面的缺陷,从而严重影响了初始作战试验鉴定活动的开展。据美军统计,在2001—2006财年计划进行的28项重大国防采办项目的初始作战试验鉴定中,因可靠性问题延期的1项;作战效能不合格的1项,部分合格的6项;作战适用性不合格的12项,部分合格的2项;全部合格的仅11项。

2007年,美军国防科学委员会对当时一个时期的初始作战试验鉴定项目进行评估,发现有很大一部分被鉴定为既不满足作战有效性又不满足作战适用性。2008年5月,该委员会的最终研究报告指出:作战适用性的高失败率是因为缺少规范的系统工程过程所致,其中包括在武器系统研制过程中缺少健全的可靠性增长计划;研制试验鉴定需要改进;在研制过程发现可靠性、可用性与可维修性(RAM)方面的缺陷时,由于项目受到进度和资金方面的制约,通常不采取补救措施,也不推迟初始作战试验鉴定计划。报告建议恢复1999年被撤销的研制试验鉴定局,以提高对研制试验鉴定监管的层次,加大对研制试验鉴定的管理力度,解决由于研制试验不充分而导致的初始作战试验不合格问题。2009年5月,国防部在负责采办、技术与后勤的副部长之下设立研制试验鉴定局,主要负责研制试验鉴定政策制定、项目监督和试验鉴定人员队伍建设,并负责审批重大国防采办项目的《试验鉴定策略》和《试验鉴定主计划》中有关研制试验鉴定内容。

美军在装备试验鉴定领域的经验教训实践表明,试验鉴定在武器装备建设过程中有着审查把关与质量控制的作用。当出现试验能力下滑问题时,组建高层次研究团队,针对导致问题的矛盾主要方面进行调查研究,提出具有建设性的对策建议,可有效推进矛盾和问题的解决。特别是针对装备试验鉴定地位作用认识,以及试验经费保障、机构设置、基础设施建设等重大问题,必须从国家军队建设与武器装备发展长远利益出发,开展相应的策略与对策建议研究。只有把这类高层次研究结论直接提交国家立法机构,并对军队机构改革的立法产生影响,才能促使做出装备试验鉴定改革的重大决策和关键问题的解决,从而确定正确的发展方向,并为武器装备建设提供有效的决策支撑。

二、大力加强装备试验鉴定体系建设

在总结长期实践经验基础上,美军认识到试验鉴定要有效地支持武器系统采办过程,满足当前和未来武器装备发展的需要,就必须不断建立健全试验鉴定的体系。从主要国家装备试验鉴定体系建设特点来看,其体系内容主要包括政策法规体系、监督管理体系与试验资源保障体系等。其中,政策法规体系是根本,监督管理体系是保障,试验资源保障体系是基础,三者相辅相成共同促进装备试验鉴定工作的长期协调发展。

世界主要国家的装备试验鉴定都建立了较完善的政策法规体系,由国家立法机构制定并颁布实施装备试验鉴定的法律规则,军队管理职能部门和军种实施管理机构发布相关指令指示,指导试验鉴定工作的具体实施与开展。例如,美军装备试验鉴定建立了较完善的政策法规体系。从国会立法到联邦政府有关试验鉴定的政策法规,从国防部发布的指令、指示到各军种制定的有关装备试验鉴定的规章制度,美军从各层面多种角度对试验鉴定的政策、管理、机构、人员、设施、程序、方法等各个方面做出规定,制定了规范要求,并以此作为开展试验鉴定工作的依据和基础。同时,这些政策法规与规章制度,还随着国家军事战略与国防战略调整,以及装备建设形势与需求变化进行及时补充修订,使其能够发挥相应的规范与指导作用。

监督管理体系是确保试验鉴定质量并充分发挥其作用的关键。外军试验鉴定的监督管理以政策法规为依据,既建立有完善的组织体系,又形成了严格的监管机制。在美军试验鉴定管理体系中,从国会设立的相关专业委员会、国防部设置的专门管理部门,到军种参谋部设置的试验鉴定管理局或办公室,形成了职责明确、责权明晰的监管组织体系。在监管机制上,美军将武器系统采办项目按采办费用、受关注与所产生影响程度分为不同的采办项目类别,不同采办类别项目的采办决策由相应的监管部门负责。同时,在国会层面要求对重大国防采办项目的初始作战试验鉴定结果进行审查,并要求作战试验鉴定局局长和负责研制试验鉴定的助理国防部长帮办,每个财年向国会提交所负责监管内容的财年工作报告;在国防部层面设有"国防部长办公厅监管试验鉴定项目清单"和"作战试验鉴定局局长监管试验鉴定项目清单";国防部的试验鉴定监管职能部门,还要对所负责监管项目的《试验鉴定主计划》和相应"试验计划"中的内容与试验结果进行审批与审查;在军种层面设置的试验鉴定管理部门,具体负责试验事件的组织实施与进程控制,并按照监管等级上报试验结果与试验活动中出现的各种情况。

试验资源保障体系既包括试验靶场建设与人才队伍建设,又泛指试验经费保障、靶场资源调配与人力资源管理等内容。外军试验资源保障体系对武器系统研制部门、试验部门、训练部门、作战部门各自职责做出明确划分,并在试验鉴定管理制度文件中要求各部门既要各负其责,又要协力合作。对由多军种联合实施的试验鉴定活动,通常要根据所负责内容指定牵头部门,并根据试验任务要求协调试验资源保障和试验经费的分担。在试验靶场与设施建设方面,美军还制定了国防部指令3200.11文件,对重点试验靶场与试验设施的监管与使用进行规范。2004年初,美军组建试验资源管理中心,专门负责试验资源监管、长远建设规划和项目投资,以保持和发展美军的试验资源保障能力。在试验鉴定人才队伍建设方面,美军委托军队与民用培训机构对所属人员按类别进行专业化培训,并实行资格认证制度,以确保各类人员能够圆满完成所承担的试验鉴定职责。

三、着力推进研制试验与作战试验一体化规划与实施

正如美军2017年修订的国防部指示5000.02《国防采办系统的运行》所强调的,在武器装备采办过程中,试验鉴定的基本目的就是明确有待消除或降低装备研制与使用的风险问题。在装备研制初期,试验鉴定的目的是验证武器系统方案所有技术途径的可行性,评定设计风险,考察各种备选设计方案,对它们进行分析比较,权衡所选方案满足作战需求的程度。待武器装备进入工程设计与制造阶段,试验工作重点逐渐从着眼于工程设计目标的研制试验鉴定转向注重于作战效能、适用性和可保障性问题的作战试验鉴定。虽然这两种试验鉴定通常是分别进行的,但它们不一定依次进行,在可能情况下合二为一同时进行。

采用一体化试验鉴定模式,旨在从整体和全过程的观点考虑试验鉴定对采办过程的支持。一体化试验鉴定模式从提出到实际运行始终在不断发展和不断完善,其重点是对研制试验和作战试验事件进行一体化规划与实施,以减少试验冗余,充分利用每一次试验机会,避免不必要的风险,以提高试验的效率和效益。它要求所有试验鉴定相关机构(包括需求方、研制方与承包商)共同合作,对各试验阶段和试验活动进行规划与实施,为独立的分析、鉴定和报告提供共享数据。从表面上看,一体化试验鉴定是一个试验方法的问题,但本质上它

第二章 装备试验鉴定发展演变

涉及对试验鉴定认识的问题,也就是试验鉴定如何在采办过程中发挥作用。

近年来,一体化试验鉴定成为各国普遍采用和实施的一种装备试验鉴定模式。在法军装备试验鉴定活动中,为尽量减少装备研制费用和缩短交付时间,国防部要求一体化项目小组尽可能设法将武器装备总署、生产装备的工业公司和军种参谋部进行的试验结合起来,以尽可能使彼此受益,并利用计算、模拟和已有装备试验数据库,提供各种经济有效的方法,以降低试验费用。

第一,一体化试验鉴定解决了试验人员早期介入和持续参与采办过程的问题。按照一体化试验鉴定的思想,试验鉴定策略的制定要求与采办需求的定义过程相联系,试验人员要了解需求定义过程,同时对需求定义过程施加影响,以保证计划指标在作战环境下的可试验性。此外,一体化试验鉴定规划要统筹采办各阶段试验鉴定活动,包括方案与技术开发阶段的各类演示验证活动、工程与制造开发阶段的研制试验鉴定活动、生产与部署阶段的作战试验鉴定活动等,保证试验人员在采办各阶段的活动中发挥作用。

第二,采办的最终目的是将装备付诸战场使用,因而作战试验的作用仍然是第一位的。而在早期的试验鉴定(包括各类演示验证和研制试验活动)中"注入"作战的理念和必要的作战背景,有利于作战人员在正式开展作战试验之前共享这些试验数据来进行早期作战评估和作战评估,并为开展结合的研制试验和作战试验奠定基础。为此,一体化试验鉴定要求研制试验与作战试验双方必须紧密合作,共享各类试验活动的数据。

第三,试验鉴定的重要目标之一是尽可能地发现武器系统在技术性能和作战效能方面存在的缺陷,并在采办过程中及早地反馈给研制部门或承包商,以便及时地、恰当地给予修正。一体化试验鉴定对试验方与研制方及承包商密切合作的要求,为实现上述过程提供便利,同时也为协调试验计划与采办进度的关系创造了条件。

第四,一体化试验鉴定强调多种试验手段的组合或综合使用,其中突出了建模与仿真在装备试验鉴定中的应用。建模与仿真试验不仅可以大大节省试验费用,而且还能合理地外推试验数据,以有效扩展试验范围。同时,随着信息技术的发展,美军把数据融合列为当前加速发展的 20 项关键试验技术之一,每五年修订一次发展目标及预算,作为军事装备长期领先的战略。数据融合技术包括发展各种先进的传感器,分布式数据库、知识库、智能数据库、多级保密、人机交互、平板显示、适应数据融合的算法开发、专家系统和人工智能等。这些技术也为装备一体化试验鉴定奠定了技术基础。

四、充分利用现代新兴技术提升试验鉴定能力

新世纪以来,美军先后发动了阿富汗、伊拉克与利比亚战争。这些以高技术局部战争为主要特征的联合作战样式,对装备试验鉴定提出全新要求。应急作战装备采办试验鉴定,体系对抗背景下武器体系试验鉴定,以及新型毁伤机理装备试验鉴定等,对试验鉴定技术长远发展提出挑战。

为加强现代新兴技术运用,美军着手对试验技术发展进行统筹管理,2004年在国防部组建试验资源管理中心。该中心既负责试验靶场能力建设,又统筹制定和管理美军的《试验鉴定资源战略规划》和三个试验鉴定技术投资计划,为满足试验鉴定能力需求提供技术支撑。战略规划以及这三个投资计划相互配合与协调,确保新兴技术快速应用到试验鉴定领域。

《试验鉴定资源战略规划》。每两年进行一次更新,以滚动发展的方式对未来试验技术研究进行长远规划,目标是满足未来 7~10 年试验对技术的需求。

"试验鉴定科学技术计划"(T&E/S&T)。目的是使试验技术与变革的武器技术发展保持同步。美军实施该计划的主要意图,是确保其有能力对未来部署的先进武器系统进行充分试验,解决试验鉴定基础设施长期存在的能力差距。

"中央试验鉴定投资计划"(CTEIP)。其目的是满足各军种和国防部业务局对当前试验能力的需求。近年来,美军通过该计划投入的经费主要用于试验设施"联合改进与现代化"(JIM)项目,着重解决在关键领域且有引领作用的试验能力需求,为越来越复杂的武器、传感器与指挥控制系统试验鉴定提供支持。"中央试验鉴定投资计划"每年投资项目的规模在 60~70 个,研究内容包括从试验技术到全尺寸工程样机研发等。

"联合任务环境试验能力计划"(JMETC)。其目的是提供稳固的试验基础设施,将多种真实、虚拟、构造(LVC)的试验资源和设施连接起来构成联合分布式的试验环境,使美军用户能够在联合任务环境中开展装备试验。

武器装备是高新技术的综合体,大量创新技术首先在武器系统中应用的特征,规定了装备试验鉴定要不断创新,并探索新技术在试验鉴定领域的快速应用。美军试验鉴定资源管理中心主导的三个试验鉴定技术投资计划,其目的就是通过滚动制定技术投资计划,满足新装备对试验鉴定能力与技术的需求。近年来,美军已经将大数据、云计算、人工智能等突破性技术,运用到靶场设施设备改造,试验数据采集、融合、分析,以及逼真威胁环境设置与试验规划设计等领域,大大提高了装备试验的效率与效益。例如,美军在国家网络靶场建设中,

引入"灵活自主网络技术靶场"概念,并开发了"动态自主化靶场技术工具集"。使用该工具集可对通用资源库进行快速配置,获得功能多样、相互独立的试验靶场或试验台,从而使建立一个试验台所需时间从以往几个月缩短为几个小时。同时,该工具集还可快速配置试验环境,并测试作战环境改变对试验结果的影响,以及实现了海量数据的收集、分析和结果的图形显示,从而大大节约了试验所需的时间。

第三章　装备试验鉴定主要类别

武器装备是打赢现代战争的物质基础,其作战能力既体现在装备的战术技术性能,又要求具有良好的作战效能与作战适用性。如何考核检验武器装备的战术技术性能和作战效能与适用性,是各国军队长期探索装备试验鉴定的核心问题。在实践过程中,主要军事大国在武器装备研发、制造、生产和部署的各个阶段,尽管开展着不同形式的试验鉴定活动,其名称、组织实施形式、标准、内容、流程都不尽相同。但是,按照试验鉴定的性质与目的来划分,装备试验鉴定大致可归入研制试验鉴定和作战试验鉴定两个基本类型,并将这两类试验鉴定贯穿于整个装备采办的全寿命周期。同时,一些国家针对特殊作战机理的武器装备,如核、生、化等大规模杀伤武器,以及特殊运动方式与工作环境的武器系统,如美军对航天装备与国家安全系统等,还采用了不同的试验鉴定管理模式。特别是随着装备试验鉴定技术发展,西方军事强国大力推进研制试验鉴定与作战试验鉴定一体化的组织管理模式,旨在着力提升装备试验鉴定整体效率。

第一节　装备研制试验鉴定

装备技术性能是武器系统固有的本质属性和能力体现,也是装备作战效能发挥和具备战场适用性的基础与前提。本质属性与固有能力既取决于武器系统所包含的技术水平,也反映了武器系统在设计、研制、生产、部署与作战运用过程中所采用的工艺、条件、标准与规范等。装备研制试验鉴定就是获取武器系统、子系统、部件、软件、器材实际能力与局限性的专业化流程。在这一过程中重点考核评估技术成熟度、系统设计完备性、生产准备条件,产品通过验收、进入下一个研发阶段,以及装备具有基本特性等采办项目关注的内容。通过获取这些知识,决策机构可以掌握装备在采办决策、项目发展、技术进展、管理保障等方面存在的风险。因此,装备研制试验鉴定是确保武器系统战术技术性能的关键环节,研制试验鉴定的充分性和有效性对提升一个国家武器装备整体技术和作战能力有着不可或缺的作用。

一、研制试验鉴定的内容与要求

装备研制试验鉴定主要任务是验证技术性能是否达到规定要求,工程设计是否完善,装备管理人员通过研制试验鉴定活动来管理和降低研发过程中的风险,验证装备是否达到合同要求和满足作战需要,并在装备采办全寿命周期向决策人员提供支持。同时,研制试验鉴定还向装备研发工程师提供必要的知识,以衡量项目进度,发现问题、描述系统性能和局限性。

(一)研制试验鉴定概要

按照性能的特征来分,装备战术技术性能可分为专用性能和通用性能两个类别。专用性能是指装备所包含的技术特征和反映其功能特征的性能,如导弹武器的专用性能主要包括发动机推力、射程、飞行速度、飞行高度与命中精度等;坦克的专用性能则包括行驶速度、行驶距离、武器射程、射击精度等。通用性能则是指装备完成其使命任务时所表现出的性能,如装备的可靠性、维修性、保障性、测试性、安全性、环境适应性、电磁兼容性,等等。专用性能是各类装备自身专门属性的具体体现,而通用性能则是所有装备在作战运用过程中都必须关注的性能。研制试验鉴定就是针对每一型装备的专用性能和通用性能进行全面系统的试验与鉴定。因此,也有将装备研制试验鉴定称作装备性能试验与状态鉴定。

世界主要国家军队都把装备研制试验鉴定作为贯穿于装备采办全寿命过程的一类试验鉴定,目的是为武器系统的工程设计和研制提供帮助,并验证技术性能规范是否得到满足。美军强调装备研制试验鉴定活动由武器系统研制部门规划与监督,通常由承包商负责实施,政府部门负责监督。承包商通过研制试验鉴定降低存在的风险,对设计与研发进行验证和确认,并确保产品已做好接受政府验收准备。研制试验与鉴定的结果,可确保使武器系统设计风险降到最低且符合技术规范要求,也可用于评估武器系统部署后的军事效用。

(二)美军研制试验鉴定的主要内容

美军认为,研制试验鉴定活动始于武器系统能力需求的制定,贯穿系统研发、交付和验收阶段,作战试验鉴定过渡阶段,生产阶段,以及使用与保障阶段。在需求与系统工程过程中即安排研制试验鉴定活动,目的是确保系统的能力需求可测量、可试验并可实现。与在装备采办过程后期发现系统缺陷相比,早期确认并纠正可能存在的缺陷,在装备研发费用、交付周期等方面都将具有更多优势。因此,美军强调装备研制试验鉴定要及早启动,并由多项重要试验活动组成,从而为决策管理提供数据和评估信息。其内容主要包括:

(1)检验关键技术参数和实现关键性能参数能力的完成情况,评估关键作战问题的实现进度;

(2)评估武器系统达到能力文件中阈值的能力;

(3)为项目主任提供数据,以找出根本原因并制定纠正措施;

(4)验证系统功能;

(5)为权衡研发成本、性能与进度提供信息;

(6)评估武器系统符合技术规范的情况;

(7)报告项目研发进度,以规划可靠性增长并评估关键评审期内的使用可靠性及维修性;

(8)确认武器系统的能力、局限性和缺陷;

(9)通过试验鉴定检测定制商用硬件和软件的网络安全脆弱性;

(10)评估系统的安全性;

(11)评估与原有武器系统的兼容性;

(12)支持网络安全评估和授权,包括风险管理框架的安全控制。

(三)其他国家装备研制试验鉴定的内容

其他军事大国针对装备战术技术性能考核也实施了大量的试验鉴定,尽管试验活动名称不尽相同,但考核内容与方式和美军研制试验鉴定基本类似。

俄军基本上是继承苏联时期装备试验鉴定的内容与要求,主要由承研单位对样机在试验场进行各种恶劣条件下的工厂试验,以及由政府和军队单位开展的国家试验和部队试验。目前,在装备交付部队之前开展的工厂试验与国家试验主要有评定试验、交接试验、定期试验和标准试验。每项试验均可以包括一组或几组试验(机械试验、电气试验、气候试验、可靠性试验等),而这一组或几组试验中也可以包含一种或几种检查(目视检查、测量检查等)。试验和检查的类型、实施顺序、受检指标等根据产品技术要求中做出规定。

评定试验是产品交付生产前进行的检验,主要评估企业是否准备好产品生产(根据俄国家军事标准15.301)。交接试验是对产品成品的检验,根据检验结果判断其是否适合供货。定期试验的对象是经过规定的时间或进行了一定数量生产的产品,主要检验产品质量的稳定性。标准试验主要对产品结构、配方或技术流程中所做变更进行评估。

法国军队装备战术技术性能试验,在武器装备项目实施过程中进行,以检验装备是否满足技术和军事需求为目的,主要包括技术试验、工业部门负责的试验、武器装备总署负责的试验等。

(1)技术试验主要包括检验技术设计的合格性、澄清技术问题、进行质量把控等内容。

(2)工业部门负责的试验主要涉及制造、设计和调整性试验,有时也包括合格性试验。

(3)武器装备总署负责的试验主要包括控制技术设计合格性的相关试验,用以确保质量标准、澄清技术问题、按合同交付装备,以控制作战效能。

上述试验可能在工业部门的试验中心或武器装备总署的试验中心完成。其中武器装备总署的试验中心包括试验中心、发射场、试验室等。在研制过程中,技术试验的目的是确保完全满足技术规范,帮助确定装备的技术边界或限制条件(作战使用条件),并检验系统或装备的合格性。一些研制试验还可能包括由相关武装部队提供的人员和手段在真实作战环境下的试验。在生产过程中,武器装备总署负责进行一系列装备澄清性试验。

德军对装备战术技术性能试验鉴定的内容,主要包括工程试验、技术试验、部队试验和后勤试验,以保证武器装备在战场上的使用性能。首先是承包商在系统研制过程中开展相应的试验,然后在联邦军事技术与采办总署项目主任指导下,由各试验中心进行技术与工程试验,以保证装备达到合同的要求。军种院校和用户负责作战能力和后勤保障能力的试验,以保证装备满足军种要求。

日本自卫队将装备试验分为承包商试验和政府试验两大类。在样机阶段,承包商负责的试验主要目标是表明装备达到合同规范的技术性能和环境使用要求。这一阶段的试验种类繁多,如航空飞机的试验就有风洞试验、可靠性试验、飞机验证试验、地面功能试验和公司飞行试验等。这些试验旨在证明装备具有预期的战术技术性能。这一阶段试验完成后,装备的试验责任即转交给政府部门。政府部门的试验通常由自卫队官员批准新型装备的"试验鉴定总体大纲"。一旦制定出设计试验和初始作战试验计划后,由政府部门对新研发的装备进行各种试验,诸如静态试验、耐力试验、强度试验及最后的飞行试验等。在生产阶段,将完成装备验收试验。

二、研制试验鉴定贯穿装备采办全寿命周期

装备研制试验鉴定重点关注装备系统或软件、硬件的技术和工程研制情

况,在装备研发计划启动前就开始实施,对所涉及的技术进行评估,并持续到系统完成部署后。美军装备研制试验鉴定贯穿装备采办管理全寿命周期过程,如图 3-1 所示。

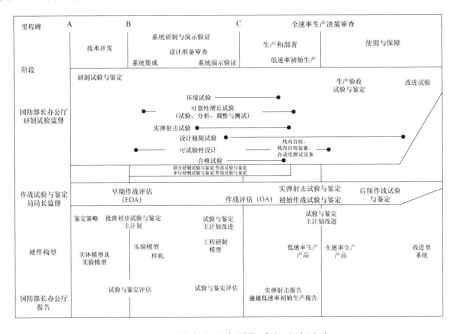

图 3-1 贯穿全寿命周期采办试验活动

通常,在装备研发项目启动前要进行建模与仿真、分析研究和技术可行性试验,以确认所采用的技术是当前可用的,具有技术可行性、成熟度等需要的潜力。

(一)里程碑 A 和技术发展阶段的研制试验鉴定

在该阶段,试验的实施依赖于试验产品设计的技术成熟度状态。研制试验鉴定由承包商或政府实施,其目的主要包括:

(1)协助选择最优备选系统方案、技术和设计;
(2)促进系统和子系统设计的更新;
(3)支持备选方案更新;
(4)为需求更新提供支撑;

政府试验鉴定人员参与此类试验,因为在此过程中获得的信息可用于支持技术发展阶段的技术审查和早期试验规划,以及编写能力开发文件(CDD)和里程碑 B 的建议征询书(RFP)。从这些试验获得的信息还可用于支持各军种或国防部长办公厅(OSD)的项目启动决策。当工程与制造开发阶段有多个竞争合同商时,在技术发展阶段的研制试验鉴定常常可以支持减少承包商数量决策。研制试验与鉴定可以保障技术发展阶段的多个决策点,如初始设计审查、完成备选方案分析、减少承包商数量,以及编写能力开发文件等。

(二)工程与制造阶段的研制试验鉴定

研制试验可用于演示验证:技术风险领域已经确定并且风险能够降至可接受的水平;确定最佳的技术途径;以及从此时起,需要开展的是工程工作而非实验性工作。研制试验还可对样机设计阶段是否转入到先期工程和工程研制模型(EDM)构建阶段的决策审查提供支持。这类研制试验与鉴定包括承包商/政府一体化试验、工程设计试验和先期发展验证试验。

系统集成阶段的研制试验通常在承包商设施上进行,是对部件、子系统、实验型构型或先期发展样机进行试验,以便在系统演示验证前对技术和有关设计方法的潜在应用做出鉴定,部件接口问题和设备性能也要在该阶段进行鉴定。此时,美军鼓励运用验证的建模与仿真手段,特别是要在早期阶段对那些因安全或受试验能力限制而无法通过试验直接观察的领域进行评估。建模与仿真能够提供系统性能、效能和适用性的早期预测,并降低试验成本。

可靠性、可用性与可维修性(RAM)数据收集工作,应贯穿整个试验项目过程。可靠性研制试验程序的例子包括试验、分析、修正与试验(TAFT),以及试验、分析和修正(TAAF)。通过早期承包商试验提供的可靠性、可用性与可维修性数据,包括初始可靠性评估等一起成为系统可靠性、可用性与可维修性数据库的一部分,用于支持系统的规划、预测和跟踪。系统演示验证阶段的研制试验鉴定是利用先期工程研制模型,在可控条件下通过工程和科学方法进行,为确定该系统是否已做好转入低速率初始生产(LRIP)的准备提供最终的技术数据。与此同时,国防部长办公厅作战试验鉴定监管的项目还要进行一次作战评估,以支持低速初始生产(小批量生产)决策。这些试验的技术性能包括:有效性,可靠性、可用性与可维修性,兼容性,互操作性,网络安全,安全性和可保障性等。

(三)生产与部署阶段的研制试验鉴定

1. 低速率初始生产阶段的研制试验与鉴定

美军各军种确认初始作战试验鉴定文件的具体做法各不相同。例如,海军通过实施附加的研制试验鉴定进行确认,称之为技术鉴定。这是一项由装备项目办公室管理的研制试验鉴定活动,在更接近实战的试验环境中进行。但是,空军则制定了相应的指南,采用一种结构化方法,采用模板的方式帮助装备项目主任对项目的初始作战试验鉴定准备情况进行评估。

2. 全速率生产决策审查之后的研制试验与鉴定

在作出全速率生产(FRP)决策后,可能还有必要进行研制试验。这类试验通常是为确认发现的设计问题已纠正,并对系统改型的生产准备情况进行演示验证而定制的。试验要在受控条件下实施,可提供定性和定量的数据。试验是在实验型生产或初始生产批次的产品上进行的。为确保产品按照合同规范生产,要采用限量生产抽样程序。试验要确定系统是否已成功地从工程研制样机阶段转入生产阶段,以及系统是否符合设计规范。

3. 生产认证试验(PQT)

认证试验是研制试验的一个组成部分,用于检验系统的设计和制造程序。生产认证试验是正式的合同试验,用于确认在作战和环境规范中的系统设计一致性。这些试验通常使用按照生产设计的标准和图纸生产的硬件。此类试验通常要在生产证书发放之前,演示合同要求的可靠性和可维护性。

国防合同管理局通常在装备项目管理办公室的指导下实施生产认证。生产认证试验也可能根据低速初试生产的条款规定实施,以确保制造工艺、装备和程序的成熟度。这些试验针对每一个条目实施,或从第一批次生产的产品中随机抽取样品。如果工艺或设计发生重大改变或者有第二批次其他备选,就应进行重复试验。

(四)使用与保障阶段的研制试验鉴定

在具备初始作战能力或初始部署后进行的研制试验鉴定,将评估已部署系统的战备情况和可保障性。这要确保在以前的试验中出现的所有问题都已得到纠正,以及评估提议的产品改进及批次升级方案,并确保一体化后勤保障的完善性。同时,还要评估已有资源,并确定那些用于确保战备和保障目标的计划是否在剩余的采办寿命期内足以维持该系统。对于成熟的装备而言,进行研制试验鉴定有助于装备的改进升级,以应对新威胁、吸收新技术或帮助延长使用寿命,或者确定系统部件的存储效果。装备项目管理办公室中的产品保障经理,负责管理装备和维持重大武器系统、子系统和部件准备程度,以及作战能力所需的保障功能。

三、研制试验鉴定对装备采办决策提供支持

在美军装备采办过程中,研制试验鉴定主要用于演示验证技术是否满足特定规范要求,以表明系统工程、设计、研制和性能的完备性和充分性。研制试验鉴定是研制方的一种工具,用来证明系统能够按规定运行或者已发现缺陷,并

且这些缺陷已得到纠正,同时系统已做好作战试验的准备。在整个系统工程过程中,研制试验与鉴定过程的结果用于为支持技术审查提供有价值的数据。研制试验鉴定本身支持备选方案分析更新,设计审查,需求更新,以及作战试验准备和作战部队使用。因此,研制试验鉴定是支持系统研制评估的一个过程,主要评估关键性能参数(KPP)、关键系统特性(KSA)、技术性能测量(TPM)和关键技术参数(CTP)等参数的技术成熟度。在采办全寿命周期的所有阶段都需要使用研制试验与鉴定方法,以促进各种研制鉴定需求的制定。鉴定的范围包括,从早期的样机和系统备选方案评估,到产品开发、系统规范验证,以及产品合格试验等全部涵盖,如图3-2中所示。

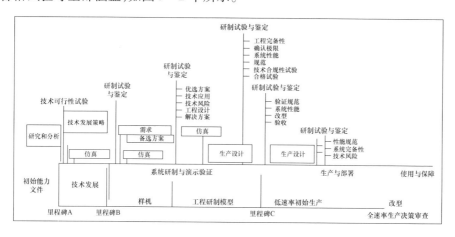

图3-2 研制试验鉴定对各阶段重要决策的支持

(一)装备方案分析阶段审查

1. 初始技术审查

初始技术审查是一个多学科审查,目的是确保计划的技术基线足够严谨,能够支持有效的成本估算。其主要任务是对所提出装备的能力需求以及装备方案进行评估,并验证必要的研究、发展、试验与鉴定、工程、后勤,以及装备设计能够反映所有的技术挑战和风险。

2. 备选系统审查

备选系统审查是多学科技术审查,以确保技术基线与客户需求和预期相符,并确保被审查的武器系统能够进入技术发展阶段。备选系统审查应该在里程碑A之前完成,并为其提供信息。备选系统审查主要评估在装备方案分析阶段已经鉴定过的初始装备方案,并决定在可接受的风险水平内具有高的效费比、负担得起且是行之有效的一个或多个合适的装备研发方案。这个审查最重要的一点就是,理解可利用的武器系统方案,以满足初始能力文件中所描述的能力要求,并满足每个备选方案固有的可承受性、作战效能、技术风险,以及适用性目标。

美军装备采办政策要求在技术发展阶段制造样机。因此,备选系统审查应该明确装备的关键组成部分,以使竞标团队能在里程碑 B 之前制造出样机。

(二)技术发展阶段的技术审查

1. 一体化基线审查(IBR)

基线用于记录产品在特定设计阶段的情况,它们为后续发展提供参考,美军大多数武器系统的发展使用三个经典基线来记录:功能、配置和产品。虽然每个项目专用的说明书是最主要的基线文件,但它们并不足以构成一个基线。其他文件还包括最终产品描述和使能产品描述。最终产品的基线文件通常还包括说明系统需求、功能架构、物理架构,技术制图软件以及需求可追溯性的文件。采办项目基线(APB)是高水平评估项目成熟度和可行性的文件。配置基线是系统描述文件。

2. 样机审查

系统样机的定义、研制和验证,子系统、装配和构型,都需要应用系统工程技术管理流程和技术流程,以及相匹配的样机技术审查。技术审查支持有竞争力的样机研究和系统技术审查,例如,样机性能审查、样机部署审查或提供有利于支持技术方法和项目规划的样机关键设计审查。样机审查的申请、实施以及时间安排,由项目办公室和样机研发机构一同安排,并写入项目系统工程计划中。

3. 系统需求审查(SRR)

系统需求审查是一种多学科技术审查,旨在确保系统在审查下可以进入初始系统研制并满足所有系统需求和性能要求。这些系统需求和性能要求来源于初始能力文件或能力开发文件草案。一般而言,审查以系统规格为准则评估系统需求,确保系统需求与批准的装备解决方案(包括保障方案),以及由样机工作产生的有用技术相一致。

系统需求审查旨在确定定义系统技术需求方面取得的进展。整体试验规划的结果也要进行审查以确保用来评估设计和确认风险的计划的充分性。系统需求审查的目的是确保充分了解用户作战需求并将其转化为系统的具体技术需求,允许开发商(承包商)建立一个初始系统级需求基线。

4. 系统功能审查(SFR)

系统功能审查是一个多学科技术审查,以确保建立一个系统功能基线,可以在当前明确预算和预期时间计划下满足初始系统文件或能力开发文件草案需求。系统功能审查将在系统级下完成项目或者要素的定义。该审查对系统功能规范的系统规范分解进行评估，评估理论来源于案例分析。系统作战需求研制使用是审查的关键组成部分。系统性能和用于作战维持与保障的预期功能需求，将按照子系统、硬件、软件或详尽结构分析后的保障，以及武器系统部署环境来设计。系统功能审查确保较低级系统功能定义是否充分的分解，一体化产品小组是否准备开始初步设计。

5. 初始设计审查（PDR）

初始设计审查是建立在系统分配基线上的技术评估，以确保在以作战效能和适用性为标准的审查下，达到合理预期。该审查评估每一个分配设计文件，这些设计写入组成系统的子系统产品规格文件中。同时，确保功能基线的每个功能已分配给一个或多个系统组成部分。初始设计审查建立系统级分配基线（硬件、软件、人/保障系统）和底层架构，以确保在当前预算和进度满足要求时，系统审查有一个合理的预期。

（三）工程与制造阶段的技术审查

1. 关键设计审查（CDR）

关键设计审查是工程与制造开发阶段的关键点。关键设计审查是一个多学科技术审查，通过建立初始产品基线，确保被审查的武器系统在当前预算和时间计划下，能够满足初始能力文件需求。附加的关键设计审查适用每个系统级关键设计审查的最终构型项。审查以产品规格为依据，评估每个系统构型项的最终设计，确保每个产品规格在详细设计文件中都得到遵守。构型项可能包括硬件和软件以及零部件，例如机身/船体、航空电子设备、武器、机组系统、发动机、培训师/培训、支持设备等。关键设计审查评估计划基线（建立文件）以决定系统设计文件（最初的产品基线，包括项目的详细规格、材料规格、工艺规范）是否满足初始生产要求。

2. 试验准备审查（TRR）

试验准备审查是一个多学科技术审查，以确保被审查的子系统或系统做好进入正式试验的准备。试验准备审查评估试验目标、试验方法和程序、试验范围、安全性并确认必需的试验资源已被正式确认和调整用以支持试验计划拟制。试验准备审查验证计划的测试程序要求和用户需求的可追溯性。它决定了完整的测试程序以及测试计划和说明。试验准备审查也是评估系统在发展成熟度，成本/时间进度、确定准备就绪到进行正式测试的风险审查。

试验准备审查是在采办计划所有阶段支持所有试验活动的工具,包括系统和系统内部环境的试验。项目主任和试验鉴定一体化产品小组应该在具体采办阶段对所有试验准备审查、具体试验计划和鉴定项目风险等级进行调整,审查的范围直接与风险等级相关,与执行试验计划相关,以及整个计划成功重要的试验结果有关。

3. 系统校核审查(SVR)

系统校核审查是产品和过程的多学科评估,确保系统可以在成本(项目预算)、时间进度(项目时间表)、风险及其他限制下,推进到低速率初始生产和全速率生产阶段。通常,该审查是系统功能审查的跟踪检查,评估系统的功能以及确定系统是否满足功能基线标注的功能需求。系统校核审查建立并校核最终产品的性能。系统校核审查往往与生产准备审查同时进行。功能技术状态审核也可以与系统校核审查同时进行。

4. 功能技术状态审核(FCA)

功能技术状态审核是对被试构型项(硬件与软件)特性的正式审查,旨在校核其实际性能是否达到功能基线上的设计和接口要求。它本质上是对试验构型项/分析数据、包括软件单元试验结果的审查,验证其是否达到系统规范中所描述的预期功能和性能。对于整体系统,这将是系统性能的规范。对于大型系统,功能技术状态审核为特定功能区审查低级构型项以及作为系统级功能技术状态审核的一部分,解决非裁决分歧。成功的功能技术状态审核通常对工程与制造开发产品进入低速率初始生产的成熟度进行验证。

5. 生产准备审查(PRR)

生产准备审查检查主要用来验证设计是否已经为生产做好准备,主承包商和主要分包商是否已经完成了充足的生产计划,而不会产生违反时间表、性能、费用等方面阈值或其他既定标准的不可接受的风险。审查评估全部生产配置系统以验证它是否准确完整地实现所有系统要求。审查验证最终系统要求的可追溯性保持到最后的生产系统。生产准备审查是对制造过程、质量管理体系和生产规划(例如设备、使用设备和试验设备能力、人才培养和认证、加工文件、库存控制、供应商管理)准备的检查。

(四)生产与部署阶段的技术审查

1. 物理技术状态审核(PCA)

物理技术状态审核对被试产品的实际构型进行审查。如合同里说明和已建立的那样,其验证相关的设计文件与项目相匹配。除了确保产品验证的标准流程,物理技术状态审核还要确认制造过程、质量控制体系、测量和试验设备,以及培训规划、执行以及控制是否得当。在项目生产中,物理技术状态审核对许多生产承包商使用的支持流程进行确认,在系统校核审查之后验证其他可能受到影响/重新设计的因素。

2. 作战试验准备评估(AOTR)

在部门采办执行官确定初始作战试验鉴定准备就绪前,国防部负责研制试验鉴定的助理部长帮办为所有采办类别 I 和网络安全项目以及其指定的特别关注的项目进行独立作战试验准备评估。作战试验准备评估专注于初始作战试验鉴定技术和装备的准备计划。评估结果是研制试验鉴定或更早版本作战评估能力证明的基础。研制试验鉴定的报告结果和过程评估必须在作战试验准备评估之前,向国防部负责研制试验与鉴定的助理部长帮办和作战试验鉴定局局长提交。该报告可以是作战试验鉴定的书面报告或简报,作战试验鉴定说明应该包括以下内容:实现关键技术参数分析系统的进展;经批准的初始作战试验鉴定入口条件;技术风险评估;软件成熟度水平和软件故障状态报告;预测初始作战试验与鉴定结果。

3. 作战试验准备审查(OTRR)

作战试验准备审查是一个多学科产品和过程评估以确保系统以较高的行动概率进行到初始作战试验与鉴定阶段,同时系统在服务引进中是有效和适用的。全速率生产决策可能取决于这个成功的决定。在满足生产能力文件的作战环境中,认识可用系统的性能对作战试验准备审查至关重要。因此,试验处理和验证系统可靠性、可维护性、保障性性能,通过规划的试验操作确认危害和环境、安全与职业健康遗留风险是否可控。

(五)作战与保障阶段的技术审查

使用审查(ISR)是一种多学科产品和过程评估,以确保武器系统在控制风险和充分了解情况下进行作战部署。该审查提供了风险评估、准备、技术状态和一个可衡量的发展趋势。这些评估在使用中保障预算优先。健全方案的一致应用、支援装备、后勤管理规划、进程、下一层服务利益相关者审查将帮助使用审查实现目的。

第二节 装备作战试验鉴定

作战试验鉴定是指在逼真作战条件下实施的装备试验鉴定活动,主要目的是考核由典型用户操作时装备的作战效能、适用性与生存性。随着装备技术的发展和现代战争样式的变化,美、法、德等世界军事强国普遍重视武器装备在实战条件下的作战能力考核,对武器系统都实施了相应的作战试验鉴定考核。西方主要军事国家中,美军于20世纪80年代至90年代率先在现实中构建逼真的战场环境,设置适当的作战对手,通过模拟真实的作战运用和对抗过程,检验武器装备的作战适用性和作战效能,从而在实战使用前对武器装备的真实作战能力和满足战场需求的程度做出评价。此后,美军通过多年实践,逐步建立起一套装备作战试验制度、法规、标准、内容和方法,形成了相对完整的作战试验鉴定体系。

一、作战试验鉴定的目的与意义

装备作战试验鉴定是验证和评价武器系统的作战效能、作战适用性和生存性的活动,关注的是系统是否满足作战需求的问题,是装备建设的一个重要环节,越来越受到外军重视。

(一)作战试验鉴定的目的

根据《美国法典》第10编第2399节给出的定义,"作战试验鉴定是在接近真实作战环境下的外场试验,需要由典型军事用户在接近真实作战环境下使用武器、装备或弹药的任何项目(或其关键组成部件),测定其接近真实作战条件下的作战效能和适用性,并对试验结果进行鉴定"。该术语不包括仅以计算机建模仿真为基础的作战评估,或针对系统需求、工程设计建议、设计规范或计划文件中所含其他信息做出的分析。美国国防部指示5000.2《国防采办系统的运行》指出,作战试验鉴定用于"确定系统在实际使用(包括联合作战)情况下的作战效能和适用性,确定所批准的《能力生产文件》(CPD)以及关键作战使用问题中的标准是否已得到满足,评价对作战使用的影响及提供系统作战性能方面的信息"。

经过长期实践,美军对作战试验鉴定建立起比较深刻的认识。国防部高层官员指出,作战试验不是在体系环境中对完整系统实施的大规模研制试验,"按预期设计工作"不等同于"使部队实现预期的优势"。作战试验的目的是获得数据和信息,回答装备列装部队后对军事能力的提升等一系列"关键作战问题"(COI)。每个系统都必须接受试验,并以"关键作战问题"指标为基础鉴定其作战效能和作战适用性。作战试验的实施要始终围绕被试系统的基本问题计划,"战术、技术及规程",作战模式总结及任务剖面,条令,威胁对抗策略,人员和部队装备,与同级、较高级、较低级系统的相互作用。具体而言,作战试验鉴定的目的是完成以下方面的鉴定:新系统满足用户需求的程度,即系统的作战效能和作战适用性;系统当前的能力,考虑已提供使用的装备以及与新系统相关的作战效益或负担;为纠正性能缺陷而要进一步研制新系统的需求;用于系统部署的条令、组织、操作技术、战术和训练的充分性;系统维修保障的充分性;对抗环境下系统性能的充分性。

(二)作战试验鉴定的意义

1. 检验装备真实作战能力

作战试验鉴定要求在接近真实的作战和对抗环境中,通过对装备作战效能和适用性进行充分而客观的检验,帮助作战人员了解受试武器的真实性能,检验投入战场使用的装备能否满足作战要求,并完成既定作战任务。作战试验鉴定的需求来自战场,最终目标也面向战场,是检验装备真实作战能力和能否打仗的主要手段。在当前一体化联合作战背景下,作战试验鉴定还可以在联合任务环境下对整个装备体系进行检验和考核。通过构建多靶场参与、互联互通、虚实结合的分布式联合作战试验环境,以试验数据为支撑,定性判断与定量分析相结合,作战试验鉴定不仅可以考核单件武器、单个武器系统的作战能力,还可以考核联合作战环境下武器装备对体系的贡献率和武器装备系统对抗能力。

2. 促进武器装备战斗力生成

在装备发展过程中,作战试验鉴定以不同形式贯穿其中。在装备方案分析和技术开发阶段,以"早期作战评估"(EOA)形式,利用模型、样机及相关数据开展作战试验,用于预测和评估装备潜在作战效能和适用性;在工程与制造开发阶段,以"作战评估"(OA)形式,利用样机、模拟器、工程开发模型、试生产产品开展作战试验;在批量生产决策前,以"初始作战试验鉴定"(IOT&E)形式,利用低速生产的产品开展作战试验;在装备服役后,以"后续作战试验鉴定"(FOT&E)形式,对部队列装的装备开展作战试验,评估全系统作战能力以及装备面临新威胁时的适用性。作战试验鉴定在不同阶段以不同方式参与,但目标只有一个,那就是考核装备完成任务的能力,尽早发现装备缺陷,促进装备战斗力尽快生成。

3. 降低采办决策风险

作战试验能够确定被试系统的作战效能和适用性。它判断作战能力需求是否得到满足,评估系统对平时和作战行动的作用。它能够尽早识别并协助解决缺陷,识别对系统能力的增强,鉴定可能改变系统性能的结构变化。作战试验确定部署或列装特定系统对全谱范围内作战的影响,也可以评估或鉴定"条令、组织、培训、装备、领导和教育、人员和设施以及政策"(DOTMLPF-P)。重大装备项目的作战试验鉴定由一个独立于研制、采购和使用司令部的机构实施。每个采办阶段通常都要进行某种形式的作战评估或作战试验。在装备采办过程中,每种作战评估或作战试验都在某个决策审查中发挥关键作用。作战试验鉴定重点关注任务的完成情况,而非满足技术规范、需求、效能指标和性能指标。在最基本的层面上,作战试验鉴定就是为决策需求将科学方法应用于硬件、软件、概念、战术、技术和规程。它能够确定系统满足特定需求方面所具备能力的真实状态。试验人员在模拟的战斗环境或真实作战环境中对这种能力进行抽样检验,并根据观察到的结果,得出有关系统真实潜在能力的结论,即装备的"自然状态",遵循这些结论向决策者提出建议。决策者综合这些信息以及风险考虑决定下一步工作。因此,作战试验是决策者降低风险的工具,它给出了对装备真实状态的最佳估值。

4. 保证装备作战适用性

美军曾经尝到过武器装备作战试验鉴定不力产生的严重后果,因此始终对这项工作非常重视。设置作战试验鉴定局统管全军的作战试验鉴定,每年直接监管多个重大国防采办项目和重大自动化信息系统项目的作战试验鉴定,从中发现了大量问题,防止美军士兵用性能不过关、适用性差的武器装备进行作战。美军装备采办项目"拖、涨、降"问题始终得不到解决,有人曾经质疑作战试验鉴定是装备采办项目进度滞后、成本上涨、资金浪费严重的主要因素。美国国防部监管的作战试验鉴定项目分析显示,在研装备项目进度滞后现象很普遍,主要原因是研制进度拖延,很大比例项目的研制试验和作战试验暴露出问题。因此是试验结果而不是试验本身导致项目延误。

美国国防部每年都有一些装备开发项目被终止,造成巨大的资金浪费。1990年—2010年间,仅美国陆军就终止了22个重大国防采办项目,主要原因是需求不切实际、备选方案研究不足。事实上,通过早期介入、严格的作战试验鉴定可以尽早发现问题,决策者可以及时对项目进行调整,避免浪费大量资金。同时也应该看到,美国国防部宁可承受巨额经济损失终止研发项目,也不能接受装备带着问题部署到部队,从这个意义上说,作战试验鉴定对装备作战效能和适用性起到了很好的把关作用。

二、作战试验鉴定的分类

作战试验是为了确定典型用户在作战中使用的效能、适用性和生存性而对武器、装备或弹药关键部件在真实作战条件下进行的外场试验。美军各军种都有一个专门负责规划、实施该军种的作战试验鉴定活动并负责报告结果的独立机构,国防信息系统局也指定了联合互操作能力试验司令部作为国防部信息系统的作战试验部门,特种作战司令部的多数初始作战试验鉴定都由其分队来实施。美国防采办大学编制的《试验鉴定管理指南》从总体上界定了作战试验鉴定基本类型,各军种和国防部机构制定的作战试验鉴定政策法规在此基础上进行了细化和补充。

(一)美军作战试验鉴定基本类型

美军规定,作战试验鉴定工作可以划分为两个阶段:一是全速率生产之前进行的作战试验,二是全速率生产决策之后进行的作战试验。全速率生产之前的作战试验鉴定包括"早期作战评估""作战评估"和"初始作战试验鉴定"。作战评估在计划的早期开始,通常在项目启动前开始,一直持续到确认系统做好"初始作战试验鉴定"的准备为止。

1. 早期作战评估

早期作战评估主要用于预测和鉴定在研武器系统的潜在作战效能和适用性。早期作战评估开始于装备方案分析和/或技术开发采办阶段,可能持续到系统集成期间,它是在不断改进设计的样机上进行的。

2. 作战评估

作战评估是由独立的作战试验机构利用非生产系统实施的作战效能和作战适用性鉴定,根据需要可由用户提供支持。作战评估重点关注研制工作中出现的重要趋势、项目缺项、风险领域、需求的充分性,以及项目对开展充分的作战试验的保障能力。作战评估可利用技术验证器、样机、实体模型、工程开发模型或模拟器进行,但不能代替支持全速率生产决策所必需的初始作战试验鉴定。作战评估通常在里程碑C之前进行。

作战评估主要用于在决策点为决策者提供对潜在作战效能和适用性的早期评估。这些评估旨在预测系统满足用户需求的潜力。在项目开发过程早期实施的评估可称为早期作战评估。

作战评估始于作战试验部门启动系统级性能鉴定之时。评估过程中,作战试验部门可以利用任何试验结果、建模与仿真以及其他来源的数据。作战试验部门从作战的角度对这些数据进行鉴定。随着计划的不断成熟,对性能需求的作战评估可在工程开发模型或试生产产品上进行,直到认为系统性能成熟为止。然后即可认定该成熟系统已做好初始作战试验鉴定(海军为作战鉴定)准备。当采用渐进式采办策略时,在新增量交付用户之前,其后续增量至少要有一次作战评估。

3. 初始作战试验鉴定

在进入初始作战试验鉴定之前,应进行作战试验准备审查。作战试验准备审查是针对产品和过程的多学科评估,用来确保该系统进入初始作战试验鉴定时具有较高的成功概率,且系统进入服役时是有效的和适用的。大批量生产决策就取决于这种成功的审查。对作战试验准备审查而言,了解在作战环境中系统性能满足《能力生产文件》的情况十分重要。因此,通过试验确认系统的可靠性、维修性和保障性性能,确定危害和"环境、安全和职业健康"(ESOH)残留风险在规划的试验操作中是否可控是很重要的。作战试验准备审查要在军种采办执行官或指定的里程碑决策者对装备系统的初始作战试验鉴定准备情况进行鉴定前完成。

为支持大批量生产决策而进行的作战试验鉴定通常称作初始作战试验鉴定,美海军称之为作战鉴定。初始作战试验鉴定在小批量初始生产期间进行,必须在大批量生产决策审查之前完成。如果遇到系统性能问题需要重试、系统未通过认证或需要在另外的环境中进行试验,可实施不止一次初始作战试验鉴定。初始作战试验鉴定是在逼真作战想定中采用典型的作战人员,在生产型系统或具有生产代表性的系统上进行的。

初始作战试验鉴定是大批量生产决策之前作战试验鉴定的最后一个专有阶段。在试验开始前,要综合考虑研制试验鉴定的结果、制造过程、安全性以及其他军种专用的放行(成功)准则进行军种作战试验准备审查。对于国防部长办公厅试验鉴定监督计划,负责研制试验鉴定的助理国防部长帮办要提交作战试验准备评估报告,用于作战试验鉴定准备决策认证。初始作战试验鉴定由独立于承包商、项目管理办公室或研制机构的作战试验鉴定机构实施。

4. 后续作战试验鉴定

后续作战试验鉴定是大批量生产决策审查之后可能仍有必要进行的一类作战试验鉴定,旨在改进初始作战试验鉴定期间所做的评估,对变更进行鉴定,对系统进行再鉴定,以确保系统能持续满足作战需求并能在新环境或面对新威胁时保持其作战效能。后续作战试验鉴定在部署和作战保障期间实施,有时也可分为两类独立的活动。初期的后续作战试验鉴定一般在系统达到初始作战能力后实施,用于评估全系统能力。它由作战试验部门或指定机构实施,以验证系统缺陷的纠正情况,并要对初始作战试验鉴定期间未做鉴定的系统训练与后勤状况进行评估。后期的后续作战试验鉴定则是在系统的整个寿命期内针对生产型产品实施的。试验的结果将用来改进对作战效能和适用性的评估,升级"训练、战术、技术与条令",明确作战缺陷并对改进部分进行鉴定。这种后期的后续作战试验鉴定由作战司令部实施。

后续作战试验鉴定是在与初始作战试验鉴定所采用的类似的逼真战术环境中进行的,但可能使用更少的试验品,通常利用已部署的生产型系统进行。后续作战试验鉴定的具体目标包括:对将要纳入到生产型系统中的改进部分进行试验;完成延期的或未完成的初始作战试验鉴定;对初始作战试验鉴定期间所发现缺陷的纠正情况进行鉴定;对已部署系统进行可靠性(包括备件保障)评估。后续作战试验鉴定也可用于对系统为实现新的战术应用或对抗新威胁在不同平台应用的情况进行鉴定。法军强调对装备开展"作战使用性能考核",德军强调装备要开展"部队试验和后勤试验"。尽管,世界主要军事强国外军对"作战试验"的称谓不尽相同,根本目的都是对武器装备作战效能、作战适用性和生存能力等进行实战化考核,摸清武器装备实际作战能力的边界和底数。

(二)美军种作战试验鉴定基本类型

美国陆海空三军根据装备特点和发展需要,以国防部作战试验鉴定类型为基础,细化了作战试验鉴定类型,体现了军种特色。其中,美国陆军和空军划分的作战试验鉴定类型内容具体,特点鲜明。

1. 美国陆军装备作战试验鉴定类型

美国陆军将装备作战试验鉴定分为三大类:全速率生产/全面部署前的作战试验鉴定、全速率生产/全面部署后的作战试验鉴定、按需试验,具体类型如表3-1所示。

表3-1 美陆军作战试验鉴定类型

全速率生产/全面部署前	全速率生产/全面部署后	按需试验
早期用户试验	后续作战试验	用户试验
有限用户试验	用户验收试验	补充基地试验
初始作战试验		回归试验

(1)全速率生产和全面部署之前的作战试验。

系统的作战试验通常从项目启动(通常是里程碑B)到全速率生产/全面部署决策审查过程中进行。全速率生产/全面部署之前的试验需求将被纳入批准的《试验鉴定主计划》以支持里程碑A、B或C。在全速率生产/全面部署之前进行的作战类型是早期用户试验、有限用户试验、初始作战试验。

①早期用户试验。

早期用户试验包含所有系统试验,用户代表在技术成熟风险降低阶段、工程制造阶段初期,负责系统使用、维护和保障的用户。早期用户试验可以试验装备概念,支持培训与后勤计划,识别互操作性问题,确定未来的试验要求。早期用户试验为支持里程碑 B 的早期作战评估报告提供数据和信息。早期用户试验寻找早期作战评估报告中必须解决的问题的答案。

②有限用户试验。

有限用户试验是通常在工程和制造开发阶段进行的初始作战试验之外的一种作战试验。有限用户试验的被试件通常不是预生产或代表型样机。有限用户试验等同于国防部指示 5000.2 中规定的作战评估,该评估涉及有限数量的关键作战问题和其他评估问题。有限用户试验的目的是降低计划风险,识别关键的潜在用户、差距、接口和作战使用问题,以降低在初始作战试验期间发现主要问题的风险。

③初始作战试验。

采办项目要通过典型用户在真实条件下(如作战环境和代表性威胁)操作系统判断作战效能、作战适用性和生存能力。《美国法典》第 10 编 2399 条要求重大国防采办项目在逾越低速率初始生产之前进行初始作战试验鉴定。对于国防部作战试验鉴定局监管的所有项目,陆军试验鉴定司令部将在全速率生产/全面部署决策审查之前进行专门的初始作战试验,以获得不受潜在利益冲突或偏差干扰的客观试验结果。对于国防部作战试验鉴定局的监管项目,只有收到国防部作战试验鉴定局以书面形式批准初始作战试验设计方案才能启动初始作战试验。在完成全速率生产/全面部署决策时,里程碑决策机构将在全速率生产/全面部署决策审查之前或期间进行评审活动以评估初始作战试验结果,并考虑任何可能影响作战效能经过确认的新威胁环境,并可能会咨询需求验证机构将其作为决策流程的一部分,以确保能力需求是最新的。

(2)全速率生产/全面部署之后的作战试验。

全速率生产/全面部署之后的作战试验支持初始作战试验之后的开发和列装,并支持部署后软件维护。全速率生产/全面部署后试验需求将被纳入批准的《试验鉴定主计划》,以支持全速率生产/全面部署决策审查。除里程碑决策机构特别批准外,试验中发现的关键缺陷将在超越低速率初始生产或有限部署之前解决。补救措施将在后续试验鉴定中进行验证,而不必是后续作战试验。

①后续作战试验。

装备系统在生产和部署阶段的作战试验通常包含一个后续作战试验。后续作战试验是在生产期间或生产后可能需要开展的作战试验,用以优化初始作战试验期间所作的估值,提供评估系统变化的数据,并验证装备、训练或概念方面的缺陷已得到纠正。后续作战试验还能提供数据以确保系统继续满足作战需求,并保持其在新环境或新威胁下的作战效能。对于软件密集型系统,如果需要作战试验来支持部署后软件维护,则将进行后续作战试验。

②用户验收试验。

用户验收试验的主要目的是在用户使用环境中验证修改的信息技术功能。信息系统的独特之处在于,如果用户验收试验需要支持部署后软件维护,作战试验人员将进行后续作战试验。否则,部队现代化的支持者将进行用户验收试验。在没有部队现代化支持者的情况下,能力开发人员将针对支持部署后软件维护所需的系统进行用户验收试验。对于既拥有部队现代化支持者又拥有能力开发人员的系统,部队现代化的支持者将实施用户验收试验。用户验收试验的范围与后续作战试验有关。

(3)按需试验。

①用户试验。

用户试验专为申请机构实施。申请机构协调保障要求并为试验提供资金和指导。用户试验并不直接针对采办里程碑决策,但可以为整个系统评估和鉴定工作提供数据,前提是用户试验以作战方式进行。如果用户试验需要陆军司令部或陆军军种司令部的作战资产,则将试验资源计划提交给试验进度与资源评审委员会进行验证和资源分配。用户试验不会用于免除初始作战试验的要求。

②补充现场试验。

对于信息系统而言,如果用户位置之间存在差异,可能会影响性能或适用性,则要在多个硬件和操作系统环境中实施补充现场试验。补充现场试验可以作为初始作战试验和用户验收试验的补充。

③回归试验。

回归试验是软件密集型系统特有的,确保更新应用软件或操作系统没有引入新的故障。

2. 美国空军作战试验鉴定的基本类型

美国空军在国防部作战试验类型基础上补充了一些新类型,将作战试验鉴定划分为"鉴定"和"评估"两个大类。鉴定过程基于严谨的分析,严格按照标准收集、分析和报告数据,鉴定结果支持全速率生产/全面部署决策。而评估过程对采集和分析数据的严谨性要求较低,不需要按照标准编制报告,但不能作为唯一试验鉴定数据来源支撑全速率生产/全面部署决策,所有全速率生产/全面部署决策都要在适当类型的作战试验和充分、独立鉴定的支持下完成,如表 3-2 所示。

表 3-2 美空军作战试验鉴定基本类型汇总

作战试验类型	支撑的决策	实施机构	项目类型
评估			
早期作战评估	里程碑 B,能力开发文件验证,开发方案征求书发布决策点	空军作战试验鉴定中心或一级司令部作战试验机构	I 类、II 类、III 类项目,国防部监管项目,无监管项目(注:不能替代初始作战试验鉴定、资格作战试验鉴定、后续作战试验鉴定、部队开发鉴定、作战用途鉴定)
作战评估	里程碑 C/低速率初始生产/后勤演示		
军事用途评估	新科学技术应用	一级司令部作战试验机构	无监管项目,非正式采办项目
鉴定			
初始作战试验鉴定、资格作战试验鉴定、后续作战试验鉴定	全速率生产/全面部署	空军作战试验鉴定中心	I 类、IA 类、II 类项目,国防部监管试验鉴定的项目
多军种作战试验鉴定	全速率生产/全面部署	空军作战试验鉴定中心或一级司令部作战试验机构	所有项目
部队开发鉴定	全速率生产/全面部署	一级司令部作战试验机构	不适用初始作战试验鉴定、资格作战试验鉴定、后续作战试验鉴定的所有项目
作战用途鉴定	全速率生产/全面部署	空军作战试验鉴定中心或一级司令部作战试验机构	不适用初始作战试验鉴定、资格作战试验鉴定、后续作战试验鉴定、部队开发鉴定的所有项目
作战试验充分性审查	全速率生产/全面部署	一级司令部作战试验机构	不适用初始作战试验鉴定、资格作战试验鉴定、后续作战试验鉴定、部队开发鉴定的所有无监管项目
战术开发与鉴定	战术、技术和规程文件	一级司令部作战试验机构	所有项目

三、作战试验鉴定的主要特点

(一)作战试验机构独立权威

美军武器装备的作战试验在各军种中均有专门的负责机构,其主要任务是依据武器装备采办的进度适时规划、组织、实施作战试验并提交鉴定结果。所以,各军种负责武器装备作战试验鉴定的机构是相对独立的。美军要求作战试验鉴定机构必须尽早介入武器装备的采办周期,通常应在方案分析时期介入。在作战试验实施前,作战试验鉴定工作的主要内容是熟悉装备,帮助试验人员和研制人员进行深入沟通,对关键作战问题进行细化等。此外,作战试验机构的项目主任、分析人员和鉴定人员还应对试验过程、方法等进行合理的设计,确保试验收集的数据能够充分回答前期拟定的若干关键作战问题。

(二)试验人员与作战部队平均水平相当

武器装备的作战试验,是在作战试验鉴定机构构建的接近真实的作战条件下开展的,由具有代表性的"典型"用户,针对该武器装备系统进行试验。在不使用真实作战部队实施试验的情况下,应当选择那些与真实部队的操作、维护及保障人员具有相同军事素养和操作技能的人员来完成试验。而且,不容忽视的是,应在试验开始之前对试验人员进行必要的培训,主要内容包括武器操作、维护保养、战术战法、试验保障、试验控制等。此外,由于很多作战试验为了逼真展现作战场景,要求用实兵对抗的方式实施试验,这就要求充当威胁部队的试验力量也必须进行精心的设计。除了必须使用与假想对手相似的武器装备和战术战法外,还必须对威胁部队的人员进行专门的训练。

在作战人员培训方面,美军进行了比较明确的职责划分。对于在初始作战试验鉴定之前的作战试验,人员的训练通常由武器装备系统的承包商负责。在初始作战试验鉴定阶段,则应由承包商首先对军种的训练教官进行培训,然后再由这些训练教官对参加试验的建制单位进行训练。在武器装备的批量生产阶段,人员的培训则由军种承担。此外,作战试验还需大量的保障人员,如数据采集人员、导调控制人员、场景布置人员等,他们都需要由作战试验机构统一管理并培训。

(三)《试验鉴定主计划》完善健全

《试验鉴定主计划》用于规划采办项目的所有试验鉴定活动,是指导项目试验鉴定工作的纲领性文件,规划了采办项目全寿命周期内各阶段要完成的所有试验鉴定任务,确定了试验和鉴定的标准、进度安排及资源需求等,并将其集成到项目采办策略中。

美军要求在采办早期(进入里程碑 A 之前),为作战试验鉴定项目制定一份与已批准的武器装备采办策略相一致的作战试验鉴定策略,确定关键作战问题。随着试验计划的进展,应逐步完善试验鉴定策略并对其进行细化,在里程碑 B 形成《试验鉴定主计划》以便后续试验的实施,同时还应对试验所需资源进行筹划。《试验鉴定主计划》在里程碑 B 审批通过后,后续会根据项目实际情况,在以下重要节点不断进行更新和调整:一是在采办进入下一阶段时,《试验鉴定主计划》必须进行更新,这是采办下一阶段的准入原则之一;二是当项目发生重大变更时,《试验鉴定主计划》要进行调整,例如,当发生导致关键设计审查(CDR)或系统配置出现变更时,或者采办策略、能力需求发生变更时,《试验鉴定主计划》都要进行及时调整。

(四)围绕关键作战问题构建评价指标体系

美军种作战试验部门依据装备能力需求文件、作战概念、训练条令等,确定装备的作战任务,将作战任务作为装备作战试验鉴定的输入和牵引,并由此提出关键作战问题。关键作战问题是完成作战任务的关键要素或作战目标,通常聚焦一个系统的能力,一般根据装备的作战使用过程、功能或分项能力进行分解,针对每一个作战能力或效能关键点提出一个关键作战问题,一般用问句表示,如"系统在战斗环境中能在有效交战范围内成功探测目标吗?""系统在战斗环境中能安全使用吗?"等。

在作战试验规划中,要针对关键作战问题设定试验目标,将试验目标分解为效能指标(或适用性指标),并继续向下将每个效能指标分解为可以通过试验数据进行评价的性能指标。作战试验鉴定就是通过试验和观察获取所需数据,经过处理得出相关性能指标的结果,并逐项向上聚合,最终得出关键作战问题是否得到解决、装备需求是否得到满足的结论。

(五)构建逼真作战环境

美军要求作战试验鉴定的真实性应随武器装备系统不断成熟而提升。在采办项目的早期阶段没有物理实体可供试验,主要以经验数据、仿真模型、替代产品等为对象进行评估,对这一阶段作战试验鉴定的真实性要求相对宽松。而在初始作战试验鉴定阶段,需要对具有生产代表性的武器装备系统进行兵力对抗试验,此时要求试验要具有较大限度的"作战环境"逼真度。试验环境与真实作战环境的接近程度直接影响着初始作战试验鉴定结果的可信度。美军对作战试验鉴定的逼真度要求可从其制定的部分法规中得到体现。例如,美军要求外场试验应当涉及通常预计会在战场上出现的所有要素,如机动地域的大小和类型、环境因素、白天或夜间作战、严酷的生存条件等;应利用一些手段来复制真实的作战,包括适当的战术和条令,在对手的选择上应使用经过适当训练的具有代表性的威胁部队,以从容应对试验中的刺激与压力以及"恶劣"的作战环境,并按照战时的作战进度推进,开展实时的伤亡评估等;应当选取各种技能水平和等级的、经过充分训练的预定作战部队充当作战试验的试验人员。美军认为,选择"金牌驾驶员"或"最优秀人员"既不能提供反映试验成功的数据,也不能反映典型部队"良莠不齐"的问题。

在作战试验鉴定的规划和实施期间,试验的真实性始终是一个非常重要的问题。罗杰·史蒂文斯在《作战试验鉴定:一种系统工程方法》一书中指出:"为了在作战试验鉴定计划中有效地实现真实性,对真实性的关注必须贯穿于整个试验计划,从试验规划的开始一直到进行最后一次的重复试验时为止。"

(六)全面准确反映试验结果

作战试验鉴定的试验报告是非常重要的文件,是采办决策者实施决策的直接依据之一。美军要求作战试验报告必须以及时、真实、简明、全面且精确的方式,向决策者通报已完成的试验内容、试验的情况以及所取得的结果。试验报告中还应对被试武器装备系统的成功之处与存在的问题提出中肯的看法。也就是说,必须说明存在的缺陷,避免以偏概全。关于试验数据的分析和鉴定结果可以列入试验报告,也可以单独编制独立的文件。例如,美国陆军武器装备作战试验的独立鉴定报告主要记录的是试验充分性、武器系统作战效能和适用性、武器系统生存能力问题、向决策者提出的建议,以及对未来的作战试验鉴定和系统改进提出的建议等方面的内容。

第三节 特殊类型试验鉴定

特殊类型试验鉴定是指与基本试验鉴定类型在组织方式、试验流程和管理规范等方面有较大差异的试验鉴定活动,一般可分为特殊装备的试验鉴定、特殊内容要求的试验鉴定和特殊组织形式的试验鉴定。从外军装备试验鉴定管理特点看,特殊装备的试验鉴定主要有军用软件、航天装备、核生化武器和生化战剂等;特殊内容要求的试验鉴定主要有实弹射击试验鉴定、网络安全试验鉴定、国外比较试验、商用现货和非研制项目试验等;特殊组织形式的试验鉴定主要是指多军种试验鉴定、联合试验鉴定和一体化试验鉴定等。

一、特殊装备的试验鉴定

与传统装备相比,军用软件、航天装备、核生化武器等在用途、原理、使用、维护等方面具有显著区别。军用软件是目前武器装备系统功能的主要驱动要素;航天装备数量少、成本高、技术高度密集;核生化武器专业性强、安全保密要求高。这些武器装备的试验鉴定有很强特殊性,如航天装备的试验鉴定具有试验子样极少、试验成本高昂、试验环境限制性强等特点;军用软件不涉及制造环节,一般从功能、维护性和网络安全的角度检查系统性能等。对于这些特殊装备,国外有针对性地采取特殊策略和方法完成试验鉴定。

(一)军用软件试验

美军要求任何系统的软件试验都应由运行该软件的数字设备的认证模型(或模拟硬件或虚拟机)支持。负责软件采办的项目主任应该为执行关键任务和功能所需的时间和工作设计流程模型。这些模型支持试验设计方案、结果分析、管理需求,如维护成本预测和流程变化影响的分析。项目主任必须维持一个实战化的真实维护试验环境,在该环境中可以开发软件补丁程序,试验各种(研制的或商业的)升级。维护试验环境是作战环境的一个模型,它能够重现作战环境中发现的软件缺陷。

对于任何系统中的软件,作战适用性鉴定包括维护软件能力以及跟踪和管理软件缺陷的能力。在初始作战试验之前或期间完成以下工作:①项目主任要演示对作战指标性能的监控,以管理和控制各种系统能力(或整个系统);②在维护试验环境中进行回归试验的点对点演示,最好是自动化实现。演示将显示需求或发现缺陷的变化如何对应到必须修改的软件代码,以及软件的修改如何对应到回归试验脚本,从而验证修改后软件功能正常。

软件采办的作战试验鉴定将以任务失败的风险评估为指导。任务失败的一个主要风险是至少可能发生的中度风险,如果风险确实发生,那么影响将导致一个或多个作战能力的退化或消失。根据风险等级,独立系统鉴定人员将:①观察任何风险水平的约定试验;②在最低风险水平审查计划并观察研制试验、作战试验或一体化试验;③按照国防部作战试验鉴定局核准的具有中级风险的作战试验设计方案,与研制试验机构协调、观察、执行一体化的研制试验/作战试验;④按照国防部作战试验鉴定局核准的具有最高风险的作战试验设计方案,实施完整的作战试验鉴定。

对于国防部作战试验鉴定局监管的软件项目,每次有限部署都需要一次作战试验(通常是早期用户试验或有限用户试验)。这些作战试验的范围将以被部署能力的风险为指导。

除紧急作战需求特定情况外,软件密集型项目的每个增量都需要初始作战试验(或有限用户试验)。初始作战试验通常会在全面部署决策之前完成,并且以更新后能力和之前作战试验没有通过鉴定的系统交互风险评估为指导。

(二)航天装备试验

与传统武器装备相比,航天装备具有一些鲜明特色,航天装备的试验由此而具有一些特殊性。

一是有限数量/高成本。航天装备的最大问题是以极高的单位成本(与较传统的军事系统相比)购买相对较少的数量。航天装备高昂的单价主要是由高运输成本(发射入轨)、缺少在轨维护能力而带来的极高的全寿命周期可靠性成本、航天器设计大量采用前沿技术带来的高成本等诸多原因造成的结果。从试验角度来看,有限数量/高成本最终导致了航天装备不能采用常规武器试验鉴定策略,只能采用一些"非标准"方法进行试验。

二是增量升级式采办。由于航天装备采办具有"有限购买"和"高单位成本"性质,因此更多采用单个增量采办策略。根据该策略,部署决策通常在采办流程初期就已完成,第一个进入轨道上的原型装备即是第一个服役装备。采办后的装备陆续开展地面和在轨试验,试验中发现的缺陷和问题只能对下一件装备进行增量式校正。这种采办流程带来的问题是,没有正式的里程碑决策来指导试验,从而干扰试验过程。试验人员不得不调整试验重点,以便能够影响生产线中其他装备的设计。同时,由于在轨装备已经开始服役,因此使用单位通常加速或压缩试验鉴定过程,尽快使装备具备有限作战能力,开始执行任务。一旦装备投入使用,试验任务可能与装备的使命任务相冲突,这种情况下试验工作一般会做出让步。

三是运行环境。目前,外军部署的大多数航天装备的基本功能属于战术预警、攻击评估、通信、定位导航、气象和情报等军事相关领域,其和平时期的运行环境与战时运行环境差异不大。但是美军认为,这种局面正在变化,随着对手国家航天技术的发展,反卫星与激光武器的成熟,美军航天装备面临的风险和威胁日益增加。和平时期的运行环境与战时环境有巨大差异,因此航天装备在太空试验的重点也要相应调整。

四是试验环境。航天装备运行在遥远的卫星轨道增大试验难度,而且没有现成的途径(如地面或飞机系统)来纠正试验过程中发现的缺陷。因此,航天装备试验非常重视发射前关键部件试验和地面模拟(如高空舱)试验环境,使航天装备在进入太空前其缺陷可得到纠正。

在试验模式上,当航天装备的任务从和平时期转向战斗模式时,执行作战任务所需的装备数量从"高可靠性/有限数量"模式转到传统的"相当大数量的购买"模式,航天装备的试验鉴定方式可能与传统的武器试验鉴定过程相似。以美军为例,其军事航天装备的试验鉴定(主要指作战试验鉴定)由美国空军负责,成立于1974年的美国空军作战试验鉴定中心和成立于1982年的空军太空司令部具体负责组织实施。几十年来,空军作战试验鉴定中心和其他军种作战试验机构基于国防部5000系列指令规定的采办模型,对航天装备等高科技、有限数量的系统进行了作战试验鉴定。然而,航天系统的大部分投资都发生在项目初期阶段,通常没有重大的生产决策。在传统航天装备作战试验鉴定模型中,作战试验按照国防部指令5000.01的要求执行,但是按照《国家安全空间系统》(NSS)采办模型,这时大部分投资和关键的采办决策已经完成,航天器发射的关键运行决策已经制定并执行。在实施作战试验之前完成这些关键决策严重限制作战试验鉴定的价值。为了更好指导航天装备作战试验鉴定,需要开发以NSS 03-01《国家安全航天》为核心的作战试验鉴定模式。2008年7月,美国空军作战试验鉴定中心在新墨西哥州的科特兰空军基地举办了空军太空峰会,来自空军的采办、运行和试验领域专家聚集在一起,共同提出了一个新的试验鉴定模型——"航天试验倡议"。峰会结束后,活动组织方将该倡议提交更广泛的空间采办和试验部门讨论,包括其他军种作战试验机构、联合参谋部、负责采办、技术与后勤的副国防部长、国家情报部门和国防部作战试验鉴定局。"航天试验倡议"确立3个关键原则:贯穿全寿命周期的连续一体化试验、敏捷分析与报告、关注体系鉴定。该倡议提供了更适应航天装备采办的作战试验鉴定模型,通过早期、持续的一体化试验,采办更好的航天作战系统,为需求过程提供输入,以确保系统填补任务能力差距,并在修改成本较低时支撑项目初期决策。该倡议关注作战试验鉴定工作的主体部分,即作战试验部门90%的工作时间,在发射航天装备前支持关键的"同意建造"决策。通过早期、持续介入,提供战斗能力所需的完整航天系统。目前,"航天试验倡议"已成为美军航天试验鉴定的主要模式。

(三)核生化武器试验

核生化武器试验专业度高,且受到严格监管。核武器试验涉及多种类型,美国能源部、国防部核武器局和各军种对每种核武器试验担负相关职责。其中,美国能源部负责核弹头技术试验,国防部核武器局负责核武器效果试验,以及各军种负责对由各军种开发的核系统部件进行试验。所有核试验均按照《部分禁止核试验条约》的规定进行。该条约规定,核爆炸一般必须在地下环境中进行。核武器试验要求各军种和美国国防部的试验人员必须开展广泛合作。在核生化武器试验中,比较特殊和有特点的试验包括核生化放(CBRN)生存能力试验以及生化制剂试验鉴定。

1. 核生化放生存能力试验

美军将核生化放生存能力定义为:暴露于化学、生物、放射环境或核环境期间和之后,系统避免受到影响或在核生化放效应下正常运行,不会丧失完成指定任务的能力。核生化放生存能力分为两类:一是化学、生物、放射环境中的生存能力,影响来自生化污染、放射性污染、沉降物;二是核生存能力,影响来自核武器初始效应,如核爆炸、电磁脉冲以及其他初始辐射和冲击波效应。核生化放生存能力的关注重点是任务关键系统。根据美国国防部指令3150.9,任务关键系统是指,其作战效能和作战适用性对于成功完成任务或积累剩余作战能力至关重要。如果系统出现故障,很可能无法完成任务。任务关键系统可以是辅助或支持系统,也可以是主要任务系统。核生化放任务关键系统是指在化学、生物、放射或核环境中可以使用和生存的系统。国防部指令3150.9指出,核生化放任务关键系统必须满足其需求文件规定的核生化放生存能力要求(如《初始能力文件》《能力开发文件》《能力生产文件》)。作为国防部采办系统的一部分,所有核生化放关键任务系统都要处理好每个里程碑的生存能力问题。

2. 生化制剂试验鉴定

化学和生物防御计划使用受控数量(并符合相关条约)的化学和生物制剂来试验防护、洗消、检测、医疗、建模、警报系统的功效。化学和生物防御设备和医疗对策系统的试验具有独特性问题,因为试验人员不能进行实际的露天现场试验。除了明显的健康和安全因素之外,化学和生物系统试验仪必须解决以下试验问题:由于诸如湿度、温度、压力和污染等变化而导致的所有可能的化学反应;化学品的物理行为,如操作使用时的液滴尺寸、分散密度和地面污染图案;化学品的毒性,如操作使用时的致命性和污染持续时间;化学武器在储存、处理和交付期间的安全,需要遵守化学和生物保证条例;去除污染过程。解决这些问题需要各种技术和试验夹具,包括使用化学和生物制剂的小规模材料级实验室试验,以及系统的大型室内和露天场地试验。成本和安全方面的顾虑可能需要使用模拟剂,这些模拟剂是复制被试验物质的物理或化学性质但仍具有人类和环境毒性的物质。

二、特殊内容要求的试验鉴定

美军特别重视武器装备的特殊性要求,并针对各种特殊性开展相应的试验鉴定。为了确保特殊内容要求试验鉴定活动的有效开展和顺利实施,美国国会和国防部还制定了相应的政策法规和试验鉴定指南,发布全军试验鉴定机构强制或参考执行。美军开展特殊内容要求的试验鉴定主要有实弹射击试验鉴定、互操作性试验鉴定、网络安全试验鉴定、国外比较试验、商用现货和非研制项目试验等。

(一) 实弹射击试验鉴定

实弹射击试验鉴定是工程与制造开发阶段最重要的研制试验。《美国法典》第10编2366条明确规定遮蔽系统、重大弹药、导弹采办项目以及生产改进必须完成实弹射击试验才能进入低速率初始生产。美国陆军的实弹射击试验是一系列真实生存性和杀伤性试验,一般从部件或子系统级别试验开始,最终完成全部系统级的实弹射击试验。生存性试验必须针对战斗中可能遇到的威胁和影响条件,解决乘员、装备硬件、系统(包括乘员和软硬件)的易损性问题。杀伤性试验必须通过对战斗配置下的敌方系统(即可比较的典型目标)发射弹药或导弹来确定对靶标系统的杀伤性。系统易损性和杀伤性试验必须在系统开发早期进行,从而发现重大设计缺陷,在进入全速率生产之前修改系统、弹药或导弹设计。

美国空军实弹射击试验鉴定在全速率生产/全面部署之前的工程制造开发阶段和早期生产部署阶段进行,主要针对遮蔽系统或影响生存性的系统重大修改进行及时、严格的易损性和杀伤性试验鉴定。试验采用真实武器系统或替代装备(不具备实际威胁武器可采用)射击部件、子系统、组件或全备系统级靶标,采集易感性、易损性和可恢复性数据,鉴定系统的生存能力。与美国陆军相同,美国空军也要求尽早启动实弹射击试验鉴定,以便在全速率生产/全面部署或重大修改决策之前将试验结果反馈到系统设计单位。

(二) 互操作性试验鉴定

美军对互操作性的定义是:系统、单位或部队为其他系统、单位或部队提供服务(或接受服务)能力,以及通过互交换的服务使系统、单位或部队有效协同作战的能力。互操作性是在联合作战环境中实现体系化装备整体作战能力的基石,也是夺取战场主动权的关键属性。互操作试验是一种特殊试验类型试验,采用专用的试验工具监控武器装备与其他系统之间的信息交换状态和系统性能,判断信息交换对装备的影响。互操作性试验鉴定考核联合作战环境下系统之间的组网、通信、连接性、数据交换、文件交换等相关性能,从技术上确保装备系统、作战部队为其他系统或部队提供服务,以及接受其他系统或部队提供的服务,从而实现系统、部队的有效协同作战能力。随着装备网络化、信息化程度不断提高,互操作性试验鉴定已成为信息化武器装备综合评估不可或缺的重要环节,受到西方发达国家特别是美国的高度重视。

美国国防部指示5000.02《国防采办系统的运行》明确要求,国防部的所有重要国防采办项目、国防部长办公厅试验鉴定监督项目表上的项目以及需共同使用的所有项目与系统,均应对其在整个使用寿命周期内的互操作性进行评估,以验证其支持完成任务的能力。参联会主席指令4380《信息技术和国家安全系统的互操作与保障性》明确要求,对具有互操作性要求的信息技术系统和国家安全系统,不论是何种采办类别,联合互操作试验司令部应在整个系统寿命期间,向采办与技术副部长帮办,负责网络与信息集成的助理国防部长/国防部首席信息官,以及联合参谋部负责指挥、控制、通信与计算机处提供系统互操作性试验证明备忘录。

为保证系统互操作能力的实现,联合互操作能力试验司令部负责实施美军信息技术与国家安全系统的互操作性试验鉴定,实施形式包括正式的作战试验鉴定、联合演习、作战试验鉴定与联合演习相结合等方式,目的是评估系统作战互操作性,以及任何缺陷对作战的负面影响。

(三)网络安全试验鉴定

美国国防部在2015年1月修订的国防部指示5000.02《国防采办系统的运行》中,对网络安全试验鉴定做出明确规定,并就装备采办过程中网络安全试验鉴定的主体责任方,各采办阶段网络安全试验活动内容,以及网络安全试验在整个装备试验鉴定活动及文件中的安排做出具体要求。该指示是美军武器装备采办管理的操作性法规文件,其对实施试验鉴定的规定具有强制性,对提高网络安全试验鉴定能力有重要的指导意义。

该指示明确要求,将网络安全试验鉴定尽早并持续纳入到装备采办全寿命周期,要求项目主任为网络安全试验制定策略,并对所需资源进行规划预算。项目主任要尽可能将试验鉴定活动安排在任务环境下实施,且这种环境具有典型的网络威胁能力。因此,项目主任应充分考虑利用国防部的相关靶场、实验室及其他资源。研制试验鉴定计划要对网络安全评估与批准提供支持,因此,当按规定要求启动研制试验鉴定活动时,要确保关键技术需求可测量、可试验并可实现。

该指示还强调,对于重大国防采办项目、重大自动化信息系统项目、负责采办技术与后勤的副国防部长特别关注的项目,《试验鉴定主计划》中的研制试验鉴定批准当局将在每个里程碑审查与决策点向里程碑决策当局提供评估情况。文件还要求在里程碑 A(技术成熟与风险降低阶段的起点)启动时,《试验鉴定主计划》要说明网络安全试验鉴定的策略与确定的资源;在里程碑 B 开始时,《试验鉴定主计划》中应包括恰当的指标,用于鉴定保护、探测、对抗和恢复持续作战的能力。

(四)国外比较试验

比较技术办公室(CTO)由国防部负责快速部署的助理国防部长帮办(DASD(RF))主管。该办公室负责国防采办挑战(DAC)计划和国外比较试验计划。

国外比较试验计划旨在试验盟国及其他友好国家的技术成熟度(TRL)高的项目和技术,目的是更加快速、经济地满足正当的国防需求。自 20 世纪 80 年代以来,国外比较试验在美国和盟国之间建起双向的国防开支渠道。国防采办挑战计划旨在为日益增多的创新和低成本技术或产品进入美国国防部现有采办项目提供机会。

美国各军种(陆、海、空军)和美国特种作战司令部(USSOCOM)设有一个或多个办公室,管理各自的国防采办挑战计划和国外比较试验计划,国防部长办公厅的比较技术办公室为其提供经费与指南。各军种和美国特种作战司令部有为士兵采办装备的权利。由于国防采办挑战计划和国外比较试验计划的目标是为美军士兵寻找和试验最好的装备,因此,各军种和美国特种作战司令部是不可分割的伙伴。

(五)商用现货和非研制项目试验

对于商用现货和非研制项目,美军要求必须在系统采办全过程中考虑试验与鉴定问题。商用现货和非研制项目的试验规划应承认之前的商业试验结果和经验,然而,为了确保产品和项目在预期的作战使用环境的有效性,必须确定适用的研制试验与鉴定、作战试验与鉴定和实弹射击试验与鉴定计划。项目办公室要为商用现货制定适用的试验与鉴定策略,包括在可行时在系统试验台上对商用现货进行鉴定;关注高风险项目的试验台;对商用现货的改进进行试验,以了解意料之外的对保密性、安全性、可靠性和性能等方面的影响。

所需试验的数量和水平取决于商用现货和非研制项目的性质及其预定用途;应对试验进行规划以支持设计和决策过程。至少,应进行试验与鉴定以验证与其他系统要素的一体化和互操作性。为使商用现货和非研制项目适用于武器系统环境,对其进行的改进都要进行试验与鉴定。来源于商业和政府的所有可用的试验结果将有助于确定所需的实际试验范围。对于医学计划,利用初步的试验结果可以减少未来的试验与鉴定活动。

三、特殊组织形式的试验鉴定

特殊组织形式试验鉴定主要是从提高装备试验效率,缩短试验周期,降低试验成本角度考虑,优化和改进装备试验鉴定所采用的试验组织形式。近年来,美军积极倡导的特殊组织形式的试验鉴定主要有多军种试验鉴定、联合试验鉴定和一体化试验鉴定。

(一)多军种试验鉴定

多军种试验鉴定是指由两个或两个以上美国国防部组成机构对多个美国国防部组成机构所将要采办的系统进行的试验和鉴定,或对一个美国国防部组成机构所配备的、与另一美国国防部组成机构设备有连接的系统进行的试验和鉴定。所有相关军种及其作战试验鉴定局均应参与多军种试验项目的计划、开展、报告和鉴定工作。将一个军种指定为牵头军种,负责本项目的管理。牵头军种负责为各军种编制并协调反应系统作战效能和适用性的单独报告。

对进行多军种试验鉴定的联合采办项目而言,各军种未必会将正在进行试验的项目用于相同目的,这是该项目面临的管理挑战。各军种之间的差异通常存在于装备或电子件的性能标准、战术、作战条例和配置以及作战环境方面。所以,一个缺陷或差异被认为不符合某一军种的要求,并不一定意味着不符合所有军种的要求。牵头军种应负责建立一个差异报告系统,确保各参与军种均可记录注意到的所有差异。在对多军种试验和鉴定进行总结时,作战试验鉴定的各参与机构可按各自的格式编制一份独立鉴定报告(IER)并通过正常军种渠道递交。牵头军种的作战试验鉴定机构可编制相关文件,然后将其递交里程碑决策机构。该文件应与作战试验鉴定的所有参与机构进行协调。

(二)联合试验鉴定

联合试验鉴定(JT&E)不同于多军种试验和鉴定。联合试验鉴定是由美国国防部长办公室作战试验鉴定局发起并提供大部分资金的一个特殊项目活动。联合试验鉴定项目并不以采办为中心,但可用于审查联合军种战术和作战条令。过去开展的联合试验项目用于提供国会、国防部长办公室、联合司令部各指挥官和各军种所需的信息。

每年由各美国作战司令部、美国国防部机构和军种递交相关提名,供作战试验鉴定负责人的联合试验鉴定项目办公室评审和处理。由联合试验鉴定项目办公室确定需资助用于可行性研究的提名,由作战试验鉴定负责人赋予牵头军种开展快速反应试验的权利(有效期:6~12个月)或开展全面联合试验鉴定的权利(有效期:最多3年),并成立联合试验部队办公室负责根据参与军种规定的目标开展联合试验鉴定活动。由牵头军种和参与军种为联合试验鉴定活动提供人员、基础设施保障和试验资源。

联合试验鉴定项目的主要目标包括:评估军种系统在联合作战过程中的可互用性;鉴定联合技术和作战概念并提供改善建议;验证具备联合应用用途的试验方法;采用野外演习数据提高建模与仿真的真实性;通过将定量数据用于分析,提高联合任务执行能力;为采办和联合作战团体提供反馈;以及提高联合战术、技术和规程。

各联合试验鉴定项目一般会生成一个或多个可为美国国防部带来持续利益的试验成果,比如:提高联合作战能力,改进联合战术、技术和程序,增加联合和单军种训练项目,增加可用于为采办、战术、技术与规程以及作战概念发展提供保障的联合建模与仿真应用,和增加通用任务列表更新和输入。

(三)一体化试验鉴定

目前公认的一体化试验的概念是由美国国防部主管采办、技术与后勤的副部长和作战试验鉴定局局长2008年联合备忘录中给出的定义,即所有利益相关方,尤指研制试验鉴定组织(包括承包商和政府)和作战试验鉴定组织,协作规划和实施各试验阶段的试验事件,为支持各方的独立分析、评估和报告提供共享数据。一体化试验的目标是实施一个无缝试验计划,以产生对所有鉴定人员有用和可信的定性和定量数据。在采办过程中及早向决策者提出开发、维持和作战方面的问题。即使是做了最好的一体化努力,如果在某些研制步骤和能力达到前开始作战试验仍是不适宜或不安全的,有些研制试验就必须按部就班进行。一体化试验要考虑在不损害参试机构试验目标和责任的情况下共享试验事件,在这些事件中,单一的试验点或任务能够提供满足多个目标的数据。这里的试验点是指将预先规划的试验技术应用于被试系统并观察和记录响应情况的试验条件,用时间、三维位置和能量状态以及系统操作构型来表示。一体化试验并不仅仅是研制试验和作战试验的并行开展或者结合进行,在相同的任务或者进度表上同时插入研制试验和作战试验的试验点。一体化试验将整个试验计划(承包商试验、政府研制试验、实弹射击试验、信息保证及作战试验)的焦点放在了设计、制定并生成一个能协调所有试验活动为决策者进行决策审查提供鉴定结果支持的综合性计划。

除美国外,英国也非常重视试验鉴定的一体化。2008年,英国国防部发布《国防试验鉴定战略》,明确对装备试验鉴定采取"一体化试验、鉴定与验收"(ITEA)的战略。英国一体化试验鉴定的主要内容包括研制试验鉴定、作战试验鉴定、合同验收和系统验收等四类工作,由国防部负责统筹规划,通过有效利用试验鉴定资源,使试验、鉴定与验收有机结合。其意义在于:一方面避免重复性工作,节约经费和时间,提高效益;另一方面更有效地管理技术和操作风险,确保所提供的装备解决方案满足用户需求。"一体化试验、鉴定与验收"既是英国国防部实施试验鉴定的规程,也是武器装备在发展的整个过程中,用于确定与管理技术和操作风险的一种方法。根据英国国防部的定义,试验鉴定可以看作演示、测量和分析系统性能并对结果进行评估的活动。在"精明采办"策略下,英军将一体化试验鉴定与验收的目标确定为:以经济有效(即以最少的时间和成本获得最大的效益)的方式实现对全寿命军事能力的精确评估。实现这一目标的三大要素是:在所有国防研制过程严格实行一体化试验鉴定与验收的方法与原则;对近期、中期和远期试验鉴定能力的运用进行协调和规划,制定一份覆盖当前和未来10~20年试验活动和能力的试验鉴定主进度表,该进度表将根据需求的变化及时更新;优化试验鉴定资源(包括国防部内、外的试验资源),并及时应用新方法,提高国防资金的使用效益。英军实施一体化试验鉴定与验收策略的基本原则是:一次试验数据多次使用;在适当时间对适当项目进行试验;利用最适宜的试验资源完成特定任务;明确并管理技术风险与操作风险。

第四章 装备试验鉴定组织管理体制

装备试验鉴定组织管理是国家和军队通过建立组织机构、顺畅体制机制、出台政策制度、明确责权分工等手段对装备试验鉴定工作实施有效管理的体系架构。本章主要以美军装备试验鉴定组织管理为主线,结合英、法、德、俄、日等主要发达国家的装备试验鉴定组织管理相关情况,从管理体制、组织机构与运行机制三个维度,总结分析国外装备试验鉴定的管理模式及基本特点。

第一节 装备试验鉴定管理体制

装备试验鉴定管理体制是国家和军队对装备试验鉴定工作实施领导和管理的组织制度。作为军事装备管理体制的重要组成部分,装备试验鉴定管理体制是在试验鉴定活动中依照试验规律和实践逐步形成的,对于装备试验鉴定的发展具有极其重要作用。美、英、法、德、俄、日等主要发达国家,因其国防领导体制、国民经济管理体制、军队领导指挥体制以及军事装备发展等诸多因素的差异,其装备试验鉴定管理体制也各具特色,形成了符合自身发展建设的装备试验鉴定管理体制。

一、美军装备试验鉴定管理体制

美军装备试验鉴定工作采取国防部统一领导与三军分散实施相结合的管理体制,既有国会依据国家法典进行机制监督,又有国防部各职能机构依据相关政策法规实施统一管理,同时还有国防部下辖业务局和军种分散管理与实施开展的活动。美军装备试验鉴定组织管理体系如图4-1所示。

(一)国会对试验鉴定活动的监管

美国国会作为国家最高立法机构,在三权分立的政治结构中占有非常重要的地位,其主要职能是立法。而国会对装备试验鉴定活动的监管则主要体现在《美国法典》《年度国防授权法》(NDAA)和《年度国防拨款法案》等法律法规的

第四章 装备试验鉴定组织管理体制

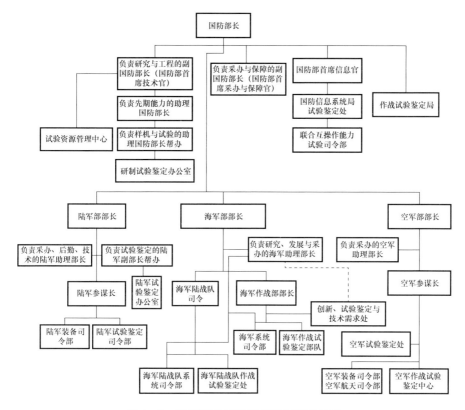

图 4-1 美军装备试验鉴定组织管理体系

相关章节中。

在《美国法典》第10编"武装力量及其附则"中,对装备试验鉴定的规定主要涉及重要试验鉴定类别的地位、作用、范围和法定要求,以及国防部重要试验鉴定人员的定位、职责和权限等,是国会规范监督装备试验鉴定活动的最高法律规定。而《年度国防授权法》和《年度国防拨款法案》则是国会监督年度国防开支的两个重要法案。其中,《年度国防授权法》用于确定国防预算总额和授予各单位使用预算的权利,对装备试验鉴定的规定主要涉及装备试验鉴定工作的有关重要问题,以及武器研发、装备维护等大额预算和开支等;《年度国防拨款法案》则是用于确定国防预算的拨出和分配,对装备试验鉴定的规定主要涉及对各军种持续开展训练和维护活动、各军种开展基础研究等的投资,以及对某些武器系统需要进行的系统试验鉴定的要求等。

此外,国会还要求国防部提供包含试验鉴定重要信息的各种报告,以对重大武器系统采办项目的试验鉴定活动进行监管。这些报告或以财年报告的形式,在规定的时间按照规定的格式,定期向国会武装力量委员会提交。由于每种报告的内容重点不同,所报告的试验鉴定内容各异,因此其发挥的作用也不尽相同。其中,《选定的采办报告》(SAR)和《逾越低速率初始生产(BLRIP)报告》,重点是针对重大国防采办项目研发进度,通过审查试验鉴定情况与结论判断武器研发进展,对武器系统的后续发展有重大影响。《作战试验鉴定局局长年度报告》和《研制试验鉴定年度报告》,则分别是汇总报告两类试验鉴定活动的年度工作情况,涉及政策调整、相关机构与人员尽责履职情况、面临挑战、发展规划,以及重点项目所完成的试验鉴定工作等。这些报告对试验鉴定工作长远规划、能力建设、经费预算与法规制度完善等,都会产生重要而深刻的影响。

(1)《选定的采办报告》。国防部每年都会向国会提交该报告,详细描述大型采办项目的情况、计划和经费需求。报告包含成本、进度与性能数据,主要描述Ⅰ类采办项目(即重大国防采办项目)所要求的系统特性,概述其重要的进展和遇到的问题,列出已完成的试验和在试验期间发现的问题。

(2)《作战试验鉴定局局长年度报告》。该报告由作战试验鉴定局局长在每个财年结束后的规定日期向国防部长和国会武装力量委员会、国家安全委员会和拨款委员会提交,通常是在每年的1月。报告将详细总结上一财年美国国防部和军种武器装备项目的作战试验鉴定完成情况、国防采办项目监管情况、网络安全相关情况、试验资源建设情况以及其他关注领域等内容,并对军种和国防部各业务局未来发展提出建议。

(3)《逾越低速率初始生产(BLRIP)报告》。在每个重大国防采办项目(MDAP)逾越低速率初始生产前,作战试验鉴定局局长必须向国防部长、国防部常务副部长、负责研究与工程的副国防部长、军种部部长以及国会提交逾越低速率初始生产报告。该报告要评估军种初始作战试验鉴定(IOT&E)的充分性,以及试验鉴定结果能否证实被试品或部件在作战中是有效的、适用的和可生存的。除此之外,报告还包括重大系统的实弹射击试验鉴定(LFT&E)内容,目的是确认被试品或部件在作战使用时的杀伤力或易损性。

(4)《国外比较试验(FCT)报告》。在启动新的国外比较试验项目,鉴定选定的盟国和友好国家生产的装备与技术之前,负责研究与工程的副国防部长要在做出资金承诺前,至少提前30天向国会报告。该报告旨在了解美国盟国和友好国家的国防装备与技术能否满足美国需求或弥补作战不足的能力。

(5)《研制试验鉴定年度报告》。该报告由负责样机与试验的助理国防部长帮办(DASD(P&E))和负责研究与技术投资的助理国防部长帮办(DASD

(R&TI))联合完成。报告依法要提交国会武装力量委员会和拨款委员会,内容包括国防部重大国防采办项目(MDAP)、重大自动化信息系统(MAIS)和特别关注项目的重要研制试验鉴定和系统工程活动。同时,报告还要评估指定由国防部长办公厅进行试验鉴定监督的武器系统的性能进展情况。

(二)国防部对试验鉴定活动的监管

国防部是美国武装部队的最高领导机关,也是美军装备试验鉴定工作的管理机构。国防部的监管职能部门既负责全军试验鉴定工作政策法规与标准规范的制定,又在重大国防采办项目管理中担负具体试验鉴定工作的监督实施。

2017年8月1日,美国国防部向国会提交了《重组国防部采办、技术与后勤及首席管理官组织机构》报告,提出拆分负责采办、技术与后勤的副国防部长(USD(AT&L))职能,分设负责研究与工程的副国防部长(USD(R&E))和负责采办与保障的副国防部长(USD(A&S)),以有效解决负责采办、技术与后勤的副国防部长权力过于集中而导致的管理不透明、监管难度大等问题。新体制于2018年2月1日正式运行。

在新体制中,负责研究与工程的副国防部长是在原负责研究与工程的助理国防部长(ASD(R&E))组织体系基础上构建的,并保持了一定的继承性和延续性,地位仅次于国防部长和常务副部长。其主要职责是制定政策,提供战略指导,并主管以下活动:国防研究,工程,研制原型和实验,技术开发、利用、过渡和转让,研制试验鉴定,制造技术活动;针对重大国防采办项目提供里程碑B和里程碑C研究试验鉴定充分性评估;制定研制试验鉴定政策,确保国防部具备适当的试验设施、试验靶场、工具以及相应的建模与仿真能力;担任联合需求监督委员会的顾问,负责其权限内事项和专业知识,提供信息并影响需求、概念、基于能力的评估和作战概念;审批试验鉴定主计划中的研制试验鉴定计划,并按需委托批准机构;制定研制试验鉴定管理政策,推动实践,提高人员能力。除此之外,负责研究与工程的副国防部长还主管试验鉴定资源管理中心,并兼任国防部首席技术官(CTO),负责推动技术的创新发展与进步。负责采办与保障的副国防部长(USD(A&S))是在目前负责采办和负责后勤与装备战备的两位助理国防部长的基础上设立的,在国防部官员排序中位居第四位,位列负责研究与工程的副国防部长之后。其主要职责是负责及时、经济、高效地为美军提供相应的装备与物资;领导和监管各军种与业务局开展国防采办项目的实施,并重点推动跨部门联合采办项目的实施与监管;向国防部长提供采办与保障方面的决策建议等。与此同时,负责采办与保障的副国防部长还兼任国防部首席采办与保障官(CA&SO)。

相比改革前,现在负责研究与工程的副国防部长下设的负责研究与技术的助理国防部长(ASD(R&T)),主要接管了原来负责研究的助理国防部长帮办和负责系统工程的助理国防部长帮办的组织体系;而负责先期能力的助理国防部长(ASD(AC)),则接管了原来负责研制试验鉴定的助理国防部长帮办和负责快速部署的助理国防部长帮办的组织体系。

国防部主要设有四类监管试验鉴定的职位,遵照《美国法典》履行其相关监管职能。随着新体制的正式运行,研制试验鉴定的监管职责由负责先期能力的助理国防部长办公室中负责样机与试验的助理国防部长帮办代表负责研究与工程的副国防部长行使;作战试验鉴定的监管职责由作战试验鉴定局局长代表国防部长行使;在国防部长办公厅内,国防部首席采办与保障官负责管理重大国防采办项目,并通过国防采办委员会及顶层一体化产品小组(OIPT)来处理决策信息。

1. 国防部首席采办与保障官

国防部首席采办与保障官原为国防采办执行官,之前由负责采办、技术与后勤的副国防部长担任,现由负责采办与保障的副国防部长担任。作为国防部首席采办与保障官,主要利用国防采办委员会及顶层一体化产品小组开展针对武器系统采办的高层决策过程。其主要职责包括:为所有国防部组成机构制定采办政策;对各军种和国防部业务局在武器系统采办过程中的政策、规程与执行方面进行授权。

2. 国防采办委员会

国防采办委员会(DAB)是国防部采办系统的高级顾问委员会。该委员会成员包括参联会副主席、军种部长及多位副国防部长。国防采办委员会成员负责审批重大国防采办项目,对国防部费用最高的采办项目实施重要的执行审查。同时,国防采办委员会还是ⅠD类重大国防采办项目①最重要的审查论坛。对于ⅠD类项目和还未授权他人负责的ⅠAM类项目②,国防采办委员会将在其重大里程碑决策点、全速率生产决策审查、项目进程中的计划审查以及其他必要的审查,实施国防采办委员会审查。

3. 负责样机与试验的助理国防部长帮办

在国防部层面,研制试验鉴定的监管职责由负责样机与试验的助理国防

---

① ⅠD类重大国防采办项目的里程碑决策者是负责采办与保障的副国防部长,"D"代表国防采办委员会。

② ⅠAM类项目的里程碑决策者是国防部首席信息官,"ⅠA"是重大自动化信息系统采办项目,"M"是指由信息技术顶层一体化产品小组审查的重大自动化信息系统。

部长帮办代表负责研究与工程的副国防部长承担。他是美军所有研制试验鉴定政策、法规、规程和采办队伍等相关问题的负责人,也是国防部长和负责研究与工程的副国防部长有关国防部研制试验鉴定事务的主要顾问。其主要职责包括:制定研制试验鉴定规划、执行与报告等方面的政策与指南;为国防采办项目编制试验鉴定策略和《试验鉴定主计划》中鉴定策略和管理方法的指南;审查和批准国防部长办公厅试验鉴定监督清单上所列项目的试验鉴定策略与《试验鉴定主计划》中研制试验鉴定部分的内容;监督和审查重大国防采办项目和重大自动化信息系统项目及特别关注项目的研制试验鉴定活动;作为国防部试验鉴定采办行业领域的主管,对负责试验鉴定的采办各类人员队伍提供支持、监督和指导等。同时,负责样机与试验的助理国防部长帮办还兼任国防部试验资源管理中心(TRMC)主任,并直接向负责研究与工程的副国防部长汇报工作。

4. 作战试验鉴定局局长

作战试验鉴定局局长代表国防部长,对美军的作战试验鉴定实施监督。依据《美国法典》规定,作战试验鉴定局局长担任国防部长、负责采办与保障的副国防部长以及负责研究与工程的副国防部长三人的首席作战试验鉴定顾问,同时也是国防部高级管理层中的作战试验鉴定负责人。其主要职责包括:在国防部采办路径范围内,制定作战试验鉴定和实弹射击试验鉴定的执行政策和程序;监管和审查国防部的作战试验鉴定和实弹射击试验鉴定活动;监管重大国防采办项目或由局长指定的其他项目;确定适用采办路径的特定作战试验鉴定和实弹射击试验鉴定政策与最佳实践;监管作战和实弹射击的选定项目;发布和管理试验鉴定监管清单,确定监管清单上系统作战试验所需采购物品的数量,并对试验鉴定监管清单中的项目,审批其试验鉴定主计划、试验策略或其他顶层试验计划文件中规划的作战试验鉴定和实弹射击试验鉴定活动、评估军种部和作战试验机构实施作战试验鉴定和实弹射击试验鉴定的充分性;针对负责监管的项目,在作战试验开始前审批相关作战试验计划的充分性,并出具书面批准文件,审批已批准的作战试验计划范围之外的数据,并出具书面批准文件;在实弹射击试验鉴定活动开始前,审批实弹射击试验鉴定策略和豁免该项试验;评估并批准生产代表性产品的使用,以充分完成试验鉴定监管清单中项目的初始作战试验鉴定的充分性;根据具体需求,以及在作战试验鉴定结束后,逾越低速率初始生产阶段前,向国防部长办公厅、联合参谋部、国防部部局(国防部直属机构以及国防部所有其他组织实体)和国防委员会提交单独的作战试验鉴定和实弹射击试验鉴定等报告;提交年度报告,总结国防部在上一财年所实施的作战试验鉴定和实弹射击试验鉴定活动。

此外,国防信息系统局负责美军在全球网络中心信息和通信解决方案的规划、工程研发、采购、试验、部署和保障,以满足国家安全在所有和平和战争条件下的网络与通信需要。国防信息系统局通过联合互操作能力试验司令部(JITC)维持重要的外场独立作战试验能力。联合互操作能力试验司令部在国防信息系统局局长的指导下开展作战试验鉴定工作。

(三)各军种对试验鉴定活动的监管

虽然在国防部层面,负责样机与试验的助理国防部长帮办和作战试验鉴定局局长分别管理研制试验鉴定和作战试验鉴定,但其主要任务是监督执行和制定政策,具体的试验鉴定工作仍由各军种主管。每个军种根据自身特点,都设置有一个类似"试验鉴定执行官"的职位或部门,负责试验鉴定政策落实、监督管理试验鉴定程序以及各项试验鉴定活动的具体开展。

1. 陆军试验鉴定监管

陆军负责监管试验鉴定的职位主要是陆军采办执行官和陆军试验鉴定执行官。

(1)陆军采办执行官。由陆军负责采办、后勤与技术的助理部长担任,主要负责制定、发布采办(试验与鉴定)政策和规程;任命、监督和评价委派的计划执行官(PEO)及项目主任。

(2)陆军试验鉴定执行官。陆军试验鉴定执行官由陆军采办执行官指定,是陆军部总部唯一拥有《试验鉴定主计划》批准权的官员。其职责主要是负责制定、审查、强化、监督陆军试验鉴定政策和规程,包括监督所有与装备系统和C^4/IT(信息技术)系统研究、发展、采办有关的陆军装备试验鉴定。

此外,陆军负责试验鉴定的副部长帮办还负责选拔和推荐试验鉴定主题专家,监督陆军的采办项目和国防部生化采办项目,并在国防部长办公厅和三军的各种委员会及论坛中代表陆军装备试验鉴定的利益。

2. 海军试验鉴定监管

海军负责监管装备试验鉴定的职位是"创新、试验鉴定与技术需求处"(N84)主任,主要负责海军试验鉴定政策的发布实施、指导计划制定、试验工作监督以及资源规划等,并向海军作战部长汇报工作。

3. 海军陆战队试验鉴定监管

海军陆战队没有类似"创新、试验鉴定与技术需求处"主任的职位,其试验鉴定监管职责由海军陆战队系统司令部司令负责,直接向负责研究、发展与采办的海军助理部长汇报工作,负责落实所有海军陆战队所需系统的研制试验鉴定政策、规程和需求。

4. 空军试验鉴定监管

空军负责监管试验鉴定的职位是空军试验鉴定处(AF/TE)处长,提供试验鉴定政策和监督,直接向空军参谋长汇报工作,负责处理空军的研制试验鉴定与作战试验鉴定文件,为空军解决试验鉴定问题,并对《试验鉴定主计划》的审查进行管理。

二、北约其他国家装备试验鉴定管理体制

北约各国国防管理体制与装备发展特点不同,其装备试验鉴定管理体制也有很大差异。总的来看,北约主要国家装备采办管理受美国影响较大,其装备试验鉴定管理体制也会随美军调整变化做出相应调整。这里主要介绍美军2018年调整之前,法、英、德军装备试验鉴定管理情况。

(一)英军装备试验鉴定管理体制

英军采办历经军种分散管理、国防部统管改革、精明采办改革、国防部集中统管四个阶段,其装备试验鉴定工作作为装备采办工作的重要领域和环节,也随之发生了变化。目前,英军装备试验鉴定工作采取的是国防部统一领导与私营部门实施相结合的管理体制,更加强调一体化试验、鉴定与验收(ITEA),其装备试验鉴定组织管理体系如图4-2所示。

英国国防部作为统管装备试验鉴定工作的政府部门,在国防大臣的领导下,履行首相和议会赋予的三大职能:作为内阁的一个部,为国防事务制定各种政策,指导政策执行,参与政府管辖的政策制定,支持内阁首相向议会负责;作为最高级别的军事司令部,对上向内阁提出军事建议,对下向各司令部发布战略指令;负责为武装部队采办武器装备。国防部主要由三大部分构成:第一部分是国防参谋长领导下的三个军种参谋部,作为武器装备的直接用户提出武器装备的作战需求,并负责武器使用和具体保障活动;第二部分是常务次官领导下的首席科学顾问、总财务主任和国防装备与保障总署,负责武器装备的预研和采办全寿命管理,即涉及武器装备研制、生产、试验鉴定、采购和保障的一系列装备采办活动;第三部分是中央参谋部,由副国防参谋长和第二常务次官共同领导,负责制定国防政策、装备能力需求的规划计划和预算。中央参谋部下设装备能力局,负责整个国防部武器装备总需求的管理。

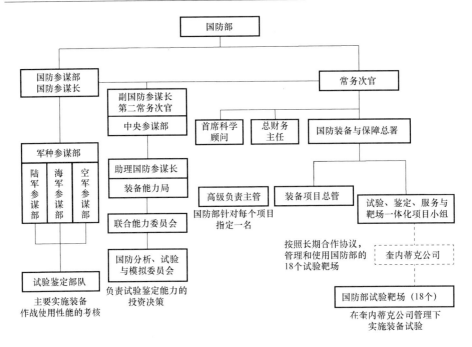

图 4-2 英军装备试验鉴定组织管理体系

装备能力局下属的"联合能力委员会"(JCB)是英国国防部中兼有试验鉴定能力的最高管理与投资机构。该委员会由负责装备能力的装备能力局局长(即助理国防参谋长)任主席,联合能力委员会下具体从事试验鉴定管理工作的是"国防分析、试验与模拟委员会"(DAESB)。

英国国防部的国防装备与保障总署,负责武器装备试验鉴定工作的管理。国防装备与保障总署下设"试验、鉴定、服务与靶标一体化项目组",具体管理试验鉴定工作,而试验鉴定的实施则主要由国防部的 17 个核心靶场和军方试验鉴定部队执行。国防部的核心靶场由奎内蒂克公司(QinetiQ)代为管理与运营。同时,国防部会为每个项目指定一名"高级责任主管",代表国防部对采办项目的试验鉴定活动进行监管与规划。

英国陆、海、空三军参谋部作为用户,负责装备使用过程中的需求管理,军种参谋部下属的军种试验鉴定部队,是国防部试验鉴定能力的提供方,也是作战试验鉴定的主要机构,负责实施装备作战使用效能的考核。

(二)法军装备试验鉴定管理体制

法军武器装备试验鉴定工作采取国防部集中统一领导的管理体制,具体由法国国防部下属的武器装备总署(DGA)负责,其装备试验鉴定组织管理体系如

图4-3所示。

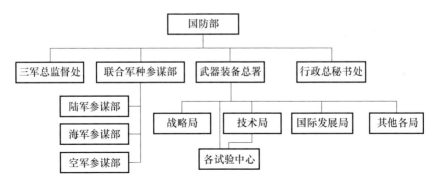

图4-3 法军装备试验鉴定组织管理体系

在法军装备试验组织管理体系中,国防部下设三军总监督处、军种参谋部、行政总秘书处和武器装备总署。其中,武器装备总署与军种参谋部并列,直接向国防部长负责,其第一领导人一直由非现役军人担任,在级别上享有国防部副部长待遇,地位与总参谋长平级。武器装备总署集国防科研、军事装备采购和国防工业管理的职能于一身,其主要职能是以公平合理的成本和价格,为陆、海、空三军采购武器装备,并从三个方面来确保这一职能的实现:一是制定武器装备的长远规划;二是研究和制定与武器装备发展相协调的国防工业与技术发展战略并组织实施;三是根据各军种提出的军事需求,综合评估技术、经济的可行性,统一制定全军武器装备发展规划、计划和年度预算,对武器装备发展全过程即预先研究、型号研制、试验鉴定、订货采购和装备使用等实行统一管理。

法军在军种层面基本不设科研生产机构,但同武器装备总署保持密切联系。各军种作为武器装备的用户,主要负责提出军事需求和战术技术要求,并参加武器系统的设计和规划、计划工作,参与武器装备研制、生产、试验、鉴定全过程的管理。

(三)德军装备试验鉴定管理体制

德军在装备试验鉴定管理上,同法国一样也是采取国防部集中统一领导的管理体制,即由国防部装备、信息技术与使用保障部统一管理,负责全军装备试验鉴定工作,军种不单独设立试验鉴定机构。但同其他西方国家不同的是,德军装备试验鉴定的管理机构分为领导机构和实施机构。具体而言,就是由装备、信息技术与使用保障部负责组织领导,由国防技术与采办总署负责具体落实,国防技术与采办总署隶属装备、信息技术与使用保障部领导。

1958年,德军成立国防技术与采办总署,统一管理三军各种武器装备的具体采办工作,各军种配合实施,但其行政管理上受国防部下辖的国防技术司和国防经济司双重领导。1971年,德国防部合并国防技术司和国防经济司,成立装备部作为采办管理工作的统一领导机构。1991年,国防部开始实施"国防管理和装备机构改组计划",装备部及其所属机构进行改组,将装备部改称为总装备部,其职能和组织机构也做了相应调整。2011年5月,德国国防部进行改革,将总装备部与现代化部合并,成立装备、信息技术与使用保障部。该部是德国武器装备采办的最高管理机构,负责德军装备采办管理工作以及武器装备试验鉴定工作,以及武器装备的研制试验鉴定(即工程试验和技术试验)。

德国陆、海、空三军虽不设专门的装备试验鉴定机构,但分别有相应机构来配合装备、信息技术与使用保障部和国防技术与采办总署开展装备作战试验鉴定。如陆军的保障司令部和空军的保障司令部负责组织实施陆军和空军的作战试验鉴定(部队试验和后勤试验),海军的保障司令部设有试验司令部,负责计划和实施舰队使用前的试验。

德军设有各类武器装备的试验场,用以试验、检验所研制的武器装备是否符合要求。国防部装备、信息技术与使用保障部采购的每一个武器系统或每一件装备都要经过一系列的试验活动——工程试验、技术试验、部队试验和后勤试验,以保证部队能使用。首先是承包商在系统研制时的试验,其次是在装备、信息技术与使用保障部的指导下,在其试验中心进行技术与工程试验,以保证该系统达到合同的要求。军种负责作战能力和后勤保障能力的试验,以保证装备满足军种要求。

三、俄军装备试验鉴定管理体制

俄军装备试验鉴定采取军地分阶段的管理体制,即由联邦政府管理机构和军方管理机构组成,并由军事工业委员会协调和沟通联邦政府与国防部之间的关系。该体制沿袭了苏联时期的管理模式。

俄罗斯国防部是俄联邦武装力量的指挥部,国防部长通过国防部对联邦武装力量实施直接领导。其中,俄罗斯国防部下属的联邦武装力量总装备部是俄军试验鉴定工作的管理机构,其职责是在国家国防订货框架内,负责组织与协调军事管理机关的订购工作,落实武器装备、军事技术器材和其他物资器材的科学研究和试验设计、试验、采购、维修、利用和销毁,包括保障国际裁军协议的措施。具体任务是:制定和落实俄罗斯联邦装备政策的主要发展方向;组织制定和形成《国家装备发展规划》草案;组织制定和形成《国家国防订货》草案;在经济领域和工业企业动员准备检查方面,采取有计划的措施;在《国家装备发展规划》框架内,组织计划和协调科学研究和试验设计工作,以及批量采购;根据《俄罗斯联邦国防部章程》,行使其他权力。

俄罗斯军事工业委员会 2014 年 12 月由总统从政府手中接管,成为总统直管机构。作为跨部门常设协调机构,该委员会由第一副总理担任委员会主席,负责协调沟通联邦政府与国防部的关系。在试验鉴定方面,该委员会主要负责审查联邦执行机构在武器装备技术领域的经费投入,以及相关设施和靶场的建设、试验计划项目的提案。

四、日本自卫队装备试验鉴定管理体制

日本自卫队装备试验鉴定采取防卫省统一领导,陆、海、空自卫队分散实施的管理体制。研制试验鉴定由防卫省直属的防卫装备厅管理实施,作战试验鉴定由防卫省陆上、海上与航空自卫队具体实施,其作战试验鉴定结论为装备设施本部开展装备生产决策提供参考。日本自卫队装备试验鉴定组织管理体系如图 4-4 所示。

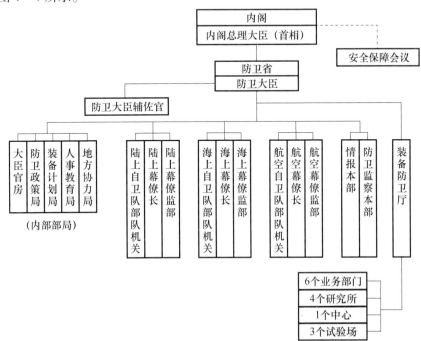

图 4-4 日本自卫队装备试验鉴定组织管理体系

日本内阁总理大臣,代表内阁享有日本自卫队的最高指挥监督权,凡是有关武器装备发展的方针政策、规划计划及其他重大事项一律尤其亲自审批,必要时则召开安全保障会议进行审议。防卫省作为内阁政府下辖的最高军事统帅机关,于2007年1月9日由"防卫厅"升格为"防卫省",升格后的防卫省成为日本中央一级单位,凡有关武器装备发展规划、计划、试验鉴定及其他重大事项等均由其负责。

日本防卫装备厅和自卫队负责新型装备、部件和武器系统的试验鉴定工作。其中,防卫装备厅负责研究阶段的分系统试验鉴定、研制阶段的技术性能试验鉴定,以及武器系统的初始作战试验鉴定;自卫队则是为保证装备能够满足作战要求,在防卫装备厅的试验鉴定完成后,对其进行作战试验鉴定。

第二节 装备试验鉴定组织机构

组织机构是按照一定目的、任务或形式而编成的紧密联系的体系。组织机构的合理设置,不仅能保证整个组织分工明确、职责清晰,还能保证每一个单位或部门工作的正常运转,从而使整个组织管理流程畅通,避免发生责任问题相互推诿。根据装备试验鉴定的特点和规律,科学合理、严密正规和不断完善的组织机构,是装备试验鉴定工作有效运行的组织保证。美、英、法、德、俄、日等发达国家的装备试验鉴定组织机构在各自装备试验鉴定管理体制下,根据装备发展需求和机构改革的变化,不断调整和优化组织机构设置。

一、美军装备试验鉴定组织机构

美军装备试验鉴定工作的各级组织机构,从20世纪70年代以来力量逐渐加强、组织日趋健全、职责较为明确。上自国防部部长办公厅、军兵种各级司令部,下至每个项目管理办公室,都设有专门机构和人员,负责装备试验鉴定的管理与实施。美军装备试验鉴定组织机构具体分为国防部顶层领导机构、各军兵种管理机构和具体实施机构三个层级,如图4-5所示。

(一)国防部领导机构

在国防部长办公厅内,主管装备试验鉴定的部门有3个,分别是研制试验鉴定办公室、作战试验鉴定局和试验资源管理中心。它们主要负责美军试验鉴定方针、政策和法规的制定,《试验鉴定主计划》的审批,试验鉴定结果的评判报告,试验鉴定活动的监督,试验鉴定资源的管理以及国防部重点靶场的监管等

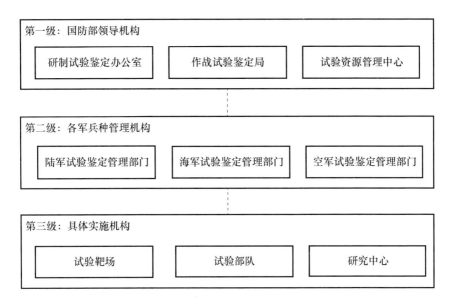

图4-5 美军装备试验鉴定三级组织机构

试验鉴定顶层监管与规划工作。

1. 研制试验鉴定办公室

1971年,美国国防部在国防研究与工程署(由负责采办的副部长领导)下成立研制试验鉴定办公室(后更名为试验、系统工程与鉴定局),负责监督全军的试验鉴定工作和国防部重点靶场的管理。1999年,在国防部压缩机构、精简人员的大背景下,国防部负责研制试验鉴定工作的试验、系统工程与鉴定局被撤销,其研制试验鉴定职能调整到当时的战略与战术系统局下属机构,重点靶场的监督指导职能则移交给了作战试验鉴定局。2009年,国防部为解决研制试验鉴定管理机构层次低、监督管理不力等问题,在国防研究与工程署下再次成立研制试验鉴定办公室。从2011年开始,该办公室直属负责研制试验鉴定的助理国防部长帮办领导。2018年国防部组织机构调整后,该办公室直属负责样机与试验的助理国防部长帮办领导。研制试验鉴定办公室组织机构如图4-6所示。

研制试验鉴定办公室主要职责是:①监管军种研制试验鉴定工作;②制定研制试验鉴定政策与指南;③审批重大国防采办项目的研制试验鉴定计划;④开展重大国防采办项目作战试验准备评估;⑤向国会提交研制试验鉴定年度报告。

此外,在Ⅰ类采办项目和指定的武器系统试验期间,军种还需要向研制试

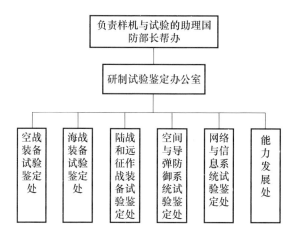

图4-6 美军研制试验鉴定办公室组织机构

验鉴定办公室主任提供相关报告,包括:①在里程碑A决策前必须提供一份试验鉴定策略;②从里程碑B开始,在每个里程碑审查前提供一份《试验鉴定主计划》(初始的或更新的)进行审批;③在里程碑决策或做出低速率初始生产的最终决策之前,向负责先期能力的助理国防部长和作战试验鉴定局局长提供一份关于研制试验鉴定的技术评估报告,并给出试验鉴定的结果、结论和建议。

2. 作战试验鉴定局

20世纪70年代以前,由于美国在武器装备研制阶段没有开展包括用户参加的作战试验,试验人员不独立于研制部门,试验未与作战需求相联系,导致装备在使用中问题频出,无法形成应有战斗力。为此,为加强作战试验鉴定的统一指导和监督,1983年国会通过立法,要求国防部成立独立于研制试验部门的作战试验鉴定局。1984年国防部开始筹建这一机构,并于1985年正式组建作战试验鉴定局。1999年,国防部在机构改革调整中,又将撤销的试验、系统工程与鉴定局的部分职能移交给了作战试验鉴定局。作战试验鉴定局组织机构如图4-7所示。

作战试验鉴定局直属国防部长领导,除向国防部长汇报工作外,也有向国会报告的特殊要求。其核心使命是负责向国会提供有关新武器系统作战效能、适用性和生存能力的独立分析和见解,使之对新武器系统有比较全面深入的了解,便于为新武器系统授权和拨款。作战试验鉴定局的主要职责是:①制定、发布作战试验鉴定的政策和程序;②指导、监督和评估各军种作战试验鉴定工作;③审批重大武器系统作战试验计划;④向国防部长和国会等提交作战试验鉴定报告和实弹射击试验鉴定报告。

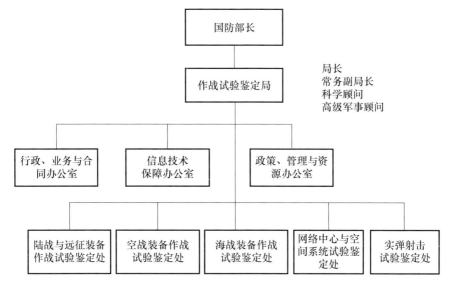

图4-7 美军作战试验鉴定局组织机构

此外,针对国防部的采办项目和指定由作战试验鉴定局监督的采办项目,作战试验鉴定局还需要军种提供材料,包括:①一份供审批的作战试验计划草案副本;②重大的试验计划更改;③最终的军种初始作战试验鉴定报告,该报告须在全速率生产决策审查前提交作战试验鉴定局局长,以纳入逾越低速率初始生产报告中;④供批准的实弹射击试验鉴定计划和供审查的军种实弹射击试验报告。

目前,作战试验鉴定局下设3个职能办公室和5个业务处。其中,5个业务处的基本职责是协助作战试验鉴定局局长制定作战试验鉴定政策,审定各军种作战试验鉴定规划计划与预算,指导各军种开展相关作战试验鉴定;3个职能办公室中的行政、业务与合同办公室主要负责作战试验鉴定局的行政综合管理与合同管理,协助局长对作战试验鉴定局各部门进行综合管控;信息技术保障办公室主要负责作战试验鉴定局信息技术设施建设与办公自动化事务;政策、管理与资源办公室主要负责协助局长开展作战试验鉴定规划计划与资源分配工作。

3. 试验资源管理中心

为加强国防部对美军各类试验基础设施、场地、物资等资源的统一计划、统一管理和集中使用,保障武器装备作战试验顺利实施,2004年3月,国防部成立"试验资源管理中心"(TRMC)。该中心是美国国防部的下属机构,直属负责采办、技术与后勤的副国防部长领导,中心主任由负责研制试验鉴定的助理国防部长兼任。2018年国防部调整组织机构后,试验资源管理中心直属负责研究与工程的副国防部长领导,中心主任由负责样机与试验的助理国防部长帮办兼任,直接向负责研究与工程的副国防部长汇报工作。试验资源管理中心组织机构如图4-8所示。

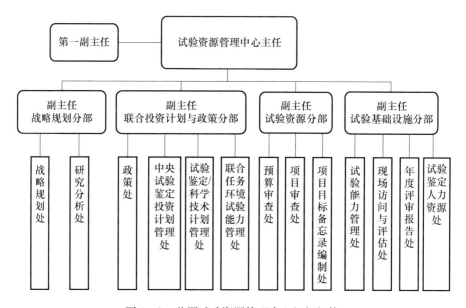

图4-8 美军试验资源管理中心组织机构

试验资源管理中心主要是对美军试验鉴定设施投资进行协调与规划,并对全军试验能力进行统一评估,使之能为国防部的武器装备采办与试验计划提供有力支撑。此外,试验资源管理中心还负责不断了解国防部管辖之外的其他试验鉴定设施与资源,评估其试验能力及其可能发挥的作用。

试验资源管理中心的主要职责是:①每两年制定并颁布一次未来10年的国防部所属试验鉴定资源战略规划;②审查各军兵种和国防部相关部门关于试验鉴定项目的预算,确保预算能够充分支持作战试验项目的开展;③发布关于重点靶场与试验设施基地建设的计划、指南,明确各靶场和试验设施基地建设的目标,制定评价各靶场和试验设施基地能力的统一标准;④管理国防部"中央试验鉴定投资计划"(CTEIP)、"试验鉴定/科学技术计划"和"联合任务环境试验能力计划"(JMETC);⑤负责国防部与美国其他联邦机构和民间组织之间就试验资源使用与管理方面的协调协作和相互理解。

(二)军兵种管理机构

美国陆军、海军、空军和海军陆战队分别下设研制试验鉴定和作战试验鉴定机构,主要负责制定各自军兵种的试验鉴定政策,拟制武器装备试验鉴定计划,组织实施试验鉴定任务,管理和运行试验靶场等工作。

1. 美国陆军试验鉴定机构

1962年之前,陆军试验鉴定工作分散在陆军部下属的各个部门中。其中,各部门的"技术服务组织"负责开展受控条件下的工程试验,即研制试验;各部门的"军种试验委员会"负责开展装备在野外环境下的士兵使用试验,即作战试验。1962年,各部门的"技术服务组织"与"军种试验委员会"合并,在"陆军装备司令部"下成立"试验鉴定司令部",统管陆军试验鉴定工作(研制试验鉴定和作战试验鉴定)。1972年,陆军遵循蓝带委员会的建议,成立了独立于装备研发、采购和使用部门的"作战试验鉴定部",而"试验鉴定司令部"则不再负责装备的作战试验鉴定工作。1988年,陆军在训练与条令司令部下又成立了"试验与实验司令部",负责部分装备的作战试验鉴定。这一时期陆军相当于有两个作战试验鉴定部门,即"作战试验鉴定部"和"试验与实验司令部"。

1990年,美国国防部应国会要求,命令各军兵种成立独立的作战试验机构,美国陆军的"作战试验鉴定部"和"试验与实验司令部"合并,成立了"作战试验鉴定司令部",直属陆军参谋长领导。1999年,陆军遵循国防科学委员会提出的"军兵种应将研制试验和作战试验工作进行统一管理,合并研制试验鉴定部门和作战试验鉴定部门,加强一体化计划的制定与实施,推进试验信息共享,缩短试验周期,减少试验能力不必要的重复建设"的建议,于1999年10月合并"试验鉴定司令部"与"作战试验鉴定司令部",成立直属陆军参谋长管理的"陆军试验鉴定司令部",下设"研制试验司令部""作战试验司令部"和"陆军鉴定中心",分别负责陆军武器装备的研制试验、作战试验和试验结果鉴定工作,其中"研制试验司令部"还负责管理国防部重点靶场陆军部分(夸贾林靶场除外)。2005年,美国国防部在预算紧缩背景下发布了《2005基地调整与关闭命令》,要求陆军对"陆军试验鉴定司令部"进行调整:一是将其总部从其原驻地(弗吉尼亚州的亚历山大市)搬出,迁至位于马里兰州的阿伯丁试验靶场;二是撤销"研制试验司令部",职能由"陆军试验鉴定司令部"承担。2011年,"陆军试验鉴定司令部"完成上述调整。陆军试验鉴定组织机构如图4-9所示。

(1)陆军试验鉴定办公室。

陆军试验鉴定办公室是陆军试验鉴定的监管部门,设在陆军负责试验鉴定

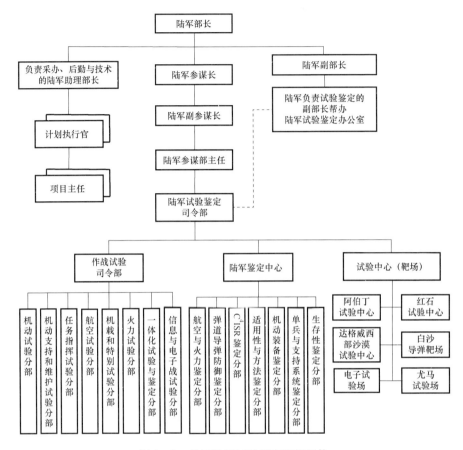

图 4-9 美国陆军试验鉴定组织机构

的副部长帮办办公室内,由负责试验鉴定的副部长帮办任主任,向陆军副部长汇报工作,为陆军试验鉴定执行官提供支持。该办公室主要负责陆军试验鉴定活动的总体监督、审批《试验鉴定主计划》、规划试验资源建设、协调试验资源使用,并依据国防部政策与法规拟制陆军试验鉴定条例条令。

(2)陆军试验鉴定司令部。

陆军试验鉴定司令部通过全面管理陆军的试验鉴定计划来支持武器系统采办、部队发展和试验过程。该司令部是陆军武器装备试验鉴定的组织实施部门,也是陆军独立的作战试验部门,负责管理陆军的研制试验和作战试验以及所有的系统评估与鉴定,并管理联合试验鉴定,通过陆军参谋部主任直接向陆军副参谋长汇报工作。

陆军试验鉴定司令部担负实施陆军研制试验的重要职责,包括:①对所有陆军系统(指派给陆军装备司令部研究发展工程司令部的通信电子研究、发展和工程中心的系统,以及医务司令部、情报保密司令部、航天导弹防御司令部和陆军工兵部队的系统除外)履行政府研制试验方的职责;②提供试验设施和试验专业技术,支持陆军和其他国防系统的采办;③操作和维护重点靶场与试验设施基地的陆军部分(夸贾林环礁除外);④试验前向参与试验的人员提供安全须知;⑤为里程碑采办决策审查和装备发放决策提供安全确认;⑥管理陆军试验事故报告系统。

(3)作战试验司令部。

作战试验司令部隶属于陆军试验鉴定司令部,主要职责是为陆军实施大部分作战试验,支持陆军参与联合试验鉴定。具体职责包括:①对所有陆军系统(指派给医务司令部、情报保密司令部、航天导弹防御司令部和陆军特种作战司令部的系统除外)履行作战试验方的职责;②对于指定的多军种作战试验以及训练与条令司令部部队发展试验和/或实验(是系统的唯一用户军种)履行作战试验方职责;③提供试验设施和试验专业技术,支持陆军和其他国防系统的采办,若条件允许,还可有偿服务形式为其他客户提供支持;④拟定资金计划和预算,支持除不定期的非常规试验(通常由提议方支付)外的作战试验;⑤制定作战试验和部队发展试验/实验的试验资源计划,并提交陆军试验进度与审查委员会审查。

(4)陆军鉴定中心。

陆军鉴定中心是陆军试验鉴定司令部的一个独立的下属单位,主要职责是对陆军的研制试验和作战试验的结果进行鉴定和评估,以支持系统采办过程。具体职责包括:①对于所有陆军系统(指派给医务司令部、情报保密司令部的系统以及指派给陆军工兵部队的商业项目除外)履行系统鉴定方的职责,对所有指定的系统开展持续鉴定;②开发和发布鉴定能力与方法;③通过陆军试验进度审查委员会协调系统鉴定资源;④对可能应用建模仿真来增强鉴定和降低成本的系统鉴定需求进行预审;⑤与陆军副参谋长(G-1局)、陆军研究实验室人力研究与工程部协调,开展人力与人员一体化评估;⑥监督陆军系统的一体化后勤保障计划。实施独立的后勤可保障性评估并将结果报告陆军后勤部门和采办组织的其他有关人员。

(5)试验中心(靶场)。

试验中心(靶场)包括阿伯丁试验中心、红石试验中心、白沙导弹靶场、电子试验场、达格威试验场和尤马试验场。这些试验中心(靶场)在满足国防部武器装备试验鉴定与作战演训的同时,还主要用于开展陆军的研制试验和作战试验。

2. 美国海军试验鉴定组织机构

在海军内部,海军部长将常规和专项的研究、发展、试验鉴定职责赋予负责研究、发展与采办的海军助理部长和海军作战部长。海军作战部长领导海军各项试验鉴定工作(不包括海军陆战队的试验鉴定工作),对《试验鉴定主计划》的整个过程负责。海军陆战队总部的计划、预算与执行办公室领导整个海军陆战队的计划工作,支持新系统的采办。美国海军试验鉴定组织机构如图4-10所示。

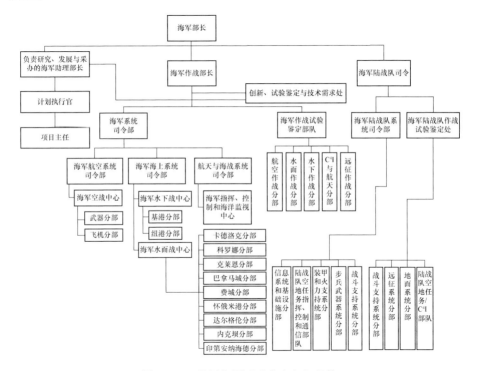

图4-10 美国海军试验鉴定组织机构

(1)海军创新、试验鉴定与技术需求处。

海军创新、试验鉴定与技术需求处是海军试验鉴定监管部门,其职责与"陆军试验鉴定办公室"类似,主要负责试验鉴定的顶层监管、政策指导、计划制定、资源规划和结果报告等工作。海军创新、试验鉴定与技术需求处主任负责试验鉴定政策的发布实施和指导,并向海军作战部长汇报工作。

(2)海军研制试验鉴定机构。

海军不像陆军和空军有统管装备研制的司令部,其武器装备研制管理分别由各系统司令部负责,研制试验鉴定亦是如此。海军武器装备的研制和研制试验鉴定由海军各系统司令部负责。例如,海军航空系统司令部负责飞机及其主要武器系统的研制和研制试验鉴定;海军海上系统司令部负责舰船、潜艇及相关武器系统的研制和研制试验鉴定;航天与海战系统司令部负责所有其他系统的研制和研制试验鉴定。系统采办项目无论是由授权的项目主任还是由系统司令部司令管控,其研制试验鉴定均由指定的研制部门负责,并协调《试验鉴定主计划》中所有的试验鉴定规划工作。研制部门的具体职责包括:①根据用户在作战需求书中所确立的阈值(基本目标)制定试验计划;②明确实施研制试验鉴定所需的试验设施和资源;③编制研制试验鉴定报告。

督察委员会主席负责实施新舰船和飞机采办的验收试验,并直接向海军作战部长汇报工作,他是海军这类系统生产验收试验鉴定(PAT&E)的主要决策者。

(3)海军作战试验鉴定部队。

海军作战试验鉴定部队是一个直接向海军作战部长报告工作的独立组织,其下属有航空作战分部、水面作战分部、水下作战分部、C^4I与航天分部、远征作战分部等5个分部,主要职责是:①同研制部门保持密切联系,了解试验需求和计划安排;②审查采办项目文件,确保试验鉴定工作在文件中得到充分体现;③制定并实施切合实际的作战试验鉴定计划;④为正在进行作战试验鉴定的系统制定使用战术与规程(在海军作战部长指导下);⑤就开发靶场新能力或进行靶场升级向海军作战部长提出建议;⑥会同海军陆战队作战试验鉴定处,实施海军陆战队航空系统的作战试验鉴定。

(4)海军陆战队系统司令部。

海军陆战队系统司令部负责海军陆战队的研制试验鉴定,其司令不仅是研究、发展与试验鉴定的主管,也是海军陆战队的装备研制代表,直接向负责研究、发展与采办的海军助理部长汇报工作,并直接与海军系统司令部协调,落实海军陆战队所需武器系统的研制试验鉴定政策、规程和需求。

(5)海军陆战队作战试验鉴定处。

海军陆战队作战试验鉴定处负责指定的海军、海军陆战队和联合采办项目的独立作战试验鉴定,以确保所有试验得以有效规划、实施和报告,并通过海军陆战队兵力同步会议协调安排需海军陆战队作战部队支持的作战试验资源。此外,由海军作战部长主管的航空项目要进行由海军作战试验鉴定部队司令负责的独立作战试验鉴定。

3. 美国空军试验鉴定组织机构

美国空军负责采办的助理部长是空军研究、发展与采办方面的主管,也是空军部长的高级顾问和空军采办执行官,直接与国防部负责样机与试验的助理国防部长帮办和作战试验鉴定局局长沟通以获得采办决策信息。作为采办决策过程的一部分,负责采办的空军助理部长将接收研制试验鉴定和作战试验鉴定的结果。该职位下设一个负责采办的军事助理,是空军负责研究、发展与采办的首席参谋。美国空军试验鉴定组织机构如图4-11所示。

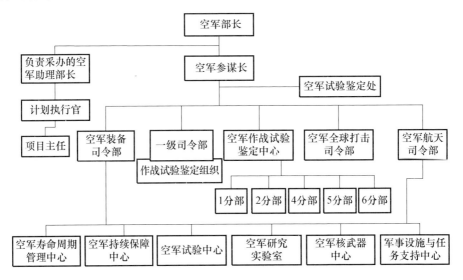

图4-11 美国空军试验鉴定组织机构

(1)空军试验鉴定处。

空军试验鉴定处是空军参谋长领导下的一个部门,受空军参谋长直接领导并向其汇报工作,其职责与"陆军试验鉴定办公室"类似,主要负责空军试验鉴定工作的顶层监管、政策制定和资源规划等。

(2)空军研制试验鉴定机构。

空军装备司令部和航天司令部是空军研制试验鉴定和管理采办项目的执行部门,直属空军参谋长领导,承担武器系统、保障系统和保障装备的开发工作,下设产品中心、航空后勤中心、试验中心、实验室以及各类试验靶场。武器系统部署后,空军装备司令部和航天司令部负责阵地系统改进和升级的开发与试验管理职责。此外,空军航天司令部还负责航天与导弹系统的研制试验鉴定。

(3)空军作战试验鉴定中心。

空军作战试验鉴定中心作为空军的作战试验部门,直属空军参谋长领导,中心主任直接向空军参谋长汇报工作。空军作战试验鉴定中心负责实施在国防部长办公厅作战试验鉴定监督清单上所列的项目和其他指定项目的独立作战试验鉴定,也实施支持联合紧急作战需求及作战人员快速采办项目的作战试验。在准备作战试验鉴定过程中,空军作战试验鉴定中心还负责审查所有相关的作战和训练需求、使用与维护方案等,并且负责作战与执行的一级司令部将对其实施作战试验鉴定提供人力、物力支持,来辅助空军作战试验鉴定中心实施作战试验鉴定。

空军作战试验鉴定中心下设5个分部,其中1分部负责F-35Ⅱ型战斗机的作战试验鉴定;2分部负责空军装备、电子战、任务规划、指挥与控制、通信、生化防御系统的作战试验鉴定;4分部负责航天、导弹和导弹防御系统的作战试验鉴定;5分部负责轰炸机、运输机、特种作战飞机和无人机(UAV)的作战试验鉴定;6分部负责F-22、F-15、F-16的作战试验鉴定。此外,空间系统的作战试验鉴定由空军航天司令部负责,洲际弹道导弹的作战试验鉴定由空军全球打击司令部负责。

(4)一级司令部的作战试验机构。

空军每个一级作战司令部都拥有自己的作战试验组织(中队和联队),负责在系统通过空军作战试验鉴定中心的初始作战试验鉴定之后,实施后续作战试验鉴定,以及所有维持阶段的作战试验鉴定。部队发展鉴定作为作战试验鉴定的一种,同样由一级司令部的作战试验组织实施,用于支持初始部署前由一级司令部管理的系统采办相关决策或一级司令部的维持和升级活动。

二、北约其他国家装备试验鉴定组织机构

(一)英军装备试验鉴定组织机构

英军装备试验鉴定管理主要分为四个层级,一是以装备能力局联合能力委员会下属的国防分析、试验与模拟委员会为代表的决策层;二是以国防装备与保障总署为代表的试验鉴定管理层;三是以奎内蒂克公司和各军种试验鉴定部队为代表的试验鉴定能力提供方;四是以军方一线司令部为代表的试验鉴定用户方,如图4-12所示。

1. 试验鉴定决策层

英军中央参谋部装备能力局的联合能力委员会是试验鉴定能力的最高管理与投资机构,其下辖的国防分析、试验与模拟委员会具体负责试验鉴定管理工作。其主要职责包括:制定试验鉴定政策和战略指导方针;负责与奎内蒂克

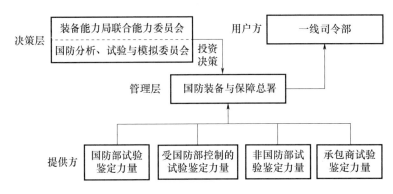

图 4-12 英军装备试验鉴定组织机构

公司签订长期合作协议,并将该协议下的试验鉴定机构委托国防装备与保障总署管理;在全寿命能力管理框架下,为国防部提供试验鉴定能力;制定国防部战略性试验鉴定设施的发展政策、战略和计划,为国防部试验鉴定设施的资格认证建立相关的规程;负责国际试验鉴定合作相关事宜,其组织机构如图4-13所示。

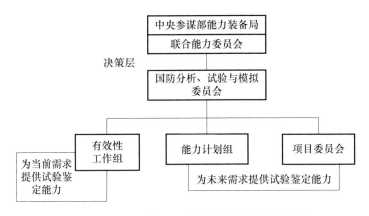

图 4-13 国防分析、试验与模拟委员会组织机构

为更好地管理试验鉴定资源,国防分析、试验与模拟委员会还下设有效性工作组、能力计划组和项目委员会。其中,有效性工作组负责为国防部当前需求提供试验鉴定能力,能力计划组和项目委员会负责为未来需求提供试验鉴定能力。

有效性工作组的成员来自各试验鉴定能力用户的代表,主要职责包括:监督试验鉴定机构向用户提供试验鉴定服务的工作效率;设定试验鉴定服务使用的优先顺序,解决可能出现的试验鉴定资源冲突问题;评估试验鉴定能力所需的成本;监督一体化试验、鉴定与验收策略的实施;从"试验鉴定主进度"(TEMS)表中获取相关数据。

能力计划组的主要工作包括三方面:确定未来需要交付的试验鉴定能力,如设施、靶场、技术、合成环境等;调整试验鉴定投资的平衡关系,改善试验鉴定工作的效率和效益;加强管理与评估,提高试验鉴定机构的能力。

项目委员会负责制定并实施"试验鉴定能力改革计划",具体工作包括:确定试验鉴定能力改革需求;监督项目是否违反时间、成本和性能的标准;管理试验鉴定能力改革带来的风险;管理和实施试验鉴定能力改革;向能力计划组汇报改革进展。

2. 试验鉴定管理层

英军在1998年启动"精明采办"战略改革之前,装备保障工作由各军种自己负责,各自为政,前后不能兼顾和衔接。而且,装备采购与后勤保障实行的是分部门、分阶段管理,难以适应全系统、全寿命管理的需求。为此,2006年7月,英国国防部启动了"国防采办改革计划",改革重点是合并国防采购局与国防后勤局,成立国防装备与保障总署。2007年4月,国防装备与保障总署正式成立。

在英军采办执行框架中,国防装备与保障总署既是武器装备全寿命的管理机构,也是试验鉴定的管理机构。国防装备与保障总署设有三个管理层级:第一层是由总署署长领导的总委员会;第二层是各武器系统群、保障群的总管或主任;第三层是各一体化项目小组、保障小组及其他业务小组。

国防装备与保障总署总委员会由12人组成,包括署长、4名非执行官(聘请的文职人员,在总署高层兼职,负责提供独立建议)、首席运营官、综合服务官、财务总管、参谋长(二星少将,直接向署长报告工作,负责总署的风险管理、投资审批、审计等事务)和3名军种装备主管(三星中将)。

总署各功能群,即武器系统群和保障群的统称。目前,国防装备与保障总署共设立了21个功能群,每个群下辖1~18个一体化项目小组或保障小组。其中,由首席运营官直接统管的是9个武器系统群,下辖100多个一体化项目小组,负责项目从研制、采办到保障的全系统全寿命管理;由综合服务主管、财务总管、参谋长、军种装备主管等管理的是12个保障群,下辖若干个一体化项目小组或保障小组,负责提供信息系统与服务、财务、人力资源、安全与工程等方面的保障。国防装备与保障总署的基本业务单元是一体化项目小组和保障小组,小组成员由来自国防部、各军种或工业部门的专家组成。国防装备与保障总署试验鉴定组织机构,如图4-14所示。

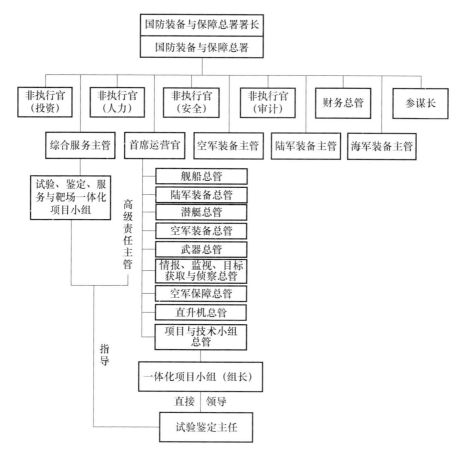

图 4-14　英军国防装备与保障总署试验鉴定组织机构

在试验鉴定方面,国防装备与保障总署的主要职责包括:维护"试验鉴定主进度表",并通知有效性工作组和能力计划组;制定试验鉴定提供者的能力列表;管理和提供试验鉴定资源;通过合同方式对各种试验鉴定能力提供者进行管理;负责试验鉴定提供机构和装备用户单位之间的沟通合作。

国防装备与保障总署综合服务主管下面的"试验、鉴定、服务与靶场一体化项目小组",是实施试验鉴定管理的核心机构。其主要职责包括:管理长期合作协议,并在该协议下管理、维护和发展国防部试验鉴定投资;向国防分析、试验与模拟委员会提供有关建立合作政策、战略和计划方面的咨询与帮助;向试验鉴定用户提供试验鉴定政策的执行、一体化试验鉴定与验收计划的制定、建立试验鉴定政策的执行、试验鉴定能力的资源获取/任务实施/管理等方面的建议和帮助。

国防装备与保障总署首席运营官所属的武器系统群的总管,作为采办项目的高级责任主管,其根本职责是确保所负责的项目或计划能够达到预期目标并实现预期价值。高级责任主管在装备试验鉴定方面的主要职责是对装备试验鉴定活动的监管,主要任务有:制定试验鉴定战略,确保试验鉴定相关政策、规章、计划、指导和技能与其相一致;通过相关政策、训练和业务管理的结合,加强一体化试验鉴定与验收的实施;通过与试验鉴定管理层的协调配合,更好地集成国防部试验鉴定资源。

各武器系统群下面的一体化项目小组,是装备试验鉴定的具体管理者。每个一体化项目小组通常都设有试验鉴定主任,在一体化项目小组组长直接领导下,以及高级责任主管和"试验、鉴定、服务与靶场一体化项目小组"指导下管理本项目的试验鉴定工作。主要任务是:制定项目试验鉴定策略,落实试验鉴定相关政策、规章要求;制定项目的一体化试验鉴定与验收计划,组织计划的落实;通过与试验鉴定管理层的协调配合,与试验鉴定机构密切合作完成试验鉴定任务。

3. 试验鉴定能力提供方

出于"精明采办"的考虑,英军运用试验鉴定能力的原则是国防部只作为购买试验鉴定服务的精明用户,而不一定需要拥有实际实施试验鉴定的能力,即不一定作为试验鉴定能力的提供方。英军试验鉴定能力的提供方为以下四方面力量:一是国防部试验鉴定力量,主要是皇家空军作战试验鉴定部队、陆军试验与开发部队等军种作战试验鉴定机构,是作战试验鉴定的主要机构;二是受国防部控制的试验鉴定力量,主要是指奎内蒂克公司,该公司承担英军武器装备研发、试验鉴定和训练工作,并代为管理18个国防部试验靶场,国防部则根据"长期合作协议"合同来使用该公司的试验鉴定机构;三是非国防部试验鉴定力量,如工业部门或研究机构的一些重点实验室以及其他国家的试验鉴定机构;四是承包商的试验鉴定力量,主要指由工业部门主承包商自己管理的试验鉴定机构。

2000年以前,英国国防部直属的国防鉴定与研究局负责国防武器装备的研发、试验鉴定和试验靶场的管理与操作;2001年7月,该局拆分为两个新的机构:国防科学与技术研究院和奎内蒂克公司。国防科学与技术研究院作为一个业务局仍归国防部领导。奎内蒂克公司成立之初,国防部与其就试验靶场的管理与使用签订了短期合同,由奎内蒂克公司负责国防部18个试验靶场的管理与使用。2003年2月,国防部与该公司签订"长期合作协议"合同,要求公司代表国防部管理其所属的18个试验靶场与基地,并向国防部提供所需的武器装备试验鉴定和训练支持服务。2006年2月,奎内蒂克公司成为上市公司。2008年9月,国防部售出其持有的全部奎内蒂克公司股份。至此,国防部不再控股,奎内蒂克公司完全私有化,在"长期合作协议"合同下,国防部武器装备试验鉴定的实施以及试验靶场的管理与使用由奎内蒂克公司负责。

4. 试验鉴定用户方

英军试验鉴定用户方主要是一线司令部,即英军的装备使用方。一线司令部主要负责从用户的角度,确定装备需求,同时提出试验鉴定的相关需求,并派代表参与一体化试验鉴定与验收,一线司令部也就试验鉴定活动的计划和实施提出相关建议。

(二)法军装备试验鉴定组织机构

1. 武器装备总署

1961年,法国政府为改变陆、海、空三军各自分散管理所导致的人力、物力、财力过于浪费的状况,在国防部内建立了一个统管三军科研和装备采购的领导与管理机构——武器装备总署。该部门是介于军工企业与三军代表用户之间的中间机构。1997年,法国国防部对武器装备总署进行重大调整,撤销了原有的航空设备制造局、导弹与航天局、地面系统与信息技术局、研究与技术局等4个业务局,组建了跨军种的武器系统局、军事力量系统与前景局和试验鉴定中心局。此次改革调整,实现了武器项目管理、科研/论证与战略规划、直属科研试验机构等职能的集中化管理。

2004年,武器装备总署再次进行改革,调整后的武器装备总署由武器系统局、技术专家局、研究局、航空装备维护服务局、合作与工业事务局、质量监督局、国际发展局、计划预算局和人事局组成。2005年5月,武器装备总署负责的军事装备需求决策改由国防部国防参谋长负责,其负责上游研究(包括基础研究、应用研究和演示验证三部分)、军事装备开发、技术能力及工业政策。2006年,法国《财政立法框架法》在国防部实施,武器装备总署增加了管理上游研究和装备项目的预算和财务职能,并负责成本控制。

2009年10月,为适应法国政府进行的国防政策改革、削减国防开支,及扩大武器出口的需要,国防部在《国防现代化改革计划》指导下,对武器装备总署进行第三次机构职能调整,在更改部门局名称以及合并相关局的基础上,主要职能被调整为三项:一是武器装备采办;二是武器装备研发;三是武器出口。

2000年,在舰艇建造局(DCN)脱离武器装备总署管理后,国防部再次将航空维修局(SMA)剥离出去;2010年,又将从事武器系统遭受核和常规武器攻击脆弱性鉴定的格兰曼特中心移交给国家原子能委员会。至此,武器装备总署经过50多年的发展,历经多次改革,已经成为集装备采购与项目管理、国防科研、国防工业事务、国际合作(包括出口)等于一体的综合性管理机构,其组织机构如图4-15所示。

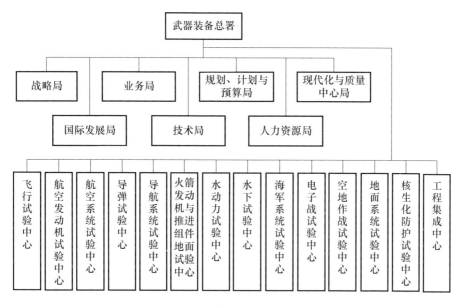

图4-15　法军武器装备总署试验鉴定组织机构

武器装备总署拥有覆盖陆、海、空三军和电子装备试验需要的设施与能力。在国防科研生产任务中,除了试验鉴定和飞机及其动力装置的维修外,其他均由军工企业负责承担,武器装备总署负责对其进行战略性控制。法国军用航天器和核武器战斗部、核动力装置的研制工作,在武器装备总署的统一规划下,由国家航天研究中心和原子能委员会负责实施,并参与领导和管理工作。

武器装备总署的职责主要包括:一作为"项目经理",负责管理军队装备采办项目;二负责未来武器系统的准备、研究方向、工业政策、欧盟范围内的研发合作;三负责促进武器出口。武器装备总署包括下设战略局,国际发展局,业务局,技术局,规划、计划与预算局,人力资源局,现代化与质量中心局等7个业务局和直属下辖的14个试验中心。其中,技术局和各试验中心是具体负责管理和实施与武器装备研发及其活动密切相关的试验鉴定机构。

(1)技术局。

技术局合并了原技术能力局、试验鉴定局,集中了原来分散在各个局中的研究中心、技术中心和试验中心,统一使用和管理武器装备总署内的系统研究、鉴定、评估和试验手段,以最好的技术和经济效能满足用户的需求。该局全面负责陆、海、空三军武器装备的试验鉴定活动,主要职能是组织实施涉及国防与国家安全项目的技术活动;发展武器装备总署的技术能力、试验鉴定能力;开展欧洲范围内的技术合作;确保对武器装备上游研究项目计划所涉及技术的领导力;负责管理武器装备总署直属的14试验中心的业务工作。

当武器装备预研任务的技术达到规定要求后,技术局负责组织相关试验与评价,对武器装备是否满足军方提出的战术、技术指标要求进行试验验证,给出符合性评价结论,为型号项目的定型提供依据。

(2)试验中心。

武器装备总署下辖14个试验中心,是法军武器装备的核心试验鉴定资源,其试验技术能力涵盖飞行试验、航空动力试验、导弹试验、导航系统试验、火箭发动机与推进试验、水动力试验、地面系统试验、水下试验、空地作战试验、电子战试验、核生化防护试验等。这些试验中心拥有8000人左右的试验鉴定人员队伍,每年获技术投资约1.65亿欧元,年度收入7.46亿欧元。

试验中心的主要任务包括:对武器装备进行试验鉴定,提供符合性验证结论;为军工企业的新技术、新武器装备研发所需科研试验提供服务;开展国际合作,为欧盟各国提供武器装备试验鉴定服务,为推动本国武器装备出口提供演示验证服务。

2. 武器装备总署监管的科研机构及其试验鉴定设施

武器装备总署负责监管法国知名科研机构——国家航空航天研究院所拥有的试验鉴定设施。即法国国家航空航天研究院的8个研究试验基地:沙蒂永中心、沙莱-默东中心、帕莱索中心、图卢兹研究中心、福加-莫扎克中心、莫达纳-阿佛里厄中心、普罗旺斯萨隆中心和里尔中心,以及国家航空航天研究院主要的试验鉴定设施风洞,包括亚声速、跨声速、超声速和高超声速风洞,测试对象包括军用飞机、商务机、发射器、导弹等。

3. 武器装备总署监管的政府其他部门试验鉴定机构和设施

武器装备总署还负责监管法国政府其他部门,如原子能委员会和国家太空研究中心所拥有的部分试验鉴定机构和设施。原子能委员会的试验设施主要分布在原子能委员会军事应用局下属的5个研究中心,以及原子能委员会核能局和技术局下属的科研机构中。其中,军事应用局主要从事核基础科学、核材料、核武器等研究,其5个研究中心分别是格兰曼特中心、法兰西岛研究中心、塞斯塔研究中心、瓦尔杜克核研究中心和里波研究中心。国家航天研究中心的试验鉴定设施主要分布在图卢兹航天中心、圭亚那航天中心和埃佛里航天中心三个研究机构。图卢兹航天中心拥有伽利略卫星导航系统、自动转移飞行器、柯罗天文探测器等设施;圭亚那航天中心拥有火箭助推器试验台、监测平台等试验设施。

(三)德军装备试验鉴定组织机构

德军装备试验鉴定的机构主要有国防部装备、信息技术与使用保障部,及其领导下的国防技术与采办总署、各军种保障司令部和国防部试验中心。

1. 国防部装备、信息技术与使用保障部

国防部装备、信息技术与使用保障部是德军装备试验鉴定的最高管理机构,负责武器装备的工程试验、技术试验、部队试验以及后勤试验。其中,工程试验和技术试验属于研制试验鉴定范畴,主要由国防部装备、信息技术与使用保障部负责管理,部队试验和后勤试验属于作战试验鉴定范畴,主要由各军种组织实施。

国防部装备、信息技术与使用保障部的主要职责是:制定装备采办管理政策与规划计划;组建项目管理机构并开展型号研制工作;协调和检查计划的执行情况;组织武器装备试验鉴定,为武器装备采办提供支持;进行质量保障和质量检验;负责武器装备的重大维修和改进、改装工作,管理国防部试验中心等。

2. 国防技术与采办总署

国防技术与采办总署是国防科技与武器装备采办工作的统一实施机构和具体管理机构。它的任务是制定单项武器装备的总体生产及阶段实施计划;选定承包商;与承包商签定研制、生产合同并监督承包商的工作;协调和检查计划的执行;负责开展武器装备试验鉴定;负责武器装备研制过程中的质量保障和检验工作;负责武器装备的改进和改装;负责预研工作的具体管理;代表总装备部沟通军方与科研单位及厂商的关系;管理与监督下属机构的业务工作。

3. 各军种保障司令部

在国防部装备、信息技术与使用保障部的研制试验鉴定完成后,主要由各军种下属的保障司令部负责开展装备的作战试验鉴定工作,但各军种行使试验鉴定职能的组织机构有所差别。例如,海军保障司令部设有单独的试验司令部,具体负责计划和实施舰队使用前的作战试验。陆军保障司令部和空军保障司令部为每一类装备成立一个"试验小组",吸收装备采办和作战部队的人员共同参与,开展作战试验鉴定(部队试验和后勤试验),相关试验完成后,试验小组也随之解散。

4. 国防部试验中心

德国国防部拥有飞机与航空装备技术中心、武器与弹药技术中心等6个按专业分工建设的试验中心,具体承担坦克、飞机、舰船、单兵装备等武器装备的试验任务。

三、俄军装备试验鉴定组织机构

近年来,俄罗斯政府对装备试验鉴定工作越来越重视,通过机构改革和相关经费大幅增加等多项措施,使得装备试验鉴定能力整体上发展较快。俄军武器装备试验鉴定主要包括工厂试验(即设计试验)和国家试验,其中工厂试验相当于美军的研制试验鉴定,国家试验相当于美军的作战试验鉴定,且两者均具有较为独立的管理体系。

俄罗斯联邦政府负责工厂试验。其中,航空、舰船、电子、兵器领域由工业与贸易部负责,航天与核领域由企业代政府实施管理。

俄罗斯工业与贸易部下设的航空工业司、船舶工业司、无线电电子工业司、常规武器工业司、弹药与特种化学工业司分别在航空武器装备、舰艇与海军武器装备、军事电子装备、地面武器装备与弹药领域代表政府施行试验鉴定的管理职能,具体工作是参与论证相关领域的武器装备和军事技术发展的基本方向,参与制定武器的研制和试验程序,并会同国防部选定武器装备的研制和生产企业,协调企业组织研制、试验、生产、鉴定、改进和销毁武器装备等工作。

俄罗斯国家航天集团公司于2016年初由联邦航天局与联合火箭-航天集团合并而成,主要负责航天、弹道导弹领域的工厂试验,具体工作为参与相关政策制定、项目管理,同时对航天工业部门具体开展的军用太空技术、战略导弹、运载火箭的相关工厂试验以及拜科努尔发射场等靶场进行管理。

俄罗斯国家原子能集团公司主要负责核武器领域的工厂试验,统一管理俄罗斯从事核武器研制生产的所有企业机构以及全部核设施和资产。此外,教育与科学部下属的俄罗斯科学院和高校也参与武器装备相关项目的基础研究和研制试验活动。

俄罗斯国防部负责国家试验,除了提出武器装备试验鉴定的总体规划与具体要求之外,主要由负责武器装备建设与发展的副部长兼管国家试验,具体工作由武器装备局组织实施。武器装备局直接负责武器装备的国家试验以及试验靶场的管理,并参与编制和实施研制、试验、生产、鉴定与交付武器装备的军事合作计划与项目。技术监督局主要负责武器装备、军事专业技术和军工产品执行技术要求的检查监察任务。

四、日本自卫队装备试验鉴定组织机构

隶属于日本防卫省的防卫装备厅集中负责日本自卫队武器装备的研制试验鉴定工作。日本陆上、海上和航空自卫队是装备的用户部门,主要负责装备的作战试验鉴定工作。

日本防卫装备厅正式成立于2015年10月1日。新成立的防卫装备厅整合了原防卫省技术研究本部、装备设施本部、经理装备局的装备组、各幕僚监部的装备采购部门,以及陆海空三个自卫队的装备主管机构等部门。防卫装备厅是日本武器装备的主管部门,对军用系统和装备的研究、发展、试验鉴定工作进行集中管理。此外,防卫装备厅还负责跟踪技术发展、推动技术创新。防卫装备厅最高领导为防卫装备厅长官,防卫技术监察官、装备官、长官官房审议官负责辅助其开展相关工作。防卫装备厅下设6个业务部、4个研究所、1个中心和3个试验场,其组织机构如图4-16所示。

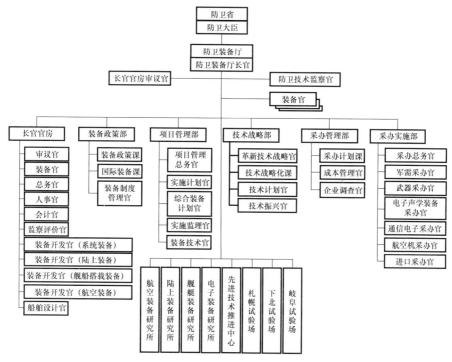

图4-16 日本防卫省防卫装备厅组织机构

其中,长官官房相当于办公厅,负责防卫装备厅的综合管理,并开展内部监督检查;装备政策部负责制定装备发展政策、国际合作、装备管理等方面的法规政策以及相关的管理制度;项目管理部主要负责重大装备项目的全寿命管理;技术战略部负责制定国防科技发展的战略规划;采办管理部负责制定装备采办的规划计划、成本价格,以及企业的调查与管理;采办实施部负责装备采办的具体实施。

防卫装备厅下辖的4个研究所和1个中心,分别是航空装备研究所,负责航空机、航空机用机器、制导武器等装备的论证、技术攻关与试验鉴定等;陆上装备研究所,负责火器弹药、车辆、设施器材、耐弹材料等装备的论证、技术攻关与试验鉴定等;舰艇装备研究所,负责船舶、船舶用机器、水中武器、声纳器材等装备的论证、技术攻关与试验鉴定等;电子装备研究所,负责情报技术、通信技术、雷达技术、光波技术、情报电子战技术的论证、技术攻关与试验鉴定等;先进技术推进中心,发挥着类似美国国防高级研究计划局的职能,负责发展军事高技术、拓展新研究领域,面向的是未来武器系统的研发。

此外,防卫装备厅还下辖3个试验场,分别是札幌试验场,进行飞机及制导武器的空气动力试验,也进行寒地、积雪地、泥泞地等特殊环境下的装备试验鉴定;下北试验场,进行各种火炮、弹药等的性能试验鉴定;岐阜试验场进行火箭的弹道性能和导弹飞行性能试验鉴定。

第三节　装备试验鉴定运行机制

运行机制是各种因素相互联系、相互作用,以保证各项工作的目标和任务得以真正实现。在装备试验鉴定工作中,行之有效、灵活高效的管理方法和逐步摸索实践、规范定型的组织制度,是保证装备试验鉴定工作有效运行的关键所在。本节结合美、英、法、德、俄、日等国家装备试验鉴定工作的开展情况,重点以美军为主,对保证装备试验鉴定工作良好运行的重要机制予以归纳总结。

一、权威顶层监管机制

各国在装备试验鉴定的法规建设、机构设置、职责履行和重点项目监管等方面都给予了权威的、强有力的顶层督导,保证了试验鉴定活动的顺利实施,促进了试验鉴定工作的有序进行。

(一)制定顶层法规,依法监管试验鉴定工作

基于对装备试验鉴定重要性认识的不断深入,美军高度重视从国家法律法规层面上规范装备试验鉴定工作,出台了一系列有助于装备试验鉴定发展的法律条款、法规和规章制度,建立了较为完善的装备试验鉴定法规体系,使装备试验鉴定工作真正做到了有法可依、有章可循。美国在国家层面有《美国法典》《年度国防授权法》和《年度国防拨款法》等法规文件,都包含关于装备试验鉴定的法律条款,可对装备试验鉴定实行较好的宏观调控,并监督重要装备试验鉴定计划的实施;在国防部层面有5000系列文件和相关指令指示,在各军种层面有落实国会和国防部法律法规相应的装备试验鉴定工作规章等,这些均对规范和指导国防部及军种的装备试验鉴定工作发挥了重要作用。

(二)明确监管职责,监督指导试验鉴定工作

通过明确各监管主体在装备试验鉴定工作中应当履行的职责,以及各监管主体的地位和作用,为其行使监督权提供了明确依据,避免了职责冲突,也避免了监督工作出现空档。美军建立了从国防部到各军种的监督指导力量,各级分工明确、各司其职。负责样机与试验的助理国防部长帮办负责监督研制试验鉴定,作战试验鉴定局局长负责监督作战试验鉴定,确保了国防部对全军试验鉴定工作的顶层监管。而各军种监管部门作为军种试验鉴定的上层监管机构,通过监督监管、工作指导和业务协调,保证了试验鉴定工作的发展既能够遵循国防部总体要求,又能够满足本军种装备建设发展的实际需求。在英军装备试验鉴定监管中,作为国防部最高决策层的能力委员会设置了从事试验鉴定工作的"国防分析、试验与模拟委员会",其下设的"有效性工作组"负责监督试验鉴定机构的工作效率,以及一体化试验、鉴定与验收策略的实施,"项目委员会"负责监督项目是否违反制定的相关标准;而国防部管理层的国防装备与保障总署所属的武器系统群总管,作为项目的高级责任主管,主要是对试验鉴定活动进行监管。日本防卫装备厅作为统管日军装备研究、发展、试验鉴定工作的机构,其下设的长官官房负责包括系统装备、陆军装备、舰船搭载装备、航空装备等试验鉴定活动监督检查;法军武器装备总署作为法军装备试验鉴定工作的集中统管部门,负责监管国家航空航天研究院所拥有的试验鉴定设施,以及政府其他部门拥有的部分试验鉴定机构和设施。

(三)突出重大项目监管,服务支撑采办决策

美军通过重点关注、优先保障、优先处理等方式,对重大国防采办项目和重大自动化信息系统项目实施严格监管,使试验鉴定工作步入良性发展。对于每一项重大国防采办项目和重大自动化信息系统项目,项目主任都按规定要求任命一名首席研制试验官,来协调对项目所有研制试验鉴定活动的规划、管理和监督,并监督其他政府参与机构在该项目下的试验鉴定活动等工作。国防部研制试验鉴定办公室负责监管重大国防采办项目的研制试验鉴定工作,在项目重大里程碑决策点前,对项目状态和风险进行客观评估,为国防采办委员会和顶层一体化产品小组(OIPT)做出采办决策提供了技术支撑。国防部作战试验鉴定局负责监管重大国防采办项目、重大自动化信息系统项目、实弹射击采办项目的作战试验计划,并与负责研制试验鉴定的助理国防部长帮办联合批准上述项目的《试验鉴定主计划》和"试验鉴定策略",为国防采办系统提供高效服务。

二、试验资源统建共享机制

试验资源是保证装备进行充分试验鉴定的基础,试验资源的统建共享不仅进一步提升、完善、理顺了装备试验的管理层次,减少了试验资源的重复建设和空置率,节约了经费,提高了试验效率,还自上而下地规划了试验鉴定的综合基础设施能力,为靶场、数据现有能力的共享、重用和互操作提供了公共操作平台和信息基础设施,避免了试验资源建设各自为政、低水平重复和烟囱式发展的局面。

(一)试验靶场设施统建共享

美国国防部设立的试验资源管理中心,对靶场能力建设进行长远规划,对重点试验能力进行专项投资,对全军试验资源进行统一规划和监管。美军的24个重点靶场和60多个非重点靶场,由各军种和国防部业务局负责运行、管理和维护,所有靶场均属于国家资产,可供军种、政府机构、研究机构和承包商有偿使用。英军在"精明采办"指导下,采取"一体化试验、鉴定与验收"策略,由奎内蒂克公司对国防部18个核心靶场和试验设施提供统一管理、维护和操作,可为英国陆、海、空三军提供多种试验鉴定能力。法国武器装备总署所属的13个试验中心,由国家投资建设和维持,各军种不单独设立试验机构,试验中心的设置和能力建设由武器装备总署根据装备发展需要统一规划建设,试验能力可充分满足法军各军种和电子装备试验的需要。而且,法军这些试验中心除承担军方的试验任务外,还承担部门民用产品的试验,并将试验中心的职能作用发挥至最大化。

(二)试验数据共建共享

美军规定,研制试验鉴定部门、作战试验鉴定部门与承包商之间通过合同约定,军方有权使用承包商所有的试验记录、报告和数据。作战试验结束后,项目管理办公室负责建设与管理本项目的试验鉴定数据库,有权及时获取作战试验数据和报告,其内容涵盖与试验鉴定相关的所有记录、文档和数据(包括承包商的试验数据),并负责将这些数据共享给有关部门和机构。在跨军种试验任务安排中,所有试验数据和最终报告的副本,均须提交国防技术信息中心统一存储,国防技术信息中心则负责将这些试验数据根据规定共享给有关部门和机构,这样既避免了重复试验,节省了经费,又提高了试验效率和试验数据利用率,而且还为装备后续研发、改型提供了支持。

三、试验鉴定计划统筹规划机制

内容科学、要素齐全、规范管理试验鉴定全过程的试验鉴定计划,为装备试验鉴定工作提供了基本依据和指导,是外军加强装备试验鉴定管理工作的普遍做法。试验鉴定计划通过全面管理试验鉴定全过程所有活动,可有效保证试验鉴定的整体性、一致性和协调性,对于提高试验鉴定效率具有重要作用。

美军在装备试验鉴定管理过程中使用的《试验鉴定主计划》,是美军规划试验鉴定全过程所有活动的纲领性文件,反映的是试验鉴定全过程中的所有试验事件和活动,以及与采办项目有关的关键问题,包括所有试验阶段和试验事件的进度安排、试验准入和准出标准、资源需求等,对项目各阶段的试验鉴定任务、试验类型、试验数量、试验鉴定方法、试验资源筹措等都有明确规定。而且,《试验鉴定主计划》也会随着采办工作的推进不断更新,以有效统筹研制试验和作战试验。英军的"试验、鉴定与验收计划",先是确定试验鉴定的需求源,对保障、作战试验、校准、仿真与建模验证等进行早期规划,其次是为每个需求源确定大致的试验鉴定需求范围,包括各类试验事件、试验鉴定成本和进度、试验鉴定任务、试验鉴定活动优先安排等,最后按照该计划安排试验设施、实施试验鉴定活动并根据审查与验证需求矩阵中的验收结果对试验结果进行校对,管理国防研制过程并在计划中进行记录。整个"试验、鉴定与验收计划"过程内容详细、方案具体、设置合理,充分体现了对试验鉴定全过程的统筹规划能力。

四、一体化试验小组协调配合机制

一体化试验小组不仅是配合项目负责人实行项目管理的重要手段之一,同时也是简化决策程序、制定和维持一体化试验进度安排的一条重要途径。美军每个项目办公室通常都设有一个"试验鉴定工作层一体化产品小组"(T&E WIPT),小组成员汇聚各方的代表,主要包括系统工程、研制试验鉴定和作战试验鉴定人员,以及所有可能的认证机构的代表。试验鉴定工作层一体化产品小组在首席研制试验官领导下,经常就各阶段试验鉴定计划制定、资源组织和具体实施等各种重大问题进行交流、协调,以获得关于试验鉴定最佳方案的最新准确信息。借助这种方式,作战试验鉴定机构虽然相对独立,但仍能够掌握项目进展情况,适时开展作战试验鉴定。因此,试验鉴定工作层一体化产品小组的重要作用主要体现在能够有效保证在制定《试验鉴定主计划》和"试验鉴定策略"时充分考虑各方需求,而且便于协调解决可能出现的矛盾和问题。例如,在建议征求书初始草案编制前,采办项目的首席研制试验官组建的一体化产品小组,即试验规划/一体化工作组,则负责提出试验专业知识、仪器、设施、仿真和模型的使用,整合试验需求,加快"试验鉴定策略"及《试验鉴定主计划》的协调进程,解决试验费用和进度安排问题。电磁环境效应/频谱保障性工作层一体化产品小组,则是在授权范围内以协作的方式做决策,以帮助确保在研系统能够得到频谱方面的保障,并与自身及外部的电磁环境相兼容。

英军的国防装备与保障总署首席运营官下设的各武器系统群下辖的一体化项目小组,则是在试验、鉴定、服务与靶场一体化项目小组和高级责任主管的指导下具体开展试验鉴定工作。每个一体化项目小组都负责一个大型或几个小项目"从生到死"的管理,小组成员由核心成员(负责项目的专职人员)、协作成员(提供专业知识的兼职人员)和附属成员(首席科学顾问和国防部资源规划部门派出的技术审查人员和检查人员)三类人员组成。在具体试验鉴定工作中,通过项目小组成员之间的相互协作、评估与监督,以及在管理层试验、鉴定、服务与靶场一体化项目小组的指导下,与试验鉴定机构密切合作来完成试验鉴定任务。德军各军种保障司令部为每一类装备成立的"试验小组",吸收装备采办与作战部队的人员共同参与,具体开展部队试验和后勤试验。德军的"试验小组"与其他国家一体化产品小组的不同之处在于,该小组属临时机构,在试验完成后即刻解散。正是这种多种职能专业代表组成的一体化产品小组的协调运作,使得试验鉴定过程中的各类问题能够得以快速识别和解决。

五、作战试验鉴定独立运行机制

作战试验鉴定是考核装备能否遂行作战任务的根本手段,独立的作战试验鉴定部门,即可避免利益关联,又可有效保证作战试验鉴定的客观公正,真实反映装备作战能力,为装备发展决策提供权威支持。

美军作战试验鉴定管理体系及报告审批制度独立于装备采办、研制和使用部门。美国国防部作战试验鉴定局作为全军作战试验鉴定的顶层监管机构,在总体上统筹监管,不受装备采办系统部门领导,也不受作战部门领导,直接向国防部长汇报工作,有权就武器装备的作战效能和适用性向国会提交独立的分析与意见,并且提交的《逾越低速率初始生产报告》和《作战试验鉴定局局长年度报告》,可直接作为装备采办决策的权威依据,甚至可代表国防部直接向国会作证词。各军种相应设立的作战试验鉴定机构,如陆军的试验鉴定司令部、海军的作战试验鉴定部队、空军的作战试验鉴定中心和海军陆战队的作战试验鉴定处,同样独立于各军种的装备研制部门和装备使用部门,主要负责制定作战试验鉴定规划计划,组织开展作战试验鉴定,评估系统满足作战需求的程度,向各自作战部长报告作战试验鉴定结果。而且,军种的作战试验鉴定机构直接向军种参谋长(海军向作战部长)报告工作,并依据自己的标准,独立、客观地对装备的作战效能和作战适用性进行考核,确保了作战试验鉴定工作的客观性和公正性。法军作战试验鉴定工作纳入作战指挥体系的职能范围,由联合军种参谋部及各军种参谋部组织各军种作战部队开展作战试验鉴定。日本自卫队的作战试验鉴定则是纳入各自卫队管理实施。这种独立的监管与实施保障了作战试验鉴定结果的权威性,确保了作战试验鉴定职能的有效履行。

第五章 装备试验鉴定政策法规

装备试验鉴定政策法规是国家和军队装备法规制度的组成部分,是国家和军队对装备试验鉴定工作实施领导的重要手段,是装备试验鉴定工作顺利进行的基本保障,是规范装备试验鉴定活动的主要依据。它在正确行使试验鉴定职能,确保装备满足研制和使用要求,为装备全寿命、全系统管理提供决策依据方面发挥着不可替代的作用。长期以来,外军十分重视装备试验鉴定政策法规建设,从国家与军队层面、军兵种层面以及行业层面,制定了有关装备试验鉴定工作的法律法规、规章及相关的标准规范,并对有关试验鉴定政策法规进行适时修订,为其顺利开展装备试验鉴定工作提供了有效的政策法规保障,对于规范其试验鉴定活动发挥了至关重要的作用。

装备试验鉴定的政策法规,其制定机构和效力不同,内容和适用范围也有差异,从总体上看具有层次比较分明、内容上相互衔接的特点,可以分为装备试验鉴定法律法规、试验鉴定规章制度以及试验鉴定相关标准和规范。装备试验鉴定法律法规主要是指国家层面关于试验鉴定工作的有关立法,以及政府和军队层面关于装备试验鉴定的法规;试验鉴定规章制度主要是指军种总部及各级司令部和军种作战试验机构发布的试验鉴定文件;试验鉴定相关标准和规范主要是针对装备研发及试验鉴定工作制定的通用标准和行业规范。鉴于美国装备试验鉴定代表世界最为先进的水平,装备试验鉴定政策法规最为齐全,具有典型性和代表性,本章以美国为例论述外军装备试验鉴定政策法规,并阐述装备试验鉴定有关的标准及文档规范。

第一节 试验鉴定法律法规

装备试验鉴定法律法规主要包括两个层面的内容:一是国家层面关于试验鉴定工作的有关法律及其主要试验鉴定条款,以及政府关于装备试验鉴定的法规;二是军队层面关于试验鉴定的法规,主要是国防部及其有关业务机构关于规范指导全军试验鉴定工作的指令、指示、指南、备忘录等文件。

一、国家层面试验鉴定的法律

国家以法律形式发布的有关试验鉴定的规定,如试验鉴定的类型、管理机构及在装备建设中的地位作用,具有最高的法律效力。美国在装备试验鉴定方面的法律法规建设走在世界各国的前列,建立了相对独立、完善的装备试验鉴定法规体系,对于指导、规范其装备试验鉴定工作发挥了至关重要的作用。早在20世纪70年代,基于对装备试验鉴定重要性认识的逐步深化,美国国会及政府就十分重视从国家法律层次上规范重大的装备试验鉴定活动,并紧紧围绕装备试验鉴定相关的社会和军事问题,出台了指导和规范装备试验鉴定工作的法律条款和法规。

在美国的立法体制中,国会是最高立法机构,具有最高的立法权,通过的立法具有最高的法律效力;联邦政府及其有关部局负责行政立法工作,其行政法规在相关领域具有重要的法律效力。美国国会按照法定程序制定的有关装备试验鉴定工作方面的法律或法律条款,属于法律意义上的法律层次,是美军开展装备试验鉴定工作的法律依据,是美军制定装备试验鉴定法规的基础。它在装备试验鉴定法规体系中处于具有最高法律效力的层次。美国联邦政府及其有关部局制定的有关装备试验鉴定方面的规范性文件,属于法律意义上的法规层次,它在装备试验鉴定法规体系中处于中间层,是美军开展武器装备试验鉴定工作的基本依据。

(一)国会装备试验鉴定的法律条款

美国国会是美国最高立法机构,也是装备试验鉴定方面的最高立法机构。它主要通过立法活动,制定有关装备试验鉴定的法律和大政方针,对装备试验鉴定实行宏观控制,并监督重要装备试验鉴定计划的实施。美国国会与装备试验鉴定工作直接相关的机构主要有参议院和众议院军事委员会、预算委员会、拨款委员会、国会预算局和政府问责局。

美国国会关于装备试验鉴定的有关法律条款主要分为两类:一是由国会按照立法程序,为规范装备试验鉴定方面的重大问题,制定的专门的装备试验鉴定法律条款;二是其他法律包含装备试验鉴定方面的内容。目前,美国国会有关装备试验鉴定方面的法律和有关装备试验鉴定工作的规范,多分散在众多不同的法律之中。总体上,美国国会关于装备试验鉴定的有关法律条款主要集中在《美国法典》(U.S.C.)第10编"武装力量及其附则",以及《年度国防授权法》(NADD)与《年度国防拨款法》中。

在《美国法典》第10编"武装力量及其附则"中,很多条款涉及装备试验鉴定问题。这些条款从国家法律的层面上规定了重要试验鉴定类别的地位、作用、范围和法定要求,规定了国防部重要试验鉴定人员的职责、地位、作用和法定要求。比如,《美国法典》第10编"武装力量及其附则"第4章第138节规定了作战试验鉴定局局长的职责、地位、作用及要求,国会要求1983年在国防部长办公厅(OSD)建立独立的作战试验鉴定局局长(DOT&E)办公室,对Ⅰ类重大采办项目和指定的监管项目,作战试验鉴定局局长应对初始作战试验鉴定(IOT&E)的充分性进行评估,提交作战效能和适用性报告;作战试验鉴定局局长向国防部长(SecDef)和国会武装部队委员会、国家安全委员会和拨款委员会提交年度作战试验报告,对所有作战试验鉴定(OT&E)及其有关问题、活动和评估做出说明和资源汇总。《美国法典》第10编第4章第139节规定,研制试验鉴定助理国防部长帮办(DASD(DT&E))是国防部长和负责采办、技术与后勤的副国防部长(USD(AT&L))有关国防部研制试验鉴定事务的主要顾问。第139节还将初始作战试验鉴定定义为:武器、装备或弹药的任何项目或关键部件在真实作战条件下进行的野外试验,目的是确定这些武器、装备或弹药由典型的军事用户在作战中使用时的效能与适用性,并对试验结果进行鉴定。《美国法典》对承包商介入初始作战试验鉴定进行了规定,要求只有在战术和条令要求承包商在作战期间对该项目进行保障或操作时才准许承包商介入初始作战试验鉴定。第139节第2362条规定了对轮式或履带式装甲车辆试验的要求;第2366条规定了重大系统和弹药计划生存能力与杀伤力试验及作战试验的要求。

美国国会每年都要通过《年度国防授权法》和《年度国防拨款法》,作为该财年国防部研究、发展、试验鉴定的法律依据。《年度国防授权法》是国会控制国防采办过程的主要工具,其中也包括一些关于装备试验鉴定方面的条款,就武器装备试验鉴定工作有关的重要问题作出规定。例如,《1973财年国防拨款法》规定,自1973财年开始,申请武器装备采购费用必须呈报所购武器装备的作战试验鉴定结果;《1987财年国防拨款法》要求武器系统在生产阶段开始前要进行实弹射击试验;《1994财年国防授权法》包含了有关机载电子战与C^3对抗系统试验鉴定方面的有关要求;《2003财年国防授权法》要求国防部制定并颁布关于成立新的"试验资源管理中心"的指令,规定该中心主任直接向负责采办、技术与后勤的副国防部长报告工作,负责统管国防部的试验资源规划和建设工作;《2008财年国防授权法》要求美国部国防高级研究计划局(DARPA)组建国家网络靶场(NCR)。

美国国会要求国防部提供有关试验鉴定情况的报告,主要包括《逾越低速率初始生产(BLRIP)报告》《作战试验鉴定局局长年度报告》《研制试验鉴定年度报告》。《逾越低速率初始生产报告》主要评价军种初始作战试验鉴定的充分性,评价初始作战试验鉴定结果能否确认被试项目或部件用于作战的有效性、适用性。《作战试验鉴定局局长年度报告》是对上一财年所有作战试验鉴定及相关问题、倡议、关注领域、活动及评估的描述和资源概要。《研制试验鉴定年度报告》报告国防部重大国防采办项目(MDAP)、重大自动化信息系统(MAIS)和特别关注项目的重要研制试验鉴定活动,是对指定由国防部长办公厅进行试验鉴定监督的武器系统的研制进展情况的年度评估。

(二)联邦政府装备试验鉴定的法规

美国联邦政府及其有关部局制定的有关装备试验鉴定方面的规范性文件,属于法律意义上的法规层次,它在装备试验鉴定法规体系中处于中间层,是美军开展装备试验鉴定工作的基本依据,是美军关于装备试验鉴定工作的基本政策和程序,对上贯彻国会相关法律的要求,对下指导军种试验鉴定配套规章的制定和执行。在这一层次的法规中,美国国防部关于装备采办(包含支持采办的试验鉴定内容)及试验鉴定方面的指令、指示和条例,构成了这类法规的主体,它们规范了在装备采办过程中试验鉴定的指导思想、政策原则和实施指南,是国防部开展试验鉴定工作的重要依据。

在联邦政府中,虽然负责主管装备试验鉴定工作的主要是国防部,但在核武器和军用航天系统的试验鉴定方面,国防部要与能源部(DoE)和国家航空航天局(NASA)合作、协调和密切配合。美国联邦政府及其有关部局依法颁布的行政命令、指令、条例,联邦政府有关部局联合颁布的条例,以及联邦政府有关部局单独颁布的指令、条例或指示,有些涉及装备试验鉴定。比如,《第219号国家安全决定指令》《联邦采办条例》和A109号通知《重要系统采办》等联邦政府行政法规,其内容均与装备试验鉴定密切相关。

二、军队层面试验鉴定法规

军队层面的装备试验鉴定法规是指国防部及相关业务局长层面发布的装备采办及试验鉴定方面的指令、指示和条例。这些指令、指示和条例构成了装备试验鉴定法规的主体,规范了在装备采办过程中试验鉴定的指导思想、政策原则和实施指南,是国防部开展试验鉴定工作的重要依据。这些政策法规是指导和规范全军开展关于装备试验鉴定工作的基本政策和程序,对上贯彻国会相关法律条款的要求,对下指导军种试验鉴定配套规章的制定和执行。美国国防部及其有关业务局同试验鉴定有关的法规,可以分为国防部的装备采办指令指示、试验鉴定指令指示和有关条例,以及国防部有关业务局发布的指导全军试验鉴定工作的有关文件。

(一)国防部采办系列指令指示

美国国防部5000系列文件规定武器装备系统的采办政策与程序。国防部指令(DoDD)5000.01《国防采办系统》自1971年颁布施行以来,已经经过多次修订,是国防部根据国家法律法规制定的基本政策文件,用来规范和指导国防部各部门在其各自职责范围内的行为。国防部指示(DoDI)5000.02《国防采办系统的运行》,从1977年开始发布,是贯彻落实国防部指令5000.01中各项政策和原则的详细办法,强调了采办项目全寿命管理及其阶段审查程序。国防部指令5000.03《试验鉴定》是为全军规定有关重要武器系统试验鉴定工作必须遵循的总体指导方针和各项政策,是美军武器装备试验鉴定的最为重要的一个基本法规。其第一版于1973年1月19日颁布,其后经过多次修订,虽然在1991年被取消,但其基本内容开始纳入1991年修订的国防部指示5000.02以及2003年修订的最新版本中。

1. 国防部指令5000.01《国防采办系统》

该指令规定了美军所有武器装备采办项目必须遵循的政策方针和管理原则,重点阐述了军事需求产生系统、规划-计划-预算-执行系统和采办项目管理系统这三大决策支持系统之间的相互关系与合理衔接问题,同时也对试验鉴定进行了原则性的政策规定。比如,美国国防部负责采办、技术与后勤的副国防部长于2003年5月12日颁布的国防部指令5000.01,阐述了管理所有采办项目的基本原则和必须遵循的政策。其中,关于试验鉴定方面的主要内容包括:一是要建立独立的作战试验局。各军种部都应建立直接向军种部长报告工作的独立的作战试验局,负责规划和进行作战试验,报告试验结果,并对作战效能和适用性提出鉴定意见。二是要开展一体化试验鉴定。应将试验鉴定贯穿于整个国防采办过程;组织试验鉴定应能向决策人员提供必要的信息,评估是否达到既定的技术性能参数,并根据既定用途确定系统作战是否有效、适用、具有生存能力和安全;要结合建模与仿真进行试验鉴定,评估技术的成熟性和互操作性,加快武器系统与部队相结合,确定性能是否达到文件规定的能力要求和能否对付系统威胁评估中所说明的敌方能力。

2. 国防部指示5000.02《国防采办系统的运行》

该指示是贯彻落实国防部指令5000.01中各项政策和原则的详细办法,强调了采办项目全寿命管理及其阶段审定程序,其中涉及试验鉴定问题。最新版本是负责采办、技术与后勤的国防部副部长于2015年1月7日颁布的,其中的附件4和附件5分别是《研制试验鉴定》和《实弹射击与作战试验鉴定》,对试验鉴定的管理、规划和实施进行了更加详细的规范。

关于国防采办项目的试验鉴定管理,该指示要求:针对重大国防采办项目,在做出装备研发决策后,项目主任(PM)应尽快成立一体化试验小组(ITT)(由系统工程、研制试验(DT)、作战试验(OT)、实弹射击试验(LFT)、用户、情报、认证等相关方授权代表组成);由一体化试验小组负责制定《试验鉴定主计划》(TEMP),确定并跟踪所有阶段的试验鉴定事件。该指示规定,《试验鉴定主计划》是装备论证阶段以后所有试验鉴定活动的主要规划和管理工具,主要内容包括所有试验阶段和试验事件的进度安排、完整的资源估算和规划,并根据需要不断更新。该指示规定,所有项目的项目主任和试验机构应将试验事件的所有报告、支持数据和元数据提交国防技术信息中心(DTIC);各军种应为每类重大装备制定通用数据集,采集其在作战行动中的受损数据;国防部各部局可依据权限获取试验鉴定相关数据。

关于研制试验鉴定(DT&E),该指示明确规定:在管理方面,项目办公室成立后,项目主任应尽快任命一名首席研制试验官,确定一个政府试验机构作为牵头研制试验鉴定机构;首席研制试验官负责协调项目所有研制试验鉴定活动的规划、管理和监督;牵头研制试验鉴定机构提供有关试验鉴定的专业技术知识,在首席研制试验官的指导下开展研制试验鉴定工作并协助监督承包商的活动。在规划方面,对于重大国防采办项目,负责研制试验鉴定的助理国防部长帮办负责审批《试验鉴定主计划》中的研制试验鉴定部分。在实施方面,项目主任和一体化试验小组应针对《试验鉴定主计划》中确定的每一个研制试验事件制定详细的试验计划,并对这些试验事件进行试验准备审查。对于重大项目,负责研制试验鉴定的助理国防部长帮办应在采办决策点向决策者提供评估结果,说明试验结果的影响以及风险。

关于实弹射击试验鉴定(LFT&E)和作战试验鉴定,该指示规定:在管理方面,对于作战试验鉴定局监督的项目,其作战试验鉴定计划及实弹射击试验鉴定计划均应得到作战试验鉴定局的批准;项目的牵头作战试验机构负责作战试验计划(OTP)的制定以及作战试验的组织实施。在规划方面,牵头作战试验机构应组织开展早期作战评估(EOA)、作战评估(OA)并报告评估结果;在批量生产或全面部署之前,牵头作战试验机构应进行独立、专门、客观的初始作战试验鉴定,检验系统的作战效能和作战适用性。在实施方面,经批准的作战试验鉴定计划或实弹射击试验鉴定计划中的所有要素最终必须在试验结束时完全实现,否则视为该作战试验鉴定或实弹射击试验鉴定计划未完成。项目利益攸关方可以按权限访问所有的记录、报告和数据。该指示还针对实弹射击试验鉴定规定,凡是作战试验鉴定局指定的有防护的项目,包括快速采办项目、作战急需项目以及生存能力改进项目,都要开展实弹射击试验鉴定,并提交正式的鉴定报告;作战试验鉴定局负责确定其监督项目实弹射击试验鉴定所需的试验件采购数量。

此外,该指示针对软件和网络安全作战试验鉴定进行了明确规范,强调指出:软件作战试验鉴定的试验环境应当可重现软件在使用环境中发现的软件缺陷;作战试验机构应对所有系统中的软件进行脆弱性评估;项目主任应协助用户制定可试验的网络安全和互操作性措施;项目主任和作战试验机构应定期进行网络安全风险评估。

(二)国防部有关试验鉴定的指令指示

美国国防部关于试验鉴定的指令指示主要对国防试验鉴定机构及其负责人、重点靶场与试验设施及其管理以及财务管理等进行了规范和明确。表5-1列出了美国国防部关于试验鉴定的主要指令指示。

表5-1 美国国防部试验鉴定指令指示

名称	类别	主要内容
5141.2《作战试验鉴定局局长》	指令	具体明确了作战试验鉴定局局长的职责,规定了作战试验鉴定局局长与军种的相互关系
5134.17《研制试验鉴定助理国防部长帮办》	指令	明确负责研制试验鉴定的助理国防部长帮办是国防部内所有研制试验鉴定政策、惯例、规程和采办队伍等相关问题的负责人,具体规定了负责研制试验鉴定的助理国防部长帮办的主要职责
3200.11《重点靶场与试验设施基地》	指令	规范了美国国防部重点靶场与试验设施基地的建设、管理和使用方面的要求
3200.18《重点靶场与试验设施基地的管理与运营》	指示	为美军的重点靶场与试验设施基地建设、管理和运营提供了政策指南,主要包括目的、适用性、定义、政策、职责、规程、信息要求等内容
5105.71《试验资源管理委员会》	指令	规定了国防部试验资源管理委员会的主要职责
7000.14《财务管理条例》	条例	第12章是"重点靶场与试验设施"方面的财务管理规定

1. 国防部指令5141.2《作战试验鉴定局局长》

作战试验鉴定局是根据国会1983年的一项指令成立的,之后国防部于1984年4月2日颁布了国防部指令5141.2《作战试验鉴定局局长》,并于2000年5月25日颁布了其修订版。该指令具体明确了作战试验鉴定局局长的职责,规定了作战试验鉴定局局长与军种的相互关系。

2. 国防部指令5134.17《研制试验鉴定助理国防部长帮办》

美国国防部于2011年10月25日颁布研制试验鉴定助理国防部长帮办指令。该指令明确负责研制试验鉴定的助理国防部长帮办是国防部内所有研制试验鉴定政策、惯例、规程和采办队伍等相关问题的负责人,具体规定了负责研制试验鉴定的助理国防部长帮办的主要职责。

3. 国防部指令3200.11《重点靶场与试验设施基地》

美国国防部指令3200.11《重点靶场与试验设施基地》规范了美国国防部重点靶场与试验设施的建设、管理和使用方面的要求,其首版于1970年7月25日发布,当时只是设立6个国家靶场;1974年6月18日第二版设立了8个靶场和18个试验设施;最新版本是2002年5月1日颁布的第五版,设立了24个重点靶场与试验设施。

4. 国防部指示3200.18《重点靶场与试验设施基地的管理与运营》

该指示为美军的重点靶场与试验设施基地建设、管理和运营提供了政策指南,主要包括目的、适用性、定义、政策、职责、规程、信息要求等内容。

5. 国防部指令5105.71《试验资源管理委员会》

国防部指令5105.71《试验资源管理委员会》,其法律依据是2003财年国防授权法。

6. 国防部7000.14《财务管理条例》

国防部发布的7000.14《财务管理条例》,其第12章就是"重点靶场与试验设施基地"方面的财务管理规定。

(三)国防部业务局有关试验鉴定的文件

美国国防部有关业务局也会根据需要适时发布相关文件,指导全军试验鉴定的有关工作。

1. 作战试验鉴定局局长《试验鉴定主计划指南》

该指南由作战试验鉴定局局长负责更新发布,对《试验鉴定主计划》的主要内容、格式规范和编制要求进行具体规范,旨在指导美军《试验鉴定主计划》的准备工作。《试验鉴定主计划指南》主要包括四个部分:一是引言,主要描述《试验鉴定主计划》制定的目的,支持的里程碑决策,系统装备后的任务环境,系统研发背景、关键接口、关键能力、威胁评估;二是试验计划管理与进度,主要描述关键人员和组织的职能任务,试验鉴定的组织结构体系,采集、验证、评估和分享数据的方法,系统研发和作战试验中发现的系统缺陷,以及一体化试验进度安排;三是试验鉴定策略(TES)与执行,主要描述试验鉴定策略、研制鉴定方法、研制试验方法、作战鉴定方法、实弹射击鉴定方法等内容;四是资源概述,主要描述试验件、试验场所、试验靶标、联合作战环境等资源需求,以及人员训练、经费需求。

2. 作战试验鉴定局《网络安全作战试验鉴定规程》备忘录

2014年8月,作战试验鉴定局局长发布《采办项目网络安全作战试验鉴定规程》备忘录,强调应开展两个阶段的网络安全作战试验:一是脆弱性评估阶段,主要是以合作方式对网络系统的脆弱性进行识别;二是对抗性评估阶段,在具有威胁代表性的作战环境下对网络脆弱性和任务效能进行评估。为了进一步规范网络安全作战试验鉴定工作,2016年7月,作战试验鉴定局局长向美军所有作战试验鉴定机构发布《网络安全作战试验鉴定重点与改进》备忘录,旨在指导各作战试验鉴定机构加强关键领域的网络安全试验手段与技术开发工作,进一步满足应对潜在威胁持续变化的需要。

3. 作战试验鉴定局《作战试验与实弹射击评估所用建模与仿真的验证指导》备忘录

2016年3月14日,作战试验鉴定局局长签发《作战试验与实弹射击评估所用建模仿真的验证指导》备忘录。备忘录指出,建模与仿真(M&S)在作战试验中已经并将继续发挥重要作用,建模仿真采集的数据应该与作战试验或实弹射击试验采集的数据一样可信,应在《试验鉴定主计划》和《试验计划》中详细阐述建模与仿真的验证与确认工作。

4. 负责研制试验鉴定的助理国防部长帮办《网络安全研制试验鉴定指南》

2013年,美国国防部负责研制试验鉴定的助理国防部长帮办正式发布《网络安全研制试验鉴定指南》,规范了重大国防采办项目的试验数据收集过程,进一步完善了网络安全研制试验鉴定程序,为首席研制试验官和试验鉴定机构进行网络安全研制试验规划和评估提供依据和参考。

第二节 试验鉴定规章制度

试验鉴定规章制度主要是指军种总部层面关于试验鉴定工作的有关规定,

同时也包括军种各级司令部和军种作战试验机构根据授权和需要适时发布的指令、指示、手册、指南、备忘录等文件,属于法律意义上的规章范畴。军种下属的各级司令部和军种作战试验机构也会根据授权和需要,适时发布相应的指令、指示、手册、指南、备忘录等文件,规范相应机构的试验鉴定工作。本节以美军为例论述军种总部以及军种下属司令部和军种作战试验机构关于试验鉴定工作的有关文件及其重要文件的主要内容和作用。

一、美国军种总部有关试验鉴定规章

军种总部层面试验鉴定规章主要包括军种总部关于各自军种的采办政策,以及规范和指导其试验鉴定工作的指导手册、指南、备忘录等文件,其内容主要涉及试验鉴定机构职能、试验设施管理使用、试验鉴定实施等内容。这类文件规范内容最为具体,详细规定了各军种的试验鉴定政策、试验鉴定管理和具体试验鉴定类别的实施程序,是各军种贯彻落实国防部关于装备试验鉴定方面的指令、指示和条例的具体体现,是各军种及所属部门监督、管理并具体实施装备试验鉴定工作的主要依据。

(一)美国陆军总部试验鉴定规章

美国陆军条例(AR)分为100多个系列,与试验鉴定工作有关的规章,主要体现在陆军条例70研究发展与采办系列及陆军条例73试验鉴定系列中。

陆军条例70系列有关装备试验鉴定的主要有:陆军条例70-1《陆军采办政策》、陆军条例70-6《研究、发展、试验鉴定拨款管理》、陆军条例70-10《装备研制与采办期间的试验鉴定》、陆军条例70-38《极端气候下的装备研究、发展、试验鉴定》、陆军条例70-43《空间试验计划管理》、陆军条例70-69《重点靶场与试验设施基地》。

陆军条例70-1《陆军采办政策》规定了陆军采办的基本政策,其中也涉及到陆军武器装备试验鉴定方面的基本政策规定;陆军条例70-6《研究、发展、试验鉴定拨款管理》就陆军研究、发展、试验鉴定工作中的拨款问题进行了规定;陆军条例70-10《装备研制与采办期间的试验鉴定》就陆军装备研制与采办期间的试验鉴定问题进行了规定;陆军条例70-38《极端气候下的装备研究、发展、试验鉴定》对极端气候下的装备研究、发展、试验鉴定问题做出了规定;陆军条例70-43《空间试验计划管理》就陆军空间试验计划管理方面进行了规范;陆军条例70-69《重点靶场与试验设施基地》就陆军负责管理的国防部重点靶场与试验设施基地的管理进行了规范。

美国陆军试验鉴定系列的条例主要是陆军条例 73-1《试验鉴定政策》,它是陆军在试验鉴定方面最为重要的政策指导文件,规定了系统采办过程中试验鉴定活动执行的政策和职责,适用于所有在陆军条例 70-1《陆军采办政策》和《国防采办指南》(DAG)指导下开发、发展、采购和管理的系统(即装备和指挥控制通信计算机情报与信息技术(C^4I/IT)系统),适用于陆军参与的联合试验鉴定(JT&E)和多军种作战试验鉴定(MOT&E)的情况。该条例共有 76 页,分为 11 章,主要章节和内容见表 5-2。

表 5-2 陆军条例 73-1《试验鉴定政策》主要章节和内容

章节名称	主要内容
第一章 引言	概述了目的、参考文件、缩略语和术语解释、试验鉴定管理与规划概述
第二章 职责	分为四节,第一节是陆军部各机构在试验鉴定方面的职责,第二节是陆军各司令部在试验鉴定方面的职责,第三节是陆军试验鉴定司令部(ATEC)和陆军鉴定中心(AEC)在试验鉴定方面的职责,第四节是作战开发机构、装备研制机构、计划执行官(PEO)、研制试验机构、作战试验机构、系统评估机构、条令开发机构、后勤机构以及训练开发机构和训练机构在试验鉴定方面的职责
第三章 支持系统采办和开发的试验鉴定	概述试验鉴定与寿命周期模型的关系,以及支持采办各阶段活动的试验鉴定
第四章 研制试验	包括研制试验的类型、全速率生产前的试验和全速率生产后的试验
第五章 作战试验	包括作战试验的类型、所有作战试验的指导、全速率生产(FRP)前的试验、全速率生产后的试验、系统承包商和研制机构在作战试验鉴定中的使用
第六章 鉴定	主要包括独立鉴定与评估、鉴定过程、鉴定目标、独立鉴定与评估的数据源、系统鉴定与评估的一般考虑以及关键作战问题与准则(COIC)
第七章 其他试验鉴定考虑	主要包括批准试验的放弃、试验的延期暂停或中止、陆军重点靶场与试验设施基地
第八章 试验鉴定工作层一体化产品小组	概述试验鉴定工作层一体化产品小组(WIPT)的基本任务和组成
第九章 试验进度安排与审查委员会	概述试验进度安排与审查委员会的基本使命、任务、构成、工作组、试验飞行时数计划

续表

章节名称	主要内容
第十章 试验鉴定审查与被告要求	包括试验鉴定主计划、系统鉴定计划、事件涉及计划、向国防部长办公厅和陆军部的试验鉴定简报、详细试验计划、试验计划纲要、五年试验项目、试验事故与矫正行动报告、研制试验准备陈述、试验报告、实射试验鉴定文件、系统鉴定报告
第十一章 试验鉴定预算和经费考虑	概述试验鉴定预算和经费的主要考虑事项

为便于更好地贯彻落实陆军条例73-1规定的在装备和信息技术系统采办中的试验鉴定政策,美国陆军于2003年5月30日重新修订出版了陆军部手册(DA PAM)73-1《支持系统采办的试验鉴定》,它将原有的陆军部手册73-1、73-2、73-3、73-4、73-5、73-6、73-7全部合并到新版陆军部手册73-1中,全面阐述了陆军试验鉴定的基本思想,给出了支持装备系统采办的试验鉴定总体指导方针,描述了试验鉴定工作层一体化产品小组的组成和地位作用,规范了《试验鉴定主计划》的准备和批准过程,具体规定了系统鉴定和系统试验的规划、实施与报告过程。

(二)美国海军总部试验鉴定规章

美国海军的试验鉴定规章主要体现在海军部长指示(SECNAVINST)5000.02B《重要和非重要国防采办项目及重要和非重要信息技术采办项目强制性程序的实施》、海军作战部长(CNO)指示5450.332《海军作战试验鉴定部队(OPTEVFOR)指挥官》、3811.1C《武器系统规划与采办的威胁支持》、3960.15A《海军威胁模拟器、靶标与数字威胁模型和仿真的确认》中。

美国海军部长指示5000.02B《重大和非重大国防采办项目及重要和非重要信息技术采办项目强制性程序的实施》,规范了海军装备试验鉴定方面的基本政策和试验程序。海军作战部长指示5450.332《海军作战试验鉴定部队指挥官》规定了海军作战试验鉴定部队指挥官的使命、职能与任务。海军作战部长指示3811.1C《武器系统规划与采办的威胁支持》就海军武器系统规划与采办过程中对于威胁的评估问题进行了规定。

美国海军部长指示5000.02《重大和非重大国防采办项目与信息技术采办项目强制性程序的落实》是海军贯彻落实国防部指令5000.01《国防采办系统》和国防部指示5000.02《国防采办系统的运行》的强制性程序文件,规范了海军和海军陆战队采办项目的采办政策及试验鉴定事项,已经更新多次。美国海军部长指示 5000.02B 共有 6 个部分和 8 个附件。

美国海军部长指示 5000.02B 关于试验鉴定的有关规定内容约占整个文件篇幅的 1/4,主要包括第三部分的第四节"试验鉴定"、第六部分的第三节"试验鉴定报告",以及两个附件,其内容涵盖了海军采办项目试验鉴定工作的各个方面,章节和主要内容见表 5-3。

表 5-3　美国海军部长指示 5000.02B 的章节和主要内容

章节	主要内容
第一部分　采办管理过程	概述采办管理过程
第二部分　项目定义	概述项目定义
第三部分　项目结构	概述项目结构,其中第四节为"试验鉴定"
第四部分　项目设计	概述项目设计
第五部分　项目评估与决策评审	概述项目评估与决策评审
第六部分　定期报告	概述定期报告,其中第三节为"试验鉴定报告"
附件	主要包括采办报告系统、协调程序、试验鉴定、实弹射击试验鉴定协调程序、重大自动化信息系统季度报告协调程序、术语和缩略语

(1)第三部分第四节"试验鉴定"主要包括试验鉴定策略、研制试验鉴定政策(包括互操作试验与证明、两栖平台的研制试验鉴定、飞机和空中交通管制装备)、作战试验鉴定准备证明(包括海军证明准则、海军陆战队(USMC)证明准则、海军证明程序、飞机作战评估证明程序、海军豁免、海军豁免申请、海军陆战队豁免、海军试验启动、海军项目证明取消、海军重新证明)、建模仿真、作战试验鉴定政策(访问者和作战试验鉴定活动)、作战试验鉴定计划、系统承包商支持作战试验鉴定的使用、生产合格试验鉴定(PQT)、国外比较试验(FCT)、《试验鉴定主计划》(包括舰船项目、效能指标(MOE)和性能指标(MOP)、门限、海军简报)。

(2)第六部分第三节"试验鉴定报告"主要包括海军作战部长汇报试验结果(海军研制试验鉴定报告、海军作战试验鉴定报告(异常报告、缺陷报告、快速观察作战试验鉴定报告)、海军陆战队作战试验鉴定报告(异常报告、缺陷报告))、实弹射击试验鉴定报告、逾越低速率初始生产报告、国外比较试验报告、电子战试验鉴定报告、年度作战试验鉴定报告。

(3)试验鉴定附件主要是试验鉴定概述、《试验鉴定主计划》程序和海军作战试验准备证明格式内容。试验鉴定概述主要包括试验鉴定职责和联系点、试验规划和海军通用试验鉴定程序。试验鉴定职责和联系点主要是海军职责与联系点、海军陆战队职责与联系点。其中,海军职责与联系点主要是海军作战部长、检查与调查委员会、试验规划工作组/试验鉴定协调组;海军陆战队职责与联系点主要是海军陆战队司令官和海军陆战队参谋部门领导、海军陆战队情报中心主任、海军陆战队作战开发司令部领导、海军陆战队系统司令部(MC-SC)、海军陆战队作战试验鉴定机构主任、太平洋舰队海军陆战队部队和大西洋舰队海军陆战队部队的司令官。该指示明确了这些部门和机构在试验鉴定工作中的主要职责和工作关系。

(4)试验规划主要是试验规划工作组、试验鉴定协调组、试验综合工作组在试验鉴定规划方面的主要工作。海军通用试验鉴定程序主要内容包括研制试验鉴定、作战试验鉴定、软件合格测试(SQT)、《试验鉴定主计划》、陆基试验站、特种试验鉴定考虑、研发试验鉴定保障、试验鉴定经费责任、试验鉴定识别号码等方面的工作程序。《试验鉴定主计划》程序主要是具体规定了《试验鉴定主计划》的拟制审查批准程序与封面格式、时间要求、草拟与提交、审批、分发、更新以及变更修订等方面的工作程序。

(三)美国空军总部试验鉴定规章

美国空军早期的试验鉴定法规是以条例或决议等形式颁布的,如1951年颁布的空军条例(AFR)80-14《试验鉴定》、1966年颁布的空军条例55-31《作战使用试验鉴定》及1973年颁布的空军D-73-81号《空军试验鉴定中心》决议,这些条例已经被空军指令、指示所取代。目前,美国空军的试验鉴定指令指示主要是99系列。表5-4列出了美国空军99系列试验鉴定政策和指示文件的代号、名称、类别情况,表5-5列出了美国空军99系列试验鉴定手册文件的代号、名称、类别情况。

表5-4 美国空军99系列试验鉴定政策和指示文件

代号	名称	类别
空军政策指令(AFPD)99-1	《试验鉴定程序》	政策文件
空军指示(AFI)99-103	《基于能力的试验鉴定》	指示
空军指示99-104	《软件测试程序》	指示
空军指示99-106	《联合试验鉴定计划》	指示
空军指示99-107	《美国空军试验飞行员学校》	指示
空军指示99-108	《试验鉴定中导弹和目标开支的编制程序与报告》	指示
空军指示99-109	《试验资源规划》	指示

续表

代号	名称	类别
空军指示 99-111	《试验基础设施》	指示
空军指示 99-112	《系统故障报告》	指示
空军指示 99-151	《空射弹药分析组》	指示

表 5-5 美国空军 99 系列试验鉴定手册文件

代号	名称	类别
空军手册 99-104	《武器/弹药试验程序——试验指导与方法》	手册
空军手册 99-110	《机身-推进-航空电子试验鉴定程序》	手册
空军手册 99-111	《C^4I 试验鉴定程序》	手册
空军手册 99-112	《电子战试验鉴定程序》	手册
空军手册 99-113	《空间系统试验鉴定程序》	手册

空军指示 99-103《基于能力的试验鉴定》于 2004 年颁布第一版,是空军规范试验鉴定工作的综合性文件。2008 年版空军指示 99-103《基于能力的试验鉴定》共设 7 章和 2 个附件,见表 5-6。

表 5-6 空军指示 99-103《基于能力的试验鉴定》的章节和主要内容

章节	主要内容
第一章 构想与落实原则	概述试验鉴定目的、采办环境、无缝验证、一体化试验小组、一般试验鉴定原则、适用性
第二章 试验鉴定类型	概述了试验的主要类型、研制试验、特殊类型的研制试验、作战试验、实弹射击试验鉴定、作战试验类型、技术转移的试验支持、国外比较试验、联合试验鉴定
第三章 职责	概述了国防部作战试验鉴定局局长、空军试验鉴定主任、负责采办的空军助理部长(SAF(AQ))、空军装备司令部(AFMC)、空军航天司令部(AFSPC)、项目主任、空军作战试验鉴定中心(AFOTEC)、一级作战司令部、空军负责空中空间与信息作战计划与需求的副参谋长、空军作战一体化办公室、首席信息官(CIO)、责任试验组织、一体化试验小组、参与试验组织的职责
第四章 试验鉴定活动支持里程碑(MS)A决策	概述了试验机构早期介入、试验机构早期介入需求开发、试验机构早期介入采办过程、确定作战试验机构、成立一体化试验小组、多军种作战试验机构、牵头军种考虑、概念优化期间的试验输入、试验鉴定策略开发、试验资源早期规划

第五章 装备试验鉴定政策法规

续表

章节	主要内容
第五章 试验鉴定活动支持里程碑 B 决策	概述了初步一体化试验设计过程、关键技术参数(CTP)、格式合同文件、通用试验鉴定数据管理、承包商介入作战试验的限制、特殊试验考虑、建模仿真支持试验鉴定、早期试验鉴定规划、实弹射击试验鉴定规划、作战评估规划与执行、试验机构介入能力开发文件、寿命周期管理计划和单一采办管理计划、《试验鉴定主计划》、试验鉴定资金预算来源、缺陷报告过程、项目管理指令、试验限制与豁免
第六章 试验鉴定活动支持里程碑 C 与生产决策	概述了一体化试验概念的开发、制定一体化的试验计划、逼真试验、综合技术与安全审查、专门作战试验系统准备证明、作战试验的计划与报告、作战试验鉴定局局长试验计划批准、试验鉴定数据管理、缺陷报告、维持与后续增量期间的一体化试验、试验资产处置
第七章 试验鉴定监管与报告	概述了国防部长办公厅监督清单、一般报告政策、研制试验鉴定报告、研制试验鉴定报告分发、作战试验报告、作战试验报告分发、电子战项目、一体化试验报告、试验报告管控、试验信息分发与安全控制、信息收集记录和格式

二、美国各军种下属司令部关于试验鉴定的规章

美国各军种的下属司令部,如美国空军装备司令部、航天司令部、空中机动司令部、航空系统司令部等,根据军种总部试验鉴定的授权和各自试验鉴定工作的需要,制定并发布了有关试验鉴定工作的指令、指示、手册、指南等文件。这些指令、指示是军种下属司令部开展其试验鉴定工作的直接依据,对上贯彻军种总部的试验鉴定工作要求,并指导军种下属司令部相应的试验鉴定工作实施。

就试验鉴定文件而言,美国空军的下属司令部最具代表性。美国空军下属司令部包括装备司令部、航天司令部、空中机动司令部、航空系统司令部、全球打击司令部(AFGSC)等,各下属司令部均有试验鉴定政策或指示文件。表 5-7 列出了美国空军下属各司令部的主要试验鉴定文件。

表 5-7 美国空军下属各司令部的试验鉴定文件

所属司令部	文件代号	文件名称	文件类别
空军装备司令部	AFMCPD 99-1	《试验管理》	政策文件
	AFMCI 99-103	《试验管理》	指示

续表

所属司令部	文件代号	文件名称	文件类别
航天司令部	AFSPCI 99-101	《航天与洲际弹道导弹系统的作战试验鉴定》	指示
	AFSPCI 99-102	《洲际弹道导弹部队发展与鉴定程序》	指示
	AFSPCI 99-103	《基于能力的空间与网络空间系统试验鉴定》	指示
	AFSPCI 91-900	《安全》	指示
全球打击司令部	AFGSC 99-102	《洲际弹道导弹作战试验鉴定》	指示
空中机动司令部	AMCI 99-101	《试验鉴定政策与程序》	指示
航空系统司令部	ASCI 99-103	《试验管理》	指示

空军装备司令部指示99-103《试验管理》贯彻落实空军装备司令部政策指令《试验管理》和空军指示99-103《基于能力的试验鉴定》,概述了空军装备司令部的研制试验鉴定政策和组织机构职责。2004年版本分两章和两个附件。第一章规范了协作与试验机构早期介入、空军装备司令部试验鉴定组织机构、信息管理、试验风险管理、试验基础设施与资源规划、建模仿真;第二章规范了中心试验机构、试验代表、责任试验机构、试验中心/联队、产品中心的职责和任务。

空军全球打击司令部指示99-102《洲际弹道导弹作战试验鉴定》是贯彻空军政策指示99-1《试验鉴定过程》,建立空军全球打击司令部开展洲际弹道导弹作战试验鉴定的要求和指南,也是落实空军指示99-103《基于能力的试验鉴定》和空军指示99-103附录部分——空军全球打击司令部的要求。该指示适用于空军全球打击司令部、空军第20航空队及其下属的实施和保障洲际弹道导弹作战试验鉴定的单位。该指示规定,在系统初始部署前,空军全球打击司令部通过执行洲际弹道导弹作战试验鉴定计划,为美国战略司令部司令官提供精确性和可靠性计划要素,并对系统改进或升级后的作战效能和适用性进行鉴定。洲际弹道导弹作战试验鉴定包括作战试验发射、"民兵"模拟电子发射、软件运行测试、武器系统试验和其他洲际弹道导弹作战试验。洲际弹道导弹作战试验鉴定包括三部分:试验规划、试验执行和试验报告。

三、美国各军种作战试验机构关于试验鉴定的规章

美国各军种的作战试验机构,如美国空军作战试验鉴定中心、海军作战试

验鉴定部队等,根据军种总部试验鉴定的授权和各自试验鉴定工作的需要,制定并发布了有关试验鉴定工作的指令、指示、手册、指南等文件。这些指令、指示是相应军种作战试验鉴定机构开展其作战试验鉴定工作的直接依据,对上贯彻国防部、军种总部的作战试验鉴定工作要求,并指导其作战试验鉴定工作组织和实施。

(一)美国空军作战试验鉴定中心文件

美国空军作战试验鉴定中心指示99-101《作战试验鉴定的实施》,规范了空军作战试验鉴定中心实施作战试验鉴定的任务、职能和要求;指示99-105《作战试验计划管理》,规范了空军作战试验鉴定中心作战试验计划管理方面的任务和要求;指示31-101《空军作战试验鉴定中心人员和设施的保护》,规范了空军作战试验鉴定中心人员和设施保护方面的要求;指示31-401《空军作战试验鉴定中心信息安全计划》,规范了空军作战试验鉴定中心在信息安全方面的计划要求。空军作战试验鉴定中心的《作战试验鉴定指南》汇集了这些作战试验鉴定指示的主要内容,见表5-8。

表5-8 空军作战试验鉴定中心《作战试验鉴定指南》

章节	主要内容
第一章 引言	概述了国防部指令5000.02采办模型、联合能力集成与开发系统、空间系统的作战试验鉴定、渐进式采办、一体化试验、空军作战试验鉴定中心程序、快速试验考虑、早期影响、核心小组
第二章 早期影响	概述了项目识别、空间系统的一体化概念小组、项目启动/更新、初始试验资源规划、里程碑B试验鉴定策略/《试验鉴定主计划》的考虑、初始试验规划准备、核心小组在早期影响阶段的活动、试验资源计划更新
第三章 初始试验规划	概述了初始试验规划期间的核心小组、验证前期的初始试验规划工作、验证评估的基础、开发更新任务顺序决策包、试验资源计划更新、升级任务顺序决策包批准程序、任务顺序的改变、多军种作战试验鉴定意见
第四章 作战试验规划	概述了组建试验小组、初始试验方案更新、技术审查、试验资源管理、初始试验大纲更新审批、试验计划开发、最终试验活动决策、数据采集和分析、缺陷报告和解决程序、试验准备审查(TRR)
第五章 作战试验实施	概述了试验阶段的资源管理、试验靶场的利用、试验阶段的作战试验鉴定报告、暂停或终止作战试验鉴定、试验数据评分委员会、试验信息发布、最终试验事项

续表

章节	主要内容
第六章 作战试验报告	概述了作战试验报告、早期作战评估和作战评估报告、作战效能和作战试验鉴定、鉴定小结、最终报告的格式、信函报告、报告纪要
第七章 作战试验结束	概述了试验数据处理、资金关闭程序
附件	缩略语

(二)美国海军作战试验鉴定部队文件

美国海军作战试验鉴定部队司令指示3960.1H《作战试验主任的指导方针》,阐述了海军作战试验鉴定部队司令的作战试验鉴定政策,说明了与试验有关的各种资源,规范了试验鉴定程序、联合军种计划、海军陆战队作战试验鉴定活动的协调、美国特种作战司令部(USSOCOM)海军特种作战(SPECWAR)研究发展与采办政策、外国武器鉴定与北约对比试验计划、实弹射击试验鉴定、作战试验鉴定中的建模与仿真,规范了《试验鉴定主计划》的目的、基本要素、基本格式、输入与审查、批准、协调等,还规定了长期规划、试验计划准备、作战试验鉴定部队试验计划、试验监督、评估准则、面向作战的试验等方面的内容。美国海军作战试验鉴定部队司令指示3980.2A《作战试验主任手册》,为作战试验主任建立了关于作战试验鉴定所有方面的政策和指导,共9章和6个附件,见表5-9。

表5-9 3980.2A《作战试验主任手册》

章节名称	主要内容
第一章 引言	概述了目的、背景、任务陈述、战略设想、指导原则、作战试验鉴定部队的角色,以及作战试验鉴定过程
第二章 组织关系	概述了作战试验主任的内外关系及其主要职责
第三章 一般管理过程	概述了协作、需求、汇报、试验鉴定文件签字权、威胁在作战试验鉴定中的角色、作战试验鉴定中的建模仿真、陆基试验站、自卫试验船中的作战试验鉴定以及承包商保障时的利益冲突
第四章 一体化鉴定框架	概述了基于任务的试验设计规划过程和一体化鉴定框架开发、任务分析、需求/能力分析、试验设计、资源要求、评审
第五章 试验鉴定主计划	概述了《试验鉴定主计划》的目的、准备、组织、开发过程、管理政策、文件的准备审查与发布、批准、协调小组

续表

章节名称	主要内容
第六章 试验规划	概述了试验规划和试验鉴定一体化产品小组(IPT)的关系、试验规划准备、试验规划流程与发布、试验规划变更、试验规划报告、对试验的限制、试验规划要求
第七章 试验行动	概述了作战试验主任日志、作战试验主任在试验行动开始前的职责、指挥关系、研制机构证明文件、作战试验鉴定启动、作战试验主任在作战试验期间的职责、提前结束和缺陷报告、异常情况报告、试验主任在试验行动结束后的职责、作战试验数据的共享与发布
第八章 鉴定报告	概述了作战鉴定报告的类型、鉴定审查程序、分析工作组、系统鉴定审查委员会、作战试验报告结构、作战试验风险和缺陷表、初始作战试验鉴定/后续作战试验鉴定(FOT&E)对早期作战评估、作战评估和关键作战问题(COI)风险的评估、初始作战试验鉴定/后续作战试验鉴定的关键作战问题缺陷等级的确定、初始作战试验鉴定/后续作战试验鉴定阶段关键作战问题的决议、鉴定报告的结论和建议、关于鉴定报告中的威胁问题、联合能力技术演示验证(JCTD)报告、鉴定报告的准备提交和发布
第九章 资源	概述了电子资源、物质资源、舰队勤务、申请舰队勤务、多军种申请

美国海军作战试验鉴定部队司令(COMOPTEVFFOR)指示5000.01A《建模仿真在作战试验中的使用》。该指示的目的是为海军作战试验鉴定部队司令部提供政策和程序,通过早期规划、组织和执行可信的建模仿真计划支持作战试验,提高建模仿真的潜在效益。该政策适用于所有试验资产、试验规划辅助以及试后分析工具,替代被试系统(SUT)的时间变化特性、保障部队、威胁或作战试验事件或研制试验的战斗空间环境,以支持作战试验鉴定。

(三)美国海军陆战队作战试验鉴定机构文件

美国海军陆战队作战试验鉴定机构《作战试验鉴定手册》,2013年2月发布第3版,见表5-10。该手册基于科学方法和海军陆战队作战,将海军陆战队的使命任务与系统工程(SE)、决策分析和实验设计方法(DOE)相结合,提出了海军陆战队所有试验鉴定活动的一个过程,规范了海军陆战队作战试验鉴定工作。第3版手册延续了其第一版和第二版的主要内容,共4章,增加了对国防部、军种指示的政策变化。此外,还详细描述了海军陆战队作战试验鉴定机构在实弹射击试验鉴定,可靠性、可用性与可维护性(RAM),建模与仿真及其校核、验证与确认(VV&A)过程方面的政策和规定。

表 5-10 海军陆战队作战试验鉴定机构《作战试验鉴定手册》

章节名称	主要内容
第一章 组织机构	概述了执行官、各分部、参谋机构在作战试验鉴定方面的职责
第二章 背景与范式	概述了海军陆战队作战试验鉴定机构的目的、与其他组织机构的工作关系、采办寿命周期试验鉴定范式、试验鉴定的关系、鉴定连续体、海军陆战队作战试验鉴定机构的试验小组与最佳惯例、海军陆战队作战试验鉴定机构的6步试验鉴定过程、记录管理及经验教训、海军陆战队作战试验鉴定机构的试验类型、海军陆战队作战试验鉴定机构的评估、海军陆战队作战试验鉴定机构的顶层功能
第三章 6个步骤的过程	概述了参谋机构的职责、计划-试验-报告、6个步骤的一体化试验、海军陆战队作战试验鉴定机构的评估,重点是系统鉴定计划、试验概念与试验鉴定主计划、试验规划、作战试验执行、作战试验数据报告,以及系统鉴定与报告等6个步骤
第四章 文件	概述了海军陆战队作战试验鉴定机构的文件标准化方法、建模仿真确认过程、主要模板、文件批准过程、文件变更过程,以及使用模板的一般指导

(四)军种作战试验机构联合发布的文件

《多军种作战试验鉴定协议备忘录以及作战适用性术语和定义》见表5-11,由陆军试验鉴定司令部、海军作战试验鉴定部队、空军作战试验鉴定中心、海军陆战队作战试验鉴定处(MCOTEA)联合发布,对美军多军种作战试验鉴定的组织、规划、执行、评估和报告进行了规范,主要内容包括多军种作战试验的共同要素、多军种作战试验鉴定和军种审查,附件给出了多军种作战试验鉴定参与者的责任与义务、多军种作战试验鉴定团队构成、军种作战试验部门指挥官的会议程序、多军种作战试验鉴定术语表、作战适用性术语和定义。

表 5-11 《多军种作战试验鉴定协议备忘录以及作战适用性术语和定义》

该备忘录为两个或多个军种的作战试验部门,在具有代表性的联合作战环境中,按照国防部指令5000.01《国防采办系统》和国防部指示5000.02《国防采办系统的运行》规定,进行多军种作战试验鉴定提供了基本框架,为规划、执行、评估和报告多军种作战试验鉴定提供了指导方针。文件规定,对于多军种作战试验鉴定,牵头开发/采办军种的作战试验部门将成为牵头作战试验部门。如果军种作战试验部门拒绝,将通过其他参加军种的作战试验部门相互协商选定牵头作战试验部门。对于国防部长办公厅指导的没有指定牵头军种的项目,将通过作战试验部门相互协商选定牵头作战试验部门,如果作战试验部门不能达成一致意见,则由作战试验鉴定局局长选定牵头作战试验部门。对于化学和生物防御计划,按照化学、生物、放射性及核防御试验鉴定执行备忘录的规定确定牵头作战试验部门

续表

该备忘录规定,对于多军种作战试验鉴定,应成立试验管理委员会。试验管理委员会将由来自所有辅助军种的一个0~6级的代表团组成,由牵头作战试验部门的代表担任主席;负责制定多军种作战试验鉴定各项计划的规定,便于仲裁所有无法在团队层面解决的分歧。该备忘录规定,试验规划应以牵头作战试验部门的指令规定的方式完成,重点是制定利用一体化试验工作以及使用研制试验和作战试验数据的策略,所有受到影响的国防部机构将参与并支持多军种作战试验鉴定的规划、执行、报告和评估。牵头作战试验部门与辅助作战试验部门协调试验资源,在综合资源估计中纳入所有资源需求
该备忘录规定,对于需要联合互操作性认证的项目,牵头作战试验部门应与联合互操作能力试验司令部(JITC)合作和协调工作。联合互操作能力试验司令部是牵头作战试验部门在为适用项目制定互操作性试验计划/互操作性认证评估计划时的来源。在试验鉴定策略(TES)和计划制定过程中,牵头作战试验部门应与联合互操作能力试验司令部协调,纳入正在制定的详细的试验规程以及如何解决互操作性的问题
该备忘录规定,对于建模仿真,应按照牵头作战试验部门的方针政策进行;需要所有相关作战试验部门共同完成;所有建模与仿真开发和使用的决策应经过所有作战试验部门一致同意;所有建模与仿真文档,包括需求文档、确认计划以及确认报告,将由所有相关作战试验部门签署
该备忘录规定,试验报告应由牵头作战试验部门负责准备和协调,所有参与的作战试验部门将签署该报告牵头作战试验部门应综合不同的作战需求和联合作战环境,宣布结果并将这些结果转化为愿景,并说明在系统作战有效性、作战适用性和任务完成情况方面是否达成一致意见的原因

第三节 试验鉴定标准规范

装备试验鉴定工作除了要遵循专门针对试验鉴定的法律法规和规章外,还有大量针对装备研发工作制定的通用标准和行业规范可供参照和借鉴。这些与试验鉴定工作有关的标准和规范,具有不同的法律效力和参考作用,主要包括两大类:一是国防部与试验鉴定有关的军用标准和技术规范,以及行业机构与试验鉴定有关的标准和技术规范文件;二是在装备采办过程中的试验鉴定文档,主要包括试验鉴定计划文件、试验鉴定报告文件,以及对试验鉴定非常重要的需求文件和项目文件。

一、装备试验鉴定通用标准和行业规范

装备试验鉴定有关的通用标准和行业规范主要包括美国国防部的规范和军用标准(MIL-STD),比如军标;还有一些国际行业协会和国际组织针对不同专业领域制定的行业标准,如IEEE的一些标准和北约组织的《试验操作规程》

等。这些通用标准和行业规范按照其发布机构、适用范围不同,具有不同的法律效力。应该说,这些通用标准和行业规范对装备试验鉴定工作者在有关试验鉴定的具体工作中具有有益的参考作用,从事装备试验鉴定有关工作的人员可以根据自身需要进行参考使用。

《美国国防部规范与标准目录》列出了所有文件的官方来源,可以查找美国国防部的技术规范和标准、军事手册文件。行业标准规范可以从相应机构的官方网站进行查找。

美国军用标准是当前国际公认的先进技术标准,与装备及其试验有关的工作较为密切,其特点是数量多(达四万多个)、体系完整、内容丰富,不仅涉及常规武器、核武器等武器装备,也涉及医药、服装等军需产品。美国军用标准按其技术内容,主要分为军用规范、军用标准、军用手册(MIL – HDBK)、军用图纸、合格产品目录。军用规范是美国军用标准的主体,是对军工产品的性能、质量特性的全面描述,包括对产品的技术性能、型号规格以及原材料和制造工艺提出要求,并规定了相应的试验方法、鉴定程序及其交货要求,主要适用于军工产品的采购。军用标准主要是对名词术语、试验方法和质量控制等基础领域提出要求,作为制定规范的依据,主要内容包括范围、引用文件、一般要求、详细要求和附录。军用手册是一种综合性的参考文献,主要包括产品的工艺程序、试验操作、维护使用等内容。

鉴于涉及装备研发的通用标准和行业规范,其数量繁多,而且其本身也并不是专门针对试验鉴定有关工作制定的标准规范,我们这里对这些通用标准和行业规范不做系统梳理和详细具体的全面阐述,只是给出了可供试验鉴定工作参考的一些通用标准和行业规范及其如何在试验鉴定具体工作中应用的例子,见表5 – 12。

表5 – 12 试验鉴定有关的一些通用标准和行业规范

标准规范名称	主要内容
MIL – STD – 961E《国防与项目独特的技术规范格式和目录》	规定了国防武器装备项目的技术规范要求
MIL – STD – 881C《国防装备产品的工作分解结构》	规定了关于试验鉴定工作结构,其第二级一般是系统级的试验鉴定,然后是关于研制试验鉴定和作战试验鉴定
MIL – HDBK 470A《设计和开发可维护的产品与系统》	后勤保障试验鉴定(LOG T&E)应纳入试验鉴定主计划,可以参考MIL – HDBK 470A《设计和开发可维护的产品与系统》进行考虑

续表

标准规范名称	主要内容
MIL-STD-810系列《环境工程相关事项及实验室测试》	该系列如今已有多个版本,最初名称是《航空和地面设备的环境测试方法》,其内容只是规定航空和地面设备的环境测试方法,而如今已经发展到包含环境工程相关的各个方面,成为国际公认程度最高的军品和工业产品环境测试方法
MIL-HDBK237D《采办过程的电磁环境效应与频谱保障指导》	规定了在采办规划、研发、采购和部署过程中,用频系统或装备必须考虑对频谱可保障性的要求。电磁环境效应可对所有电气与电子系统、分系统和装备的性能产生影响,电磁环境效应试验是武器装备试验鉴定的重要内容
MIL-STD-461F《分系统和装备电磁干扰特性控制要求》	规定了电磁兼容性的一般试验要求与指南
MIL-STD-464C《系统电磁环境效应要求》	给出了对有关系统电磁环境效应需求的详细技术规范,电磁兼容性的总体标准可以参考
MIL-STD-461F《分系统和装备电磁干扰特性控制要求》	一般试验要求与指南可以参考MIL-STD-461F《分系统和装备电磁干扰特性控制要求》。在制定《试验鉴定主计划》时,要依据这些标准规范来考虑是否对《能力开发文件》或《能力生产文件》中提出的电磁环境效应需求制定效能指标和适用性指标、对鉴定准则和数据进行定义
IEEE STD15288-2008《系统与软件工程-系统寿命周期过程》	试验鉴定如何融入整个国防采办过程,可以参考IEEE STD15288-2008《系统与软件工程-系统寿命周期过程》

二、装备研制试验和作战试验指标体系建立的规范

装备试验鉴定主要分为研制试验鉴定和作战试验鉴定。研制试验鉴定主要考核装备的技术性能,重点是利用试验数据验证技术性能的实现情况,主要解决技术性能问题,重点是关键性能问题,由装备研制部门负责;作战试验鉴定主要考核装备的作战效能(OE)和作战适用性,必须在真实作战和典型人员操作的环境下检验装备是否有效、适用,主要关注作战问题,重点是回答决策者所关心的关键作战问题,由独立的作战试验鉴定部门负责。

在制定试验计划时,通常需要确立装备性能试验指标和作战试验指标。装备性能试验指标的确立相对简单,可以依据《系统技术规范》进行,因为《系统技术规范》是一份重要的技术文件,描述了系统的技术性能要求,并对这些要求的验证进行了说明。确立作战试验指标或指标体系相对复杂,需要从系

统需求开始,从装备需求中导出关键作战问题,从而进一步构建作战试验指标体系。

下面简要说明美军装备作战试验指标体系的建立过程。

构建合理的作战试验鉴定指标体系是制定作战试验鉴定计划和开展作战试验的前提。美国三军构建作战试验鉴定指标体系的基本原理大致相同。对于通用的作战试验鉴定过程而言,该过程的起点是确定缺陷或需求并制定《能力需求文件》,接着明确必须要解决的关键作战问题,确定目标值和阈值,而后形成数据需求。随后,试验鉴定人员把问题进一步分解成可测量的试验单元,进行必要的试验,审查和分析试验数据,根据鉴定准则对试验结果加权,最后编制供决策者使用的鉴定报告。

美军作战试验指标体系的形成是自上而下、逐层分解的过程。最顶层是作战使命,也就是关键作战问题。关键作战问题的下一层是任务,之后是子任务,等等。对于作战效能/作战适用性/作战生存能力而言,每个任务和子任务代表了由装备、人员、设施、软件或任何其组合需要完成的行动。每个任务和子任务也代表一个潜在的鉴定问题。关键作战问题、任务、子任务的逐层分解构成了鉴定框架的基础。作战使命构成了用于解决作战效能/作战适用性/作战生存能力的关键作战问题的基础。如果可能,应在系统研制的早期解决有关这些任务和子任务的问题,可使决策者确认系统是否正如预期地在开发。理想情况下,在进入任务级之前,在子任务级就演示验证系统的能力。

作战效能/作战适用性/作战生存能力之间具有系统相关性,如图5-1所示。作战效能可通过各类指标的综合获得,包括系统效能及其适用性和生存能力特性。作战效能要求的实例如:在作战环境中系统能够在足够远的距离上探测到威胁而实现成功交战(效能)、系统可部署至使命战区(适用性)、作战人员了解如何正确使用系统(适用性)、系统如预期地运行(性能)、系统不会对其他作战装备产生不利影响(适用性)、系统不存在对其操作人员或其他系统操作人员造成伤害(生存能力)。

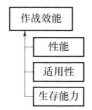

图5-1 作战效能/作战适用性/作战生存能力之间的相关性

建立作战试验鉴定指标体系主要是在作战试验鉴定任务分析的基础上,提出关键作战问题(包括关键效能问题和关键适用性问题),并分别对关键效能问题和关键适用性问题进行解析,确定试验项目,再按照系统能力、功能构成或使用过程对关键作战问题、效能指标和适用性指标逐级展开,最终得到由效能指标、适用性指标和鉴定准则构成的试验鉴定指标体系。建立作战试验鉴定指标体系的具体步骤如图5-2所示。

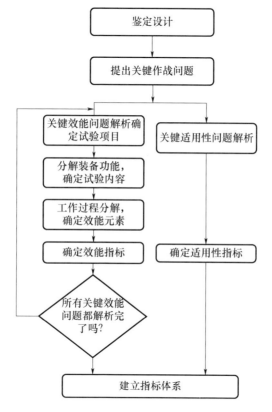

图5-2 作战试验鉴定指标体系建立流程

值得注意的是,在作战试验指标体系建立中,最重要的是弄清楚作战效能和作战适用性、要解决的关键作战问题,以及解决该问题要回答的基本要素。当确定效能和适用性指标时,要从作战使用角度而不是技术角度看问题,确保它们是作战使用特性,而不是技术特性,不能让技术背景掩盖了作战使用背景。

三、试验鉴定文档

试验鉴定文档主要是指装备采办过程中,记录试验鉴定工作规划计划、报告试验鉴定结果以及试验鉴定参考的有关项目文件的统称,不仅包括试验鉴定计划文件、试验鉴定报告文件,也包括对试验鉴定非常重要的需求文件和项目文件。下面以美军为例阐述采办项目有关的试验鉴定计划文件和试验鉴定报告文件,以及试验鉴定相关文件。

(一)试验鉴定计划文件

在装备试验鉴定活动中,试验鉴定计划文件是试验鉴定工作的一类重要文件,是实施试验鉴定的主要依据。美国重大国防采办项目的试验计划文件主要是《试验鉴定策略》《试验鉴定主计划》《系统鉴定计划》《试验设计》《试验计划》《试验资源计划》等。这些文件在试验鉴定过程中发挥不同的作用,也有各自的具体要求。

1.《试验鉴定策略》

美军规定,在里程碑 A 决策点前的装备方案分析(MSA)阶段,首先形成《试验鉴定策略》。对于重大国防采办项目,装备研发决策形成后,项目办公室组建一体化试验小组。该小组由系统工程、研制试验鉴定、作战试验鉴定、实弹射击试验鉴定、用户等相关方授权代表组成,在项目办公室的领导下负责制定《试验鉴定策略》。在遵循项目采办策略的前提下,《试验鉴定策略》概要地提出试验鉴定总体要求,明确承包商和政府研制试验鉴定需求、研制试验和作战试验之间的相互关系,并对独立的初始作战试验鉴定做出规定。《试验鉴定策略》必须符合《系统鉴定计划》和《采办策略》,并互为补充,作为制定《试验鉴定主计划》的基础。

2.《试验鉴定主计划》

《试验鉴定主计划》是美军规划管理试验鉴定全过程所有活动的纲领性文件。美国国防部指示 5000.02《国防采办系统的运行》规定,所有重大国防采办项目和国防部长办公厅监督的采办项目都必须制定《试验鉴定主计划》,以对采办项目全寿命周期所有试验鉴定活动和相关要素进行统筹规划。美国国防部作战试验鉴定局负责更新发布《试验鉴定主计划指南》,对《试验鉴定主计划》的格式规范、主要内容和编制要求等进行详细的规定和说明。

《试验鉴定主计划指南》主要包括四个部分:引言、试验计划管理与进度、试验鉴定策略与实施、资源概述,见表 5-13。

表 5-13 《试验鉴定主计划指南》的格式和主要内容

格式	主要内容
引言	主要描述《试验鉴定主计划》制定的目的,支持的里程碑决策,系统装备后的任务环境,系统研发背景、关键接口、关键能力、威胁评估等方面内容

续表

格式	主要内容
试验计划管理与进度	主要描述关键人员和组织的职能任务,试验鉴定的组织结构体系,采集、验证、评估和分享数据的方法,系统研发和作战试验中发现的系统缺陷,以及一体化试验进度安排等内容
试验鉴定策略与实施	主要描述试验鉴定策略、研制鉴定方法、研制试验方法、作战鉴定方法、实弹射击鉴定方法等内容
资源概述	主要描述试验件、试验场所、试验靶标、联合作战环境等资源需求,以及人员训练、经费需求等内容

《试验鉴定主计划》包括所有试验阶段和试验事件的进度安排、试验准入和准出标准、资源需求等,由项目办公室负责组织制定,在里程碑 A 决策点前,以《试验鉴定策略》为基础,形成初步的《试验鉴定主计划》;在里程碑 B 决策点前的技术成熟与风险降低阶段,形成较为完善的《试验鉴定主计划》;在后续的每个重要采办决策前,对《试验鉴定主计划》进行更新。

初步的《试验鉴定主计划》,包括主要的试验资源需求、试验阶段划分、重要试验事件的准入准出标准等内容。随着技术成熟与风险降低阶段对系统定义的不断完善,牵头研制试验鉴定机构和牵头作战试验鉴定机构,分别逐步明确和细化研制和作战试验鉴定事件,在里程碑 B 决策审查前形成相对完善的《试验鉴定主计划》。在对里程碑 A 决策审查前形成的《试验鉴定策略》进行更新的基础上,还包括详细的试验事件、所有试验资源需求和安排、研制鉴定框架、作战鉴定框架、可靠性增长曲线,以及校核、验证和认证计划等内容。

项目主任将相对完善的《试验鉴定主计划》分别提交军种计划执行官、军种试验鉴定管理机构、军种采办执行官(SAE)进行审批。对于重大国防采办项目,还须提交国防部进行审批。其中,负责研制试验鉴定的助理国防部长帮办负责审批《试验鉴定主计划》中的研制试验鉴定部分,作战试验鉴定局局长负责审批《试验鉴定主计划》中的作战试验鉴定部分。根据批准的《试验鉴定主计划》,牵头研制试验鉴定机构和牵头作战试验鉴定机构分别制定详细的研制试验计划和作战试验鉴定计划,协调试验资源,培训参试人员,组织开展试验活动,采集、分析试验数据,拟制并提交试验鉴定报告。

《试验鉴定主计划》反映了试验鉴定全过程中的所有试验事件和活动,以及与采办项目有关的关键问题。由于计划需求、试验进度、投资等方面的重大变化通常会导致试验计划的变更,因此需要对《试验鉴定主计划》不断进行调整。

在计划变更、基线突破和每个重要决策前,项目主任都必须组织对《试验鉴定主计划》进行更新和审批,以确保其反映的是当前的试验鉴定需求。

3.《系统鉴定计划》

美国国防部指示 5000.02《国防采办系统的运行》要求,项目主任从里程碑 A 开始,为每个里程碑审查准备《系统鉴定计划》。《系统鉴定计划》描述计划的全部技术途径,包括关键技术风险、过程、资源、策略和可用的性能要求,详细列出技术审查的时间进度、实施和成功准则。试验鉴定团队应与项目主任和系统设计小组密切合作,确保《系统鉴定计划》在里程碑 A 可以支持技术开发策略,在里程碑 B 或之后能够支持采办策略。

4.《试验设计》

《试验设计》应考虑试验能否提供决策者所需要的信息,要明确试验目的、事件、仪器设备、试验方法、数据要求、数据管理要求和分析要求,是详细试验计划的基础。试验设计应完成以下功能:一是根据具体试验目的构建和组织试验途径;二是确定关键的效能指标和性能指标;三是确定需要的数据,并说明如何采集、存储、分析和使用这些数据来鉴定效能指标;四是说明建模仿真在实现试验鉴定目的方面发挥的作用;五是确定试验事件的数量和类型及其需要的资源。

5.《试验计划》

《试验计划》是将试验设计方案转化为具体资源、程序和责任的工具。试验实施机构应按照计划合同、军种政策的要求,针对《试验鉴定主计划》规定的试验事件,制定详细的试验计划。试验计划的复杂性和规模取决于被试系统的特性和所要完成的试验类型。典型的试验计划应包括序目页、正文、附录、缩略语表和分发范围,序目页主要有标题页、批准页、准予发布技术数据的条件、序言、执行概要和目录,正文包括引言、背景、试验品描述、试验总体目标、约束限制条件、试验资源、安全要求、保密要求、试验项目管理、试验规程、试验报告、后勤和环境保护等内容,附录主要是试验条件矩阵、需求可追索性、试验信息清单、参数表、数据分析计划、仪器仪表计划、后勤保障计划等。

6.《试验资源计划》

《试验资源计划》是明确保障试验所需资源的试验规划文件,是财务计划和协调必要资源的依据。美国陆军和空军明确要求制定和及时更新试验资源计划,海军则充分利用《试验鉴定主计划》来记录试验鉴定资源需求,各军种定期召开会议审查资源需求并解决有关试验保障问题。

(二)试验鉴定报告文件

试验鉴定报告文件是试验鉴定工作的又一类重要文件,有关试验鉴定机构需要以报告的形式,向决策部门、项目部门和采办部门及时、全面和准确地通报试验结果,为采办里程碑决策提供重要支撑。试验报告文件通常是试验快报和最终试验报告以及试验相关情况报告。

1. 试验快报

试验快报是试验期间利用有限数量的数据进行的快速分析,可以由承包商或政府部门编制,可以采用简报的形式,给出试验鉴定结果、有事实依据的结论或建议。试验快报通常用于试验工作管理,也可以用于向高层管理机构通报试验结果,对于关注度很高的系统特别有用。

2. 最终试验报告

最终试验报告将试验信息提交给决策者、项目办公室和采办机构。最终试验报告是试验执行情况和试验结果的永久性记录,将试验结果与关键问题进行关联,主要解决试验设计和试验计划中提出的目标。最终试验报告包括主体部分和附件。主体部分主要阐述试验目的、问题和目标、完成的方法、结果,以及讨论、结论和建议;附件主要包括详细试验描述、试验环境、试验组织和运行、测量仪器、数据采集和管理、试验数据、数据分析、建模仿真、可靠性可用性与可维修性信息、人员、训练、安全、保密、资金,以及试验后的资产处置等情况。

值得注意的是,最终试验报告可以包括对试验结果的鉴定和分析。分析是告诉试验结果;鉴定则是在分析的基础上,由具有独立鉴定的机构,利用全部或部分数据的独立分析结果,编制独立的《系统鉴定报告》,告诉试验结果意味着什么,鉴定内容可以单独发布。对于国防部重大采办项目来说,各军种应在项目的各试验阶段结束时编制《研制试验鉴定报告》《作战试验鉴定报告》和《实弹射击试验鉴定报告》的副本,并及时提交国防部长办公厅,由相应的机构进行审查。

以美国陆军为例,其最终试验报告主要包括《研制试验报告》《作战试验报告》和《系统鉴定报告》等。

《研制试验报告》记录了通过研制试验获得的数据与信息,并对试验执行与数据采集过程中的普遍状态进行描述,对计划中试验的差异实施审查追踪,早期一般由承包商负责编制,后期政府参与的试验一般由牵头研制试验机构负责编制,待确认数据有效后用于后续的系统鉴定工作。

《作战试验报告》对作战试验的结果进行说明,包含试验条件与试验结果的详细报告,根据情况还可包含试验数据的详细说明和试验人员的观察结果。值得注意的是,按照规定,美国陆军和海军陆战队作战试验数据分析与鉴定须单独形成文件,称为《作战试验数据报告》,对试验情况、试验限制、试验团队观察结果及试验数据等进行详细说明。而美国空军和海军的作战试验数据分析则可以纳入其《作战试验报告》中。

《系统鉴定报告》记录了系统作战效能、适用性及生存能力的鉴定结果和建议。该报告以所有可用的可信数据以及鉴定人员对数据的分析处理为基础,对关键作战问题和其他重点关注的鉴定问题进行解答并提供解决方案。

3. 试验相关情况报告

按照《美国法典》和国防部指令或指示要求,还要由国防部长办公厅的不同部门,针对美国重大采办项目,提交相应的试验情况报告,主要是《逾越低速率初始生产报告》《作战试验鉴定局局长年度报告》《研制试验鉴定年度报告》。

(1)《逾越低速率初始生产报告》。美国国会要求,I类和IA类采办项目或作战试验鉴定局指定的项目,在逾越低速率初始生产之前,作战试验鉴定局局长必须提交《逾越低速率初始生产报告》。该报告要评价军种初始作战试验鉴定的充分性,评价初始作战试验鉴定结果能否确认被试项目或部件用于作战的有效性、适用性。该报告可以包含实弹射击试验鉴定结果。

(2)《作战试验鉴定局局长年度报告》。该报告由作战试验鉴定局局长提交,主要将对上一财年所有作战试验鉴定及相关问题、倡议、关注领域、资源、活动及评估进行描述。在作战试验鉴定局局长接管实弹射击试验鉴定的监督权之前,还要专门提交《实弹射击试验鉴定报告》。在作战试验鉴定局局长接管实弹射击试验鉴定的监督权之后,实弹射击试验鉴定问题也要纳入该报告中。

(3)《研制试验鉴定年度报告》。该报告由负责研制试验鉴定的助理国防部长帮办提交,内容包括国防部重大国防采办项目、重大自动化信息系统和特别关注项目的重要研制试验鉴定活动,对指定由国防部长办公厅进行试验鉴定监督的武器系统研制进展情况的年度评估。

(三)试验鉴定相关文件

在装备研发过程中,需求文件、项目决策文件、项目管理文件是采办项目的重要文件,在采办过程中具有不同作用。同时,这些文件也与试验鉴定活动紧密相关,包含试验鉴定有关的要求内容,在试验鉴定工作的各个阶段也具有不同的作用,主要是作为试验鉴定工作的规划计划提供主要依据和参考信息。

1. 需求文件

《初始能力文件》《能力开发文件》《能力生产文件》和《系统威胁评估报告》是指导美军装备研制项目立项、科研、试验与生产的主要需求文件。

《初始能力文件》是针对装备能力发展生成的首份需求文件,要在国防采办过程开始前完成,主要指导装备的立项。其内容主要是确定需要发展的能力,明确当前的能力差距,提出相应的解决方案(包括装备解决方案和非装备解决方案)建议。采办部门将依据《初始能力文件》开展装备立项论证的有关工作,包括进行装备的备选方案分析(AoA)、制定技术开发策略(TDS)等。随后,研制部门将针对最终批准的优先解决方案,依据批准的技术开发策略进行技术开发工作。《初始能力文件》所描述的需求特性是在采办项目早期阶段制定《试验鉴定主计划》的基本依据。

《能力开发文件》是在《初始能力文件》基础上,针对具体的研制计划制定的更为细化的需求文件,要在技术开发阶段结束前完成,主要指导装备的研发。《能力开发文件》概要描述军事上有用、后勤上可保障、技术上成熟、经济上可承受的能力递增式装备发展过程,确定包含保障性和互用性等在内的关键性能参数。采办部门将依据文件规定的开发阈值和目标值制定采办策略和采办项目基线,基线的主要内容包括技术规范、性能参数、成本及进度目标。研制部门则以采办基线文件为直接依据开展工程制造开发。《能力开发文件》主要在系统进入研制阶段后发挥作用,文件中描述的特性和性能参数是开展研制试验鉴定的基本依据。

《能力生产文件》是以《初始能力文件》和《能力开发文件》为基础,由需求部门在生产与部署(P&D)阶段开始之前完成制定,主要指导装备的生产。在进行了一定的权衡与折中后,《能力开发文件》所给出的开发阈值和目标值,最终被《能力生产文件》中的生产阈值和目标值所取代。采办部门将依据文件规定的生产值对采办基线文件进行更新,制定出针对生产构型的成本、进度和性能参数,指导研制部门进行装备的小批量生产和大批量生产,逐步形成初始作战能力和全面作战能力。《能力生产文件》在系统完成关键设计审查后制定,主要在系统进入生产阶段后发挥作用,文件所描述的最终需求特性及参数和阈值是开展初始作战试验鉴定的基本依据。

《系统威胁评估报告》(STAR)是对可能影响项目决策的预期作战威胁环境、系统特殊威胁、响应威胁的简要描述,由国防部局的情报司令部或机构,在里程碑 B 开始拟制,并要经过国防情报局(DIA)确认。该报告是针对威胁想定进行试验设计,以相应威胁靶标、设备或代用品采办为基础,为研制试验鉴定和作战试验鉴定提供威胁数据。《试验鉴定主计划》的第一部分应包含对系统威胁评估的概述。

2. 项目决策文件

项目决策文件主要是《采办决策备忘录》和《备选方案分析》,这些文件是制定试验鉴定计划和开展试验鉴定获得的重要依据和参考。

《采办决策备忘录》。该文件记录负责采办、技术与后勤的副国防部长在各里程碑与决策审查中关于项目进展和采办项目基线的决策。采办项目基线,连同采办决策备忘录及其所包含的进入下一阶段的放行准则,是重要的项目指南文件,为系统成本、进度和性能提供关键性能参数阈值/目标值及阶段成功准则。

《备选方案分析》。在装备发展决策之后启动备选方案分析,以确定最有前景的备选项为目标,对潜在的装备方案进行分析。在重大国防采办项目的里程碑 A,里程碑决策者必须向国会证明国防部完成了备选方案分析;在重大国防采办项目的里程碑 B,里程碑决策者必须以书面形式上报国会,证明国防部完成了针对该计划的备选方案分析。在备选方案分析、系统需求和系统鉴定准则之间存在着清晰的关联,即在未来没有实际数据验证备选方案分析结果的情况下,决策者认同对系统性能的建模仿真预测或分析性研究。

3. 项目管理文件

美国国防采办的项目管理文件主要有《采办策略》(AS)、《采办项目基线》(APB)、《采办后勤计划》《系统技术规范》和《工作分解结构》(WBS)。这些文件是开展试验鉴定工作的重要依据和参考。

《采办策略》。采办策略在研制计划开始时制定,要明确地将研制、试验和初始生产中对验证成果的项目决策联系起来,形成一系列指导和控制整个研制和生产工作的方案。制定采办策略要反映试验鉴定关切,概述决策点时需要鉴定的内容、规划哪些试验鉴定,讨论制定何种规划来提供足够的试验硬件,阐述研制试验鉴定和作战试验鉴定期间的试验活动及其与一体化试验的关系,因而采办策略是制定项目的《试验鉴定主计划》的重要基础。

《采办项目基线》。采办项目基线最初在里程碑 B 之前或项目启动前制定,并在后续的每个里程碑进行修订,用于项目管理。每个基线都影响后续阶段的试验鉴定活动,基线与试验文件中对系统性能的预期必须一致,性能参数只要能表征打算部署的生产系统的作战效能和适用性、进度、技术进展和成本等主要特性,不可能完全确定作战效能或适用性。

《采办后勤计划》。该计划必须源自用户制定的作战需求文件,并利用操作和使能方案进行进一步的描述和扩展。这些需求和方案要在《试验鉴定主计划》和试验规划中,以关键性能参数、关键作战问题、适用性指标、性能指标和作战任务想定等形式表述,必须有适用性关键性能参数,这是后勤保障试验需求的依据。

《系统技术规范》。该规范描述了系统的技术性能要求,并对这些要求的验证进行说明。因此,该技术规范对研制试验来说也是一份非常重要的技术参考文件。

《工作分解结构》。项目办公室应根据 MIL-STD-881C《国防装备产品的工作分解结构》制定项目的工作分解结构,以便为计划和技术规划、成本估计、资源分配、性能测量和情况报告提供一个框架。MIL-STD-881C《国防装备产品的工作分解结构》规定了为每个计划定制一个工作分解结构,其中第二级一般是系统级的试验鉴定,然后是关于研制试验鉴定和作战试验鉴定。

第六章 装备全寿命周期的试验鉴定

装备采办是一个包括设计、制造、试验、确定缺陷、修正、再试验的反复迭代过程。试验鉴定是这个过程中的重要组成部分。试验鉴定在不同采办阶段，能够及时发现装备存在的问题、失误或与需求的偏差，最大限度地规避性能和作战风险，为装备研制、生产和使用提供决策依据。试验鉴定工作的质量直接关系到装备采办项目的成败。

世界主要军事强国非常重视试验鉴定在装备采办管理过程中的地位和作用，将试验鉴定活动贯穿于采办全过程。美、英、法、德、日等国都已建立了明确的、正式的各种组织机构来处理装备从方案论证到退役处置的问题。每个计划项目通常都要经过几个明确的阶段，包括方案与项目确定、研制和设计、生产、服役和退役处置。

美国通用型全寿命管理(LCM)阶段由装备方案分析(MSA)、技术成熟与风险降低、工程与制造开发(EMD)、生产与部署和使用与保障五个阶段构成，每个阶段的主要任务和主要工作各不相同，体现了各阶段的特点和要求。方案分析阶段主要是进行多种方案研究，评审备选方案的可行性和优缺点，选择最佳方案；技术成熟与风险降低阶段主要是研制并演示验证分系统或部件，开展系统方案及技术演示验证；工程与制造开发阶段主要是对经过演示验证的分系统和部件进行系统集成，开展系统研制工作，并进行工程研制模型的演示验证和联合研制与作战试验；生产与部署阶段由低速率初始生产(LRIP)和全速率生产(FRP)与部署组成。低速率初始生产的主要任务是进行生产准备，生产供初始作战或实弹射击试验鉴定(LFT&E)用的有代表性的装备；全速率生产与部署的主要任务是进行批量生产，组织后续作战试验鉴定(FOT&E)，部署装备系统；使用与保障阶段由系统维持和最终处置组成。系统维持的主要任务是进行作战保障与改进；最终处置的主要任务是对使用寿命结束后的装备进行退役处理。这些阶段由关键决策点划分，设有里程碑(MS)A、里程碑 B 和里程碑 C 三个里程碑决策点。为配合重大武器采办项目的阶段审查与决策，里程碑决策者

(MDA)在这些决策点对项目进行审查,评估其发展成熟度,批准其进入寿命期的下一个阶段。在这五个阶段之中,都要开展一定形式的试验鉴定活动,为各个阶段的审查与决策提供支持(图6-1)。

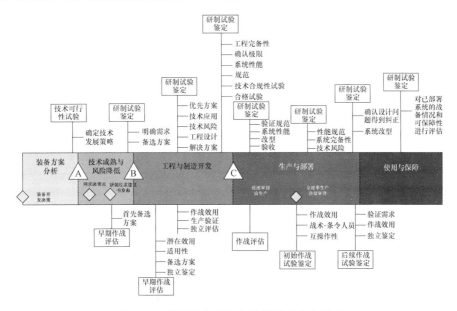

图6-1 美军装备采办各阶段试验鉴定活动

英、法、德、日等国装备采办全寿命管理理念与美国类似,将装备试验鉴定贯穿装备采办全寿命过程。英国装备采办过程分为概念研究、方案评估、演示验证、生产、使用和退役处置六个阶段。整个采办过程设有"初出口"和"主出口"两个决策批准点。法国装备采办过程分为准备阶段、设计阶段(可行性阶段和定义阶段)、实现阶段(研制阶段和生产阶段)和使用阶段。德国装备采办过程分为先行阶段、定义阶段、研制阶段、采购阶段和使用阶段五个阶段。为降低风险,在每个阶段的终点对项目进行审批,决定项目是否继续进行和如何进行。日本在装备采办的运行管理中,从早期的方案阶段到使用寿命结束共分为方案构想、研究、开发、采购和使用与维护五个阶段。

总的看,不同国家对各个阶段的名称叫法略有不同,但基本可分为方案论证、技术开发、工程与制造开发、生产与部署和使用与保障等五个阶段,各阶段试验鉴定活动大致相同。

第一节　方案论证阶段试验鉴定

方案论证阶段是装备正式进入采办程序之前的前期论证准备阶段,通常,在方案论证阶段试验鉴定活动就已经开始。这一阶段主要任务是开展各类方案的比较研究,并选择最佳方案,开展试验或实验的目的是确定试验鉴定需求,进行战术、技术指标的论证,开展技术可行性试验,确认所采用的技术是适当的且具有技术可行性及成熟化所需的潜力。

一、方案论证及对试验鉴定的要求

美军十分重视方案论证阶段的工作,以降低各类风险,确保论证工作充分,避免进入正式采办程序后出现大的反复。进入该阶段必须经过一个重要的决策点,即装备开发决策点,这也是国防采办程序中的第一个决策点。方案论证阶段中,部局采办执行官(AE)将选择一名项目主任(PM)并建立项目办公室,以完成计划采办项目相关的必要活动。准备和发布下一计划阶段征求建议书前,项目主任应完成并提交采办策略(AS),并获得里程碑决策者的批准。

经过验证的初始能力文件(ICD)和备选方案分析(AoA)研究计划将指导备选方案分析和方案论证阶段的活动。分析将按照备选方案分析中的程序进行,并着重确定和分析备选方案、有效性测量方法、成本和能力之间的关键关系、全寿命成本、进度、作战概念和总体风险。备选方案分析将与可承受性分析、成本分析、早期系统工程分析和威胁预测相互联系。

英国在该阶段的工作主要是开展方案分析,旨在就某一特定任务确定哪些方案应作进一步的开发研究。法国在该阶段要进行初步的作战、技术和资金研究,预先对所需要的新技术安排研究和发展项目,同时应用成本评估模型获得最初的数据,并进行初步的费效分析。该阶段首先确定作战需求,评估项目可利用的资源,通过考察所有各种可能的措施,包括更新或改进现有装备,研制新装备或采购成品等来认真研究各种解决方案。德国在该阶段由各军种论证军事需求,进行市场评估以及考虑各种国内外可供选择的解决办法。日本在方案阶段,自卫队已确定了未来的作战需求,并将制定一个长期规划(10 年)和按任务划分的装备体系。

二、方案论证阶段试验鉴定活动

美军的方案论证阶段始于装备开发决策审查,该阶段的主要工作是评估可能的装备方案,着重确定和分析各种备选方案、成本、进度、作战概念和总体风险并提出装备方案选择建议。在这一阶段里不开展研制试验(DT)和作战试验(OT)的实质性活动,但在该阶段结束前(里程碑决策点 A),由项目办公室根据装备能力和性能需求,完成试验鉴定策略(TES)。美军积极推行试验鉴定工作层一体化产品小组(T&E WIPT)的组织模式,装备采办部门通过组建项目管理办公室,使包括试验鉴定在内的各管理部门通过矩阵式的方式,有效参与到装备采办管理中,以此确保从组织管理体制上实现试验鉴定与装备采办的融合。

(一)进行装备开发决策

装备开发决策,是关于新的装备产品需求并组织开展备选方案分析的决策。装备开发决策点是所有装备项目进入采办过程的正式入口。虽然通过该决策点评审并不意味着一个新的采办项目的正式启动,但是在这个决策点上里程碑决策者需要决定是否通过研发装备的方式弥补某项能力空白。装备开发决策的主要目的是确保对备选方案进行全面、严格的分析评估。装备开发决策的依据是经过验证的初始需求文件(或同类需求文件)以及完成备选方案分析研究指南和备选方案分析研究计划。如装备开发决策获得批准,里程碑决策者将指定牵头的国防部部局,决定进入采办阶段,并确定初步审查里程碑。里程碑决策者的决策将记录在采办决策备忘录(ADM)中。

(二)开展备选方案分析

方案论证阶段开展的最核心的工作就是项目主任组织承包商开展备选方案分析,并选择出满足能力需求的最佳方案。在做出方案决策和批准初始能力文件之后,进行备选方案分析。备选方案分析将评估与这些方案有关的关键技术,包括技术的成熟度和技术的风险,必要时将开展技术成熟度演示验证。经过验证的初始能力文件和备选方案分析研究计划,将用于指导备选方案分析和方案论证阶段的工作。方案论证工作着重确定和分析各种备选方案、作战方案和总体风险。

(三)制定作战概念/作战模式概要/任务概要

方案论证阶段完成前,美国国防部部局作战开发人员将制定作战概念/作战模式概要/任务概要,包括作战任务、作战条件及建议装备方案执行每次任务各个阶段的环境。作战概念/作战模式概要/任务概要将提供给项目主任,并告知其下一个阶段需要制定的计划,包括采办策略、试验计划和能力需求等。

(四)编制试验鉴定策略

试验规划计划是开展装备试验鉴定工作的基本依据,试验鉴定策略和《试验鉴定主计划》(TEMP)是美国重大国防采办项目(MDAP)中两个主要的规划计划文件。试验鉴定策略主要是规范每个重大国防采办项目的所有试验鉴定活动要求。在成立一体化试验鉴定小组之后,项目办公室一般在项目进入里程碑 A 时,就要组织一体化试验鉴定小组编制好试验鉴定策略,并提交给负责研究与工程的副国防部长及作战试验鉴定局局长审批,作为制定《试验鉴定主计划》的基本依据。

(五)制定初始能力文件

初始能力文件的制定通常在项目早期介入阶段进行,并作为初始试验设计的基础。初始能力文件记录装备解决方案的需求,支持备选方案分析、技术开发策略(TDS)、里程碑 A 采办决策和其后的技术开发活动。当项目直接进入里程碑 B 或者里程碑 C 时,初始能力文件与相关的能力开发文件(CDD)或者能力生产文件(CPD)的草案一起产生、验证、批准和提交。

(六)初始技术审查(ITR)

初始技术审查目的是确保计划的技术基线足够严谨,能够支持有效的成本估算。初始技术审查主要对所提出项目的能力需求以及装备方案进行评估,并验证必要的研究、发展、试验鉴定、工程、后勤以及项目设计基础能够反映所有的技术挑战和风险。

(七)备选系统审查(ASR)

备选系统审查的目的是确保技术基线满足客户需求,并确保被审查的系统能够进入技术开发阶段。备选系统审查在方案分析后期(里程碑决策点 A 之前)进行,用于演示验证首选的系统方案,针对用户要求对需求进行评估,评估首选的备选方案进入技术发展阶段的准备情况,明确后续设计和发展活动的需求。一般来说,备选系统审查主要评估在方案论证阶段已经鉴定过的初始装备方案,并决定在可接受的风险水平内最行之有效的一个或多个合适的装备方案。

(八)风险降低决策(里程碑 A)

风险降低决策,国防部称为里程碑 A,是寻求特定产品或设计概念的投资决策,确定实现技术成熟和/或降低风险所需的资源,相关风险必须在作出研制投资决策前得以降低。里程碑 A 决策批准项目进入技术开发阶段,并发布技术成熟与风险降低活动最终征求建议书。

三、鉴定结果对里程碑 A 决策的支持

试验鉴定工作可以为与采办有关的各个方面提供必要的数据、资料,有了

这些数据、资料,装备研制部门可以判断和解决技术问题;采办决策者可以作出明智的判断和合理利用有限的资源;部队用户可以确定切合实际的性能指标要求并制定有效的作战原则、战术指标和操作规程。

试验鉴定主管部门,在每个阶段审查点都要根据试验鉴定结果对采办项目作出评定。评定内容每个阶段各有侧重,在方案论证阶段主要是依据最初确定的目标,对武器系统各种备选方案进行评价。

作战试验部门(OTA)参与关键决策点 A 之前阶段的试验评估活动,通过作战评估(OA)为关键决策点 A 的决策者提供相关信息,所产生的早期作战评估(EOA)报告为关键决策点 A 的决策提供支持。在里程碑 A,项目主任将提出获得优先装备方案的方法,包括采办策略、项目风险评估等。若里程碑 A 获得批准,里程碑决策者将决定方案论证、技术开发阶段计划、发布最终征求建议书,以及完成技术成熟与风险降低和进入工程与制造开发所需的特定放行标准。里程碑决策者将把这些决策记录到采办决策备忘录中。

方案论证阶段完成的标志是完成了支持进入下一个决策点和采办阶段所需的分析和活动;威胁评估和新武器性能指标(MOP)已经核实、验证;研究结果证明新武器确有必要;预期的全寿命费用和年度经费需求未超出长期投资计划的承受能力范围。

第二节　技术开发阶段试验鉴定

里程碑 A 决策之后进入技术开发阶段。在该阶段,将要对满足用户需求的备选相关技术风险进行考察,由承包商和研制部门实施实验室实验和建模与仿真(M&S),以演示验证和评估关键子系统和部件的能力。该阶段的主要目的是降低武器系统技术风险,确定系统研发所需技术,提高技术成熟度,并对关键技术进行样机演示验证。

一、技术开发及对试验鉴定的要求

在技术开发阶段,研制试验鉴定(DT&E)主要是对前期选定技术和备选方案进行验证,通过样机演示验证进一步提高相关技术的成熟度,为计划正式启动提供支持。在该阶段,作战试验部门的职责是对方案分析阶段的活动进行监督,如有可能尽早实施早期作战评估,评估备选技术途径对作战使用的影响。早期作战评估的重点是对在任务领域分析期间所确定的缺陷进行研究,明确未来作战试验鉴定(OT&E)需求,确定只有通过作战试验鉴定才能解决的问题,以便开始早期的试验资源规划。该阶段通常还没有作战试验人员可用的硬件,因此要通过替代品试验和试验数据、建模仿真和用户演示等来实施。

在技术开发阶段,将验证项目能力开发文件,确保需求在技术上是可实现的,在经济上是可承受的,并可以进行试验确认。确认工作将在研制征求建议书发布决策点前进行,并为初步设计工作和初始设计审查(PDR)提供依据,上述工作将在里程碑 B 之前进行,支持里程碑 B 采办决策。能力开发文件提供采办部门设计系统需要的作战性能属性(包括关键性能参数(KPP)),以指导当前增量的开发和演示验证。

在论证能力开发文件验证(或其同类文件)时,项目主任将进行系统工程权衡分析,说明成本和能力根据主要设计参数发生的变化。该分析将支持能力开发文件中的优化关键性能参数/关键系统属性评估。项目主任还将提交一份更新后的采办策略供里程碑决策者批准。更新后的采办策略将描述获得能力的总体方法,包括项目进度、风险和投资。

能力开发文件验证后,项目主任将进行附加需求分析,包括需求分解和分配,以及进入初始设计审查的设计活动。除非里程碑决策者免除,否则将在里程碑 B 前进行初始设计审查。项目办公室需要考虑各种可供选择的采办策略与解决方法,对能用于该系统的新技术,以及成本、进度及技术风险进行评估。此外,项目办公室还可以制造样机并进行试验,从而进一步确定和降低风险。这个阶段一般要持续 2~3 年,有时可能会持续 5 年。

英国在这一阶段的目标是选定一个技术方案进行演示,并使分系统的技术风险降至可接受的水平。所有分系统的技术都可进行演示,包括根据研究计划需要进行集成的那些分系统。法国设计阶段以提出装备的最佳使用方法和性能建议而告终。同时,在这一阶段还要确定使用的技术规范。设计阶段又分为可行性阶段和定义阶段两个小阶段。随着可行性阶段的开始,即启动了项目的研发工作。可行性阶段集中于寻求可能的答案和评估能够满足军事需求的程度。德国在这一阶段,由国防部装备、信息技术与使用保障部提出最终的性能指标,设立项目主任和一些工作小组,军种也将任命一名项目军官,代表军兵种在项目主任的各工作小组中提出本军种要优先考虑的问题。

二、技术开发阶段的试验鉴定活动

该阶段的试验鉴定活动包含旨在降低所开发产品相关特定风险的综合活

动。在技术开发阶段,能力需求成熟并通过验证,最终实现经济可承受性。在该阶段,研制试验主要由承包商来实施,以协助选择最优的备选系统方案、技术和设计。在早期发展阶段进行的技术审查主要有初始技术审查和备选系统审查。初始技术审查在方案分析早期进行,目的是评估初始计划技术基础和初始计划成本估算。试验鉴定策略在这个阶段内不断完善和充实,在技术开发阶段结束前(里程碑决策点B)最终发展成为《试验鉴定主计划》,成为在采办周期内指导试验鉴定工作的纲要性文件。《试验鉴定主计划》阐述了有关试验鉴定计划试验目标、关键作战问题(COI)、试验职责、资源需求和试验进度。重大国防采办项目、重大自动化信息系统(MAIS)和国防部长办公厅(OSD)监督项目都要求一份《试验鉴定主计划》或者更新的《试验鉴定主计划》来支持里程碑B、里程碑C和全速率生产决策。

此阶段划分为三个相关决策点:需求决策点(国防部称为能力开发文件确认决策);向工业部门发布研制招标决策(称为研制建议征求书(RFP)发布决策点);授予研制合同决策(国防部称为里程碑B)。

(一)能力开发文件验证

在技术开发阶段,将验证项目能力开发文件(或同类需求文件)。该验证将在研制建议征求书发布决策点前进行,并为初步设计活动和初步设计评审提供依据,除非里程碑决策者免除,上述活动将在里程碑B之前进行。

(二)研制建议征求书发布决策点

该决策点授权发布工程与制造研制建议征求书,通常为低速率初始生产(LRIP)或有限部署方案征求建议。在该决策点,通过邀请企业提交符合采办策略的标书开始实施采办策略。研制建议征求书发布决策点的目的是确保在工程与制造开发请求发布前,使用合理的商业技术方法完成可执行且经济可承受项目的计划。本节点的一个目标是在已经完成供方选择且即将签订合同时,避免在里程碑B发生任何重大项目延误。

在研制建议征求书发布决策点,项目主任将对技术开发阶段的进展和结果进行总结,并审查工程研制阶段的采办策略。在采办策略审查前不迟于45个日历日内提交研制建议征求书发布决策点所需的文件。这些文件可能需要进行更新,以便在里程碑B前获得相关者的最终批准。

对于重大国防采办项目和主要系统来讲,里程碑决策者将决定研制建议征求书发布决策点的初步低速率初始生产量(或重大自动化信息系统项目的有限部署范围)。在研制建议征求书发布决策点作出的决策将记录在采办决策备忘录中。采办决策备忘录将记录获得里程碑C批准所需的特殊标准,包括所需的试验成果、低速率初始生产量、经济可承受性需求和未来年度国防计划资金需求。

(三)《试验鉴定主计划》

《试验鉴定主计划》包括试验计划概要、研制试验鉴定要点、作战试验鉴定要点和试验鉴定资源概要等内容,由一体化试验小组(ITT)在里程碑A之后里程碑B之前制定,并在里程碑C和生产与部署阶段进行更新修订。在制定《试验鉴定主计划》时,要综合考虑研制试验机构和作战试验机构的试验要求,在研制试验鉴定中纳入作战试验鉴定的要求,尽早开展作战试验鉴定,减少专门进行作战试验鉴定的试验项目,从而避免不必要的重复试验。

负责重大国防采办项目和重大自动化信息系统项目以及国防部长办公厅试验鉴定监督项目的项目主任,应将《试验鉴定主计划》提交负责研究与工程的副国防部长及作战试验鉴定局局长批准,以支持里程碑B、里程碑C和全速率生产决策。《试验鉴定主计划》应阐明主计划中要进行的研制、作战与实弹射击试验,包括在这些试验期间为评估系统性能所作的各种测量,以及为完成主计划中的试验所需的资源。《试验鉴定主计划》的制定与实施要充分利用国防部在靶场、设施及其他资源方面的现有投资。

(四)初始设计审查

在技术开发阶段,除非里程碑决策者免除,应在里程碑B之前和授予工程与制造开发合同前进行初始设计审查。与开发阶段建议征求书发布决策点相关的初始设计审查时间安排由国防部部局决定。里程碑决策者将在里程碑决策者认证和里程碑B重大国防采办项目批准时,评估初始设计审查结果。

(五)系统需求审查(SRR)

系统需求审查旨在确保系统在审查下可以进入初始系统研制并满足所有系统和性能需求。这些系统需求和性能要求来源于定义、可试验的和与成本、时间进度、风险、技术准备以及其他系统限制相一致的试验初始能力文件或能力开发文件草案。一般而言,审查以系统规范为标准评估系统需求,以确保系统需求与批准的装备解决方案以及由样机工作产生的技术一致。系统需求审查通常在技术开发阶段进行,但为了便于承包商理解重新定义的或新的用户需求,可以在工程与制造开发阶段开始后重复进行。

(六)系统功能审查(SFR)

系统功能审查是第一个开始分离子系统分配需求的审查。该审查以确保建立一个系统功能基线,可以在当前固有的预算和预定时间表下满足初始能力文件或能力开发文件草案预期需求。系统功能审查要确定系统功能定义是否充分分解到较低级部分,一体化试验小组是否准备开始初步设计。

(七)技术准备评估

技术准备评估是一个程序性、基于度量的过程,用于评估重大国防采办项目所要采用的关键技术的成熟度和风险。技术准备评估由项目主任实施,并得到独立的专家小组的支持。

(八)早期作战评估

早期作战评估通常在装备采办过程的概念细化或技术开发阶段实施,针对装备潜在的作战效能(OE)和作战适用性进行预测和评估,从而鉴定装备的潜在价值及其可能发挥的作用。此时的评估对象通常是各种备选的装备功能方案,主要评估待发展的装备军事需求、技术可实现性、军事需求的满足程度、作战效能、经济可承受性和全寿命费用以及对部队结构可能带来的影响等。美军要求,作战试验部门尽可能实施早期作战评估。这一阶段没有可用的被试系统(SUT),主要根据替代品试验和实验数据、实验模型、用户试验、实体模型/模拟器、建模/仿真和用户的演示验证来实施早期作战评估。作战试验机构将出具一份早期作战评估报告,为装备备选方案确定和关键设计审查(CDR)提供支持。

(九)里程碑 B

里程碑 B 通常是采办项目的正式启动,提供了进入工程与制造开发阶段以及国防部部局授予工程与制造开发合同的授权。该里程碑的大多数要求应在研制建议征求书发布决策点满足。在该决策点,里程碑决策者将批准采办项目基线(APB)。采办项目基线将包括单位生产和维持成本的经济可承受性上限。在里程碑 B 审查中,有关试验鉴定的典型文件有采办决策备忘录(放行准则)、初始能力文件、能力开发文件(性能参数)、采办策略、系统威胁评估、早期作战评估及《试验鉴定主计划》。

三、鉴定结果对里程碑 B 决策的支持

在里程碑 B 之前,试验鉴定针对备选方案,通过建模、仿真与技术可行性试验对技术开发方案进行演示验证,演示和评估关键部件和子系统的性能,确认武器研制考虑采用的技术是目前可用的最先进的技术,并确定要集成到系统中的有关配套技术。研制试验鉴定和作战试验鉴定在该阶段的主要目的是降低

采办的技术风险,试验中所获得的试验信息将用于支持军种或国防部长办公厅的采办项目启动决策。采办部门细化采办方案,使得系统的技术和功能逐渐成熟。研究部门利用研究、分析、仿真和试验数据,探索和评估旨在满足用户需求的备选方案。在此期间,作战试验部门也监督装备具体方案分析和技术开发活动,为未来试验鉴定规划搜集信息,并提供项目主任需要的效能和适用性方面的信息。试验部门在关键决策点 B 之前进行一次作战评估,以便为关键决策点 B 的决策提供作战方面的系统方案。此阶段的试验、分析和鉴定结果要记录到早期作战评估或阶段结束时的作战试验鉴定报告中。这些数据连同任务需求、作战方案、需求文件以及《试验鉴定主计划》一起,为下一个决策审查的性能审查提供帮助。

技术开发阶段完成的主要标志是成功完成了利用样机演示系统、分系统、部件的工作;制定了技术开发阶段的任务范围和系统的性能要求;确定了最佳的技术途径;综合权衡了系统的成本、进度、性能、风险等主要指标;对把所提议的武器系统的成本同其他具有竞争力的备选系统进行比较,确信所提出的系统是最佳的;对下一阶段的成本和进度做出了可信且可接受的评估;承诺一旦完成工程研制即可进入生产阶段。

第三节 工程与制造开发阶段试验鉴定

工程与制造开发阶段是在技术开发完成之后,生产与部署之前的阶段,介于里程碑 B 与里程碑 C 之间。在工程与制造开发阶段初期,基本上仍以研制试验为主,逐渐转向以作战试验为主。通过系统工程、分析和设计对选定的方案、典型的实验模型或早期样机进行细化,开展部件、分系统、样机研制模型的试验鉴定。这一阶段的试验任务最为繁重,其鉴定结果对武器研制和装备进程的作用也最为重要。该阶段的工作以能力开发文件、采办策略、系统工程规划和《试验鉴定主计划》为指导。

一、工程与制造开发及对试验鉴定的要求

工程与制造开发阶段的主要任务是研制、制造和试验一种产品,以证实其已经满足所有作战和衍生需求,以及支持生产或部署决策;完成所有所需的硬件和软件详细设计;系统地消除暴露出的风险;制造并试验样机或首批产品,以证实满足能力需求;准备进行生产或部署。同时在这个阶段,将完成作战试验,

以确保它在作战环境下完成工作,并将开始进行有限生产(LP),即低速率初始生产。

工程与制造开发阶段可分为两个子阶段:一是一体化系统设计;二是系统能力与制造工艺的演示验证。里程碑 B 决策后,项目正式启动即开始一体化系统设计工作。在此期间,将通过系统工程、分析和设计对选定的方案、典型的实验模型或早期样机进行细化。一体化系统设计的目的是确定系统及系统体系的功能和接口,完成硬件和软件的详细设计,并降低系统级的风险。在一体化系统设计中,研制部门的研制试验鉴定为工程设计、系统研制、风险确认、评估承包商在实现系统规范和项目目标所要达到的技术性能能力方面提供帮助。研制试验鉴定包括对部件、分系统、样机研制模型的试验鉴定。在这一阶段的试验中,要完成充分的研制试验鉴定,以确保工程较好地实施(包括生存性/易损性、兼容性、可运输性、互操作性、可靠性、可维护性、安全性和后勤保障性)。这一阶段要确认所有重大设计问题都已发现,并找到这些问题的解决方案。当系统部件的集成在样机研制试验中被证明足够成熟,并为进入系统能力与制造过程演示验证阶段或调整采办策略做好准备后,此项工作即结束。成功完成关键设计审查后的评估将结束一体化系统设计工作,开始系统能力与制造工艺的演示验证。

系统能力与制造工艺演示验证旨在演示验证系统按照已批准的关键性能参数以有效使用的方式进行作战的能力,以及演示验证过的制造工艺能否保障系统的生产。这项工作将推进由设计向工程研制模型方向迈进。为进入低速率初始生产做准备,要对工程开发模型进行鉴定。在此阶段,针对工程开发模型的试验鉴定活动产生了许多有用的信息。例如,在工程开发模型试验鉴定活动中生成的试验结果,也支持用户改进和更新武器运用条令和战术。在系统能力与制造过程演示验证阶段,试验鉴定活动得到加强,并对整个采办决策过程做出重大贡献。当系统满足经批准的要求并在其预定的环境中利用选定的生产样机进行了演示验证,具备了适当的工业能力,且系统达到或超过了放行标准和满足里程碑 C 的准入要求时,演示验证工作即告结束。

英国在整个演示阶段,要对装备性能作进一步权衡比较,以完善并确定最终的解决方案。综合能力的演示将通过物理模型、样机、计算机模型等方式进行,研制工作将就此展开,同时还可开展实战或模拟环境下的作战试验。德国在研制阶段重点是选择主承包商,完成装备的初始作战能力和后勤保障性试验。日本在该阶段,由承包商设计系统,建造实际样品,然后进行试验,以确保其符合合同的规范要求。防卫装备厅通过它的一个项目管理部管理该项研制工作。自卫队也正是在这个阶段对装备进行作战试验鉴定,以确保能在作战环境下使用。如果装备试验成功,则进入生产阶段。

二、工程与制造开发阶段的试验鉴定活动

从这个阶段两项主要工作的研制试验活动看,在系统集成工作时,其研制试验通常在承包商设施中进行,既包括部件、子系统、实验性技术状态或先期发展样机的试验鉴定,也包括与已部署的和在研的设备与系统的功能兼容性、互操作性和综合集成等方面的试验鉴定。在系统演示验证工作时,其研制试验鉴定是利用先期工程研制模型,在可控条件下通过工程和科学方法进行,为确定该系统是否已做好转入低速率初始生产的准备提供最终的技术数据。这一阶段的作战试验主要是作战评估。作战评估在工程开发样机上进行,对作战效能和适用性进行评估,并提供有关系统是否满足最低限值要求的数据。作战试验机构可利用所有试验结果、建模与仿真以及其他来源的数据,从作战的角度对这些数据进行鉴定,主要是在非生产系统上进行作战效能和适用性评估,预计系统满足用户的潜力,为决策提供支持。

由国防部部局作战试验部门进行的单独作战评估通常也在工程与制造开发阶段进行。这些事件可能表现为研制试验结果的单独鉴定或单独的试验事件,例如有限用户试验(LUT)。工程与制造开发阶段完成所有所需的硬件和软件详细设计,系统地消除风险,制造并试验样机或首批产品,以证实满足能力需求,并准备进行生产或部署。

(一)生产、部署和维持准备

在工程与制造开发阶段早期,初始产品是否支持性能要求分配将根据工程审查结果确定。在该阶段后期,项目将通过试验演示产品的支持性能,确保系统设计和产品支持包满足在里程碑 B 建立的经济可承受性上限范围内的维持要求。

(二)生产与部署建议征求书的发布

如果由于工程与制造开发阶段的活动,导致在里程碑 B 计划和获得批准的策略发生了变化,或者如果经过验证的能力需求发生了变化,将在发布竞争供方选择建议征求书或启动唯一供方谈判前,将更新后的采办策略提交给里程碑决策者审批。根据规定的程序,在任何情况下,都应在里程碑 C 和合同授予前提交更新后的采办策略。

针对长周期生产项目的提前采购,里程碑决策者可以在工程与制造开发阶段内的任何节点,或在研制建议征求书发布决策点或里程碑 B 授权长周期(前提是有充足资金)。为了提供更加高效的生产过渡,应在里程碑 C 生产决策前采购这些项目。适合指定项目的长周期数额取决于所采办产品的类型。产品内容阐述了为顺利实施生产,提前采购所选部件或子系统的需求。长周期授权将记录在采办决策备忘录中,并规定授权采办决策备忘录范围内的内容(即所列项目)和/或美元价值。

(三) 作战评估

作战评估开始于工程与制造开发阶段,并持续到装备的低速率初始生产阶段,主要针对装备系统进行作战性能评估,以鉴定装备的性能是否能够满足作战的要求。此时的评估对象通常是装备的试验性技术状态或试验样机等物理实体,试验数据能够支持对该装备的性能改进。和早期作战评估一样,作战评估要辨识系统改进情况及成功开展初始作战试验鉴定(IOT&E)所面临的风险,对每个发现的风险都要进行分类并记录。大型复杂项目通常会在工程与制造开发阶段进行多次作战评估。作战评估需在相对真实的环境中实施,并且使用典型的作战人员和保障人员。重大国防采办项目通常需要作战评估结果来支持里程碑决策及其他项目审查。实施作战评估与早期作战评估是为了帮助确定最佳设计,指出该阶段的性能风险等级,考查系统研制中有关作战方面的问题,评估潜在的作战效能和适用性。作战试验机构将利用所有试验结果、建模与仿真以及其他来源的数据,从作战应用的角度对这些数据进行鉴定,并出具一份独立的作战评估报告。

从关键决策点 B 到关键决策点 C 的阶段,采办部门通过一系列的设计审查和技术演示验证来完善系统设计。

(四) 关键设计审查

关键设计审查是工程与制造开发阶段的关键点。关键设计审查通过建立初始产品基线,确保被审查的系统在当前的预算和时间表下,能够满足初始能力文件需求。审查以产品规格为依据,评估每个系统技术状态项的最终设计,确保每个产品规格在详细设计文件中都得到遵守。关键设计审查评估计划基线以决定系统设计文件(最初的产品基线,包括项目的详细规格、材料规格、工艺规范)是否满足初始生产。在具体的系统设计中,关键设计审查缓解了技术风险。一旦产品基线建立,提高性能的时机或者降低全寿命费用会受到严格限制。这些增量审查贯穿整个系统关键设计审查。在关键设计审查中,工程与制造开发过程的结果为系统、硬件、软件、支持设备、训练系统、系统集成实验室、技术数据建立了详细的产品基线。

(五)试验准备审查(TRR)

试验准备审查以确保被审查的子系统或系统做好进入正式试验的准备。试验准备审查评估试验目标、试验方法和程序、试验范围、安全性,并确认必须的试验资源已被正式确认和调整用以支持规划的试验。试验准备审查也是评估被审查系统的发展成熟度、成本/进度有效性和风险的有效手段,以确定准备就绪可进行正式开展试验。试验准备审查是一个在采办项目的所有阶段支持所有试验的工具,包括系统和系统内部环境的试验。项目主任和试验鉴定一体化产品小组应该在具体采办阶段对所有试验准备审查、具体试验计划和鉴定项目风险等级进行调整,审查的范围直接与风险等级、与执行试验计划以及整个计划成功重要的试验结果相关。

(六)系统校核审查(SVR)

系统校核审查是产品和过程的多学科评估,确保系统可以在成本(项目预算)、项目时间表、风险以及其他限制下,进入低速率初始生产和全速率生产阶段。一般而言,该审查是对系统功能审查的跟踪检查。系统校核审查评估系统的功能以及确定系统是否满足功能基线文件的功能需求。系统校核审查建立并校核最终产品的性能。系统校核审查往往与生产准备审查同时进行。

(七)功能技术状态审核(FCA)

功能技术状态审核是对被试技术状态项(硬件与软件)特性的正式审查,旨在校核其实际性能是否达到功能基线上的设计和接口要求。它本质上是对试验技术状态项/分析数据、包括软件单元试验结果的审查,验证其是否达到系统规范中所描述的预期功能和性能。对于整个系统,这将是系统性能的规范。功能技术状态审核也可以与系统校核审查同时进行。成功的功能技术状态审核通常要对工程与制造开发产品进入低速率初始生产的成熟度进行验证。在功能技术状态审核期间,要对所有相关的试验数据进行审查,以确认该技术状态是按照功能和/或指定的技术状态特征要求运行的。

(八)系统检验审查

系统检验审查是在系统试验完成后进行的系统级结构审查,其目的是验证技术状态项(生产技术状态)的实际性能,通过试验确认是否符合其技术状态规格(性能)并将试验结果记录在文件中。系统检验审查和功能技术状态审核一般同时开展。但如果功能技术状态审核不能获得足够的试验结果以确保技术状态项能够在其作战环境下运行的话,可在稍后的时间内安排进行系统检验审查。

(九)生产准备审查(PRR)

生产准备审查是对制造过程、质量管理体系和生产规划(即设施、工具和试验设备能力、人才培养和认证、过程文件、库存管理、供应商管理)准备情况的检查。生产准备审查主要是对项目进行检查以确认其设计已做好生产准备,主承包商和主要分包商已完成了充足的生产计划而不会产生突破进度、性能、费用阈值或其他既定标准的不可接受风险。该审查要评估全部生产技术状态系统以验证它是否准确完整地实现了所有系统要求。该审查要验证是否保持了最终系统要求与最终生产系统间的可追溯性。

(十)里程碑C

一般在里程碑C和有限部署决策点对项目或能力增量开展审查,然后进入生产与部署阶段或有限部署。在作出里程碑C和有限部署决策时,里程碑决策者将考虑能力生产文件中未包含的,且可能影响作战效能的新验证的威胁环境,并将作为生产决策制定进程的一部分,与需求验证当局协商,以确保能力需求适合当前情况。里程碑决策者在里程碑C和有限部署决策点作出的决策将在审查后记录在采办决策备忘录中。

一些项目(尤其是航天器和舰船)不会在工程与制造开发阶段生产仅用作试验样品的样机,因为每个样品的成本都非常高。在这种情况下,将对首批样品进行试验,然后作为作战资产进行外场应用。这些项目可能需要采取措施进行调整,例如将开发和初始生产投资承诺结合起来。在后面这种情况下,将进行里程碑B和里程碑C组合,并且将为接下来的作战试验鉴定和全速率生产决策前的低速率初始生产承诺建立具有适当标准的附加决策点。

在里程碑C审查时关注的文件包括《采办决策备忘录》(放行准则)、更新的《试验鉴定主计划》、更新的《系统威胁评估》《备选方案分析》《研制基线》、研制试验结果和作战评估。

三、鉴定结果对里程碑C决策的支持

这一阶段试验鉴定的关键是成功地进行研制试验鉴定,以便根据关键技术参数对技术进展做出评价,及早进行作战评估,以及经试验证明各种能力已具备的情况下,利用建模与仿真对系统/系统体系的集成进行演示验证。

这一阶段中的试验鉴定对采办里程碑决策的支持作用主要涉及里程碑C,

主要体现在系统演示验证工作的研制试验鉴定,为确定该系统是否已做好转入低速率初始生产的准备提供最终的技术数据。对于通过里程碑 C 决策审查的系统将进入低速率初始生产,对于不需要进行低速率初始生产的非重大系统而言,将直接进入生产或采购;对于重大自动化信息系统项目或无生产部件的软件密集型系统而言,将进入以支持作战试验为目的的有限部署。

在里程碑决策者进行系统采办审查之前,研制部门要评估试验鉴定结果,评估包括试验结果和保障信息、结论和进一步开展工程研制的建议。同时,作战试验鉴定部门要准备一份独立的作战评估,包括对系统潜在作战效能和适用性的估计。作战评估提供关于作战试验鉴定事件的永久记录、作战试验鉴定数据的跟踪审核、试验结果、结论和建议。这些信息将用于为里程碑 C 决策作准备,并用于支持判断是否将工程与制造开发阶段的系统设计和性能引入低速率初始生产的建议。

在工程与制造开发阶段开展的技术评审、设计评审、物理技术状态审核(PCA)和功能配置审核中,试验鉴定作用的改变微乎其微。每种类型的技术审查或审核有不同的重点和特定的准入和放行准则,但首席研制试验官将始终关注试验过程以及如何开展试验。在每一次审查后,首席研制试验官都始终记录所有结论作为未来参考。

工程与制造开发阶段完成的主要标志是系统满足《试验鉴定主计划》规定的、经研制和初始作战试验验证的能力要求;系统已经满足或超出所有指定的工程与制造开发阶段放行标准和里程碑 C 准入标准;工程与制造开发将继续通过初始生产或外场应用决策或部署决策,直到所有工程与制造开发活动完成和所有需求已经得到试验验证。

第四节　生产与部署阶段试验鉴定

对重大国防采办项目而言,里程碑 C 批准进入低速率初始生产,标志着生产与部署阶段的开始。生产与部署阶段的主要任务是低速率初始生产和全速率生产,并向装备使用部门交付满足需求的装备和相关产品。这一阶段的主要目的是要获得满足任务需求的作战能力。通过低速率初始生产,要确保具备足够有效的制造能力,能生产出初始作战试验鉴定所必需的最低数量的产品或代表性样品,为系统建立初始生产基础;同时能有条不紊地提高系统的生产率,一旦圆满完成初始作战试验鉴定后(必要时应同时完成实弹射击试验鉴定),即可进行全速率生产。

一、生产与部署及对试验鉴定的要求

随着工程开发模型(EDM)在其预定环境中进行最终试验发现的所有技术问题得以修正与校核,研制部门则将最终设计转化为低速率初始生产产品。在研制部门考虑确认系统进行初始作战试验鉴定的准备情况时,要对通过低速率初始生产获得的软硬件技术状态和后勤保障系统的成熟度进行评估。为确保有效性和完整性,美军要求作战试验准备评估应当与国防部部局的准备状态验证审查一同进行。相关系统的实弹射击试验鉴定将与初始作战试验鉴定并行进行,用于评估武器系统的易损性或杀伤能力。

生产与部署阶段的试验鉴定以作战试验为主,以初始作战试验鉴定和后续作战试验鉴定形式实施。初始作战试验鉴定是直接服务于全速率生产决策的最重要的一类试验鉴定。系统进入低速率初始生产后,可先在工程开发模型或低速率初始生产样品上进行研制试验鉴定,以评估初始作战试验鉴定的准备情况。在得到联合互操作能力试验司令部(JITC)有关系统部件互操作性的确认,并确认初始作战试验鉴定准备就绪后即可实施初始作战试验鉴定。初始作战试验鉴定必须由专门的作战试验机构组织,在尽可能逼真的野外作战环境中由典型作战人员实施,其试验结果和独立的鉴定报告将成为决策的重要依据。

在进入全速率生产后,可能还要进行一些研制试验,主要用于确认之前试验中发现的设计问题是否已得到纠正。此外,在《试验鉴定主计划》中规定的但在早期阶段没有做的试验要在此时完成,包括一些极端气候条件试验和缺陷校正试验。当系统所有性能要求都得到满足时,系统各单元综合集成为最终的作战使用配置,研制试验宣告结束。生产与部署后的系统如有改进型研制,还需启动针对改进或升级方案的研制试验。当系统接近使用的最终期限时,研制试验鉴定部门可能需要对系统进行技术评估,帮助作战试验部门监测系统作战效能、作战适用性和当前的战备状态,以确定是必须进行重大升级还是针对存在的缺陷考虑用新系统替代。作战试验鉴定则以后续作战试验鉴定的形式进行,旨在改进早期作战试验鉴定期间的效能和适用性缺陷,评估在初始作战试验鉴定期间因系统限制没有鉴定的性能,鉴定新的战术和条令并评估系统改进或升级的影响。

英国在生产阶段要交付新装备,完成指定的军事任务。在这一阶段将完成全面研制的剩余工作,并进行流水线生产。法国在这一阶段的两个小阶段(研制阶段和生产阶段)可能重叠。在研制阶段,系统及其保障系统将进行详细设计、研制、鉴定、量化、认证和试验。生产阶段包括为未来装备的供应和使用所采取的一切必要的生产、培训和保障能力等。

二、生产与部署阶段的试验鉴定活动

生产与部署阶段的工作主要包括低速率初始生产与有限部署、作战试验鉴定、全速率生产决策或全面部署决策(FDD)、全速率生产或全面部署。如所有系统维持和支持活动尚未开始,则将在本阶段启动。在本阶段,相关作战当局将在指定作战部门完成装备和训练且被确定有能力执行任务作战时,宣布形成初始作战能力。在这一阶段将完成物理技术状态审核、作战试验准备评估、作战试验准备审查(OTRR)等试验鉴定工作。

(一)低速率初始生产与有限部署

低速率初始生产为系统或能力增量建立初始生产基础,提供作战试验鉴定试验件,为进入全速率生产奠定基础,并在作战试验鉴定完成前保持生产的连续性。当本阶段持续时间受限,应尽快且尽可能以低成本实现高效生产,并留出充足时间进行全速率生产前的缺陷评估与解决。

(二)全速率生产前的研制试验鉴定

系统转入低速率初始生产阶段后,开展的研制试验鉴定主要用于评估初始作战试验鉴定的准备情况,一般由政府试验鉴定部门负责实施,可先在工程开发模型或低速率初始生产样品上进行。在得到联合互操作能力试验司令部有关系统部件互操作性的确认,并确认初始作战试验鉴定准备就绪之后将由用户单位实施初始作战试验鉴定。

(三)全速率生产决策审查(FRPDR)后的研制试验鉴定

在作出全速率生产决策审查后,可能也有必要进行研制试验。这类试验通常是确认发现的设计问题已纠正,并对系统改型的生产准备情况进行演示验证。试验是在受控条件下实施的,可提供定性和定量的数据。试验是在实验型生产或初始生产批次的产品上进行的。为确保产品按照合同规范生产,要采用限量生产抽样程序。试验要确定系统是否已成功地从工程与制造开发样机阶段转入生产阶段,以及系统是否符合设计规范。

(四)生产合格试验

合格试验是研制试验的一个组成部分,用于检验系统的设计和制造程序。生产合格试验是正式的合同试验。这些试验通常使用按照生产设计的标准和图纸生产的硬件。此类试验通常要在生产证书发放前,演示合同要求的可靠性和可维护性。生产合格试验必须在全速率生产前完成。生产合格试验也可能根据低速率初始生产的条款规定实施,以确保制造工艺、装备和程序的成熟度。这些试验针对每一个条目实施,或从第一批次生产的产品中随机抽取样品。如果工艺或设计发生重大改变或者有第二批次或有其他备选,就应进行重复试验。这些试验也应针对合同规定的设计和性能需求来实施。

(五)作战试验准备审查(OTRR)

在进行初始作战试验鉴定之前,研制试验鉴定办公室对所有重大国防采办项目和特别关注的指定项目进行作战试验准备审查。作战试验准备审查主要是审查研制试验的结果,并确定已为进入初始作战试验鉴定做好了准备。作战试验准备审查基于截止审查时间的从该项目所有试验鉴定结果中得出的结论及建议,项目的试验鉴定结果包括全系统级的研制试验鉴定、一体化试验、各类证明和先前作战评估的结果。

(六)作战试验准备评估

在部门采办执行官确定初始作战试验鉴定准备就绪前,研制试验鉴定办公室为所有Ⅱ类采办项目和指定的特别关注的项目进行独立的作战试验准备评估。作战试验准备评估专注于初始作战试验鉴定技术和装备的准备计划。作战试验准备评估的目标是评估与系统能力相关的风险,以满足作战适用性和效能的目标,识别系统和子系统的成熟度级别,评估方案和技术风险,提供降低风险的建议。作战试验准备评估的结果提供给负责研究与工程的副国防部长帮办、作战试验鉴定局局长和国防部部门采办执行官。在确定初始作战试验鉴定的装备准备之前,部门采办执行官必须考虑作战试验准备评估的结果。

(七)初始作战试验鉴定

初始作战试验鉴定通常在装备采办过程的低速率初始生产阶段实施,此时将按照实际作战使用时的编制编配,使用真实的战术战法展开试验,以鉴定装备的作战效能和作战适用性、装备的生存性和可靠性、装备的维修性和保障性、装备的编成和部署需求、装备安全使用和操作需要、装备进入全速率生产的条件等。初始作战试验鉴定是美军作战试验体系中最典型、最重要的作战试验项目。初始作战试验鉴定要求在尽可能逼真的野外作战环境中,由典型的作战人员,在具有代表性的试验件上进行试验,对与作战部署相关的组织和条令、一体化后勤保障、敌方威胁、通信、指挥和控制以及战术进行检验。由低速率初始生产阶段转入全速率生产阶段之前,作战试验鉴定局局长要向国防部长、参众两院的武装部队委员会、国家安全委员会(NSC)和拨款委员会提交逾越低速率初始生产(BLRIP)报告,论述所进行的作战试验鉴定是否充分,初始作战试验鉴定结果能否确认被试装备是否作战有效和适用。

(八)后续作战试验鉴定

后续作战试验鉴定通常在装备全速率生产决策之后且已批量装备部队后实施,试验的主要目标是评估装备使用与保障需求,从而更准确地掌握装备的作战效能和作战适用性,或是对装备及其配套的条令、战术、训练等进行评估并提出改进意见。由于名义上它涵盖了初始作战试验鉴定之后进行的所有作战试验,因而可以有多种不同形式。按照最初的构想,后续作战试验鉴定要完成初始作战试验鉴定未完成的或延期的试验,还要完成对实际生产系统作战效能和适用性的验证。实践当中,后续作战试验鉴定通常用来支持已投产系统的增量型改进研发。改进范围从小的硬件修改、定期的软件系统更新到需要大量开发的重大工程更改。项目办公室对在后续作战试验鉴定期间指出的任何缺陷都应进行鉴定,从而做出对现有系统进行升级、增强或增加的决定,或在未来能力增量中予以解决的决定。后续作战试验鉴定的工作既可以由作战试验部门来完成,也可以由作战部队来完成(具体以军种指令为准)。

(九)全速率生产决策或全面部署决策

在生产与部署阶段期间,低速率初始生产完成后,里程碑决策者将进行审查,评估初始作战试验鉴定、低速率初始生产和有限部署的结果,并确定是否批准进入全速率生产或全面部署。除获得里程碑决策者特别批准外,在进行低速率初始生产或有限部署后续活动前,应消除试验中发现的关键缺陷,并通过后续试验鉴定检验补救措施。在做出全速率生产决策或全面部署决策时,里程碑决策者将考虑可能影响作战效能的新验证威胁环境,并将其作为决策制定进程的一部分,与需求验证当局协商,以确保能力需求适合当前情况。进入全速生产或全面部署的决策将记录在采办决策备忘录中。

生产与部署阶段完成的主要标志是生产的武器系统已经满足或超出所指定的生产与部署阶段放行标准,且作战试验鉴定合格。

第五节 使用与保障阶段试验鉴定

紧随生产与部署阶段而来的是使用与保障阶段,两个阶段之间的界限很难截然划分。试验鉴定活动不随部署阶段的结束而完全停止,如要对已部署的武

第六章　装备全寿命周期的试验鉴定

器进行改进,则仍需要进行某些试验鉴定活动。确认之前试验中发现的设计问题已得到纠正,并对系统改型的生产准备情况进行演示验证。生产与部署后的系统如有改进型研制,还需启动针对改进或升级方案的研制试验。

一、使用与保障及对试验鉴定的要求

此阶段的主要任务是实施产品保障策略,满足装备的战备和作战保障性能要求,并在系统整个寿命周期内维持系统,开展装备维修保障和装备退役处置工作。

连续的全速率生产可以使系统不断部署到使用场所并达到完全作战能力。这个阶段可能包括对生产技术状态的重大改进、增量的更新及相关的后续作战试验鉴定。将显著提高作战能力的模块化改进、预定产品改进和类似工作,需要作为单独增量进行管理,有其自己的里程碑 B 和里程碑 C。渐进式采办(EA)允许增量式推进能力发展和改进,但仍需确保合理的规划,以维持战备状态并支持所有已部署的增量,以及一些可能需要重启新计划的重大改进。为确定这些大的升级/改进是否必要或者是否要考虑替换缺陷产品,里程碑决策者可以审查各种拟进行的改进对系统作战效能、适用性和战备状态所产生的影响。

在具备初始作战能力或有限部署后进行的研制试验鉴定,将评估已部署系统的战备情况和可保障性。它要确保在以前的试验中出现的所有问题都已得到纠正以及评估提议的产品改进及批次升级方案,并确保一体化后勤保障(ILS)的完善性。它还要评估已有资源,并确定那些用于确保战备和保障目标的计划是否在剩余的采办寿命期内足以维持该系统。对于成熟的系统而言,进行研制试验鉴定有助于系统的改进,以应对新威胁、吸收新技术或帮助延长使用寿命,或者确定系统部件的存储效果。

一旦系统接近使用的最终期限,就要进行试验来监测系统作战效能、作战适用性和战备的现状,以确定是必须进行重大升级,还是针对存在的缺陷考虑用新系统替代。这类试验通常由作战试验部门承担。

在全速率生产或全面部署后,重点转向采购生产数量、纠正硬件缺陷、管理各种更改,并分阶段实施全面后勤保障。在系统有限部署期间,作战试验鉴定部门和/或用户可能会实施后续作战试验鉴定,以改进早期作战试验鉴定期间所做出的效能和适用性预测,评估在初始作战试验鉴定期间没有鉴定的性能,鉴定新的战术和条令及评估系统改进或升级所带来的影响。

法国全面的使用阶段正式开始于作出"投入作战使用"的决定之后。这项决定使经过作战模拟环境试验后的武器系统正式批准投入作战使用。法国在陆军和空军参谋长宣布所研制的装备"开始服役"或海军参谋长宣布研制的海军舰艇"准许服现役"时,即开始了使用阶段。在整个使用阶段,由武器装备总署向三军参谋部提供武器系统和必要的服务以达到系统目标。武器装备总署通过与参谋部门联系,管理系统的技术状态,并准备对装备进行必要的修改。

德国,随着首批装备的交付,标志着使用阶段的开始。这时使用部门接管有关装备的责任,并指定一名军官负责确保系统或装备的作战能力。尽管这时系统和装备主要由军种负责,但装备、信息技术与使用保障部仍将继续提供工程和技术保障。

日本使用阶段开始于自卫队进行研制装备的作战试验。作战试验成功后,其结果将送给防卫厅内务局,接着装备审查委员会将批准签订装备生产合同和装备的后续部署。此时,生产管理的责任就交给各自卫队本部。当装备交付后,自卫队便将该装备列编作战部队。使用该装备所必需的后勤保障,如试验装备、技术资料、零部件和其他所需装备也将与该装备一起交给部队。

二、使用与保障阶段的试验鉴定活动

使用与保障阶段有两项主要工作,即全寿命保障与处置工作。进入使用与保障阶段后,试验的重点转向评估已部署产品的后勤战备和保障情况,主要以后续作战试验鉴定形式进行。当系统接近使用的最终期限时,研制试验鉴定部门可能需要对系统进行技术评估,帮助作战试验部门监测系统作战效能、作战适用性和战备的当前状态,以确定是必须进行重大升级,还是针对存在的缺陷考虑用新系统替代。这个阶段如果发生对生产技术状态的重大改进及增量更新,则需要开展一些研制试验,对系统改型的生产准备情况进行演示验证,必要时进行相应级别的作战试验。项目主任准备且获得里程碑决策者批准的全寿命保障计划是在本阶段进行活动的依据。

在本阶段,项目主任将根据全寿命保障计划部署产品支持包,并监控其性能。项目主任将确保对资源进行规划,并获得必要的知识产权可交付成果和相关的许可权、工具、设备和设施,以保障将提供产品保障的各级别维护。

一个成功的项目将满足维持性能需求,保持经济可承受性,并在整个使用与保障阶段,通过实施应计成本管理和其他技术,持续寻求成本降低。在使用与保障阶段,项目主任将使用维持度量标准测量、评估和报告系统战备,并对偏离采办项目基线和全寿命保障计划中确定的所需性能成果的趋势实施矫正措施。

在整个系统寿命周期内,作战需要、技术进步、不断发展的威胁、工艺改进、财政限制、新一代系统计划,或上述影响组合等可能需要修订全寿命保障计划。修订全寿命保障计划时,项目主任将重新进行保障性分析,审查最新的产品保障需求和财政假设,以鉴定产品保障变化或备选方案,并确定最佳值。

使用审查是一种过程评估,以确保系统在控制风险和充分理解下进行作战部署。审查提供了风险评估、准备、技术状态和一个可衡量的发展趋势。

系统有效寿命结束时,将按照安全、保密和环境相关的所有法律法规要求和政策,对系统进行去军事化和报废处置。

三、鉴定结果对决策的支持

武器系统一旦投入战场使用,系统的某些部分可能会变得过时、无效或有缺陷,可能需要替换、升级或增强以保证武器系统满足现行的和未来的需求。首席研制试验官在这一过程中扮演了重要的角色。对现有系统的改进可能需要像采办全新的武器系统那样进行管理。然而,由于是对现有系统的更改,因此,首席研制试验官要负责确定这些增强是否会使现有系统性能降低,是否与其接口和功能兼容,非研制项目是否需要重新试验,或整个武器系统是否需要重新检验。首席研制试验官可能需要制定一份新的《试验鉴定主计划》或对原系统的《试验鉴定主计划》进行修改,并与试验单位重新协调。研制试验鉴定和后续作战试验鉴定计划的设计通常要求与项目办公室的工程、合同和项目管理一体化试验小组进行协调,也要与支持研制试验和作战试验的司令部、靶场和机构协调。

试验鉴定在设计和里程碑决策中作用突出。但是,事实上,关键里程碑决策点所需的试验鉴定结果,没有试验鉴定提供的信息作为坚实基础,决策者将不能做出判断。试验鉴定在采办各阶段发挥的作用及工作权重各不相同。在方案论证阶段,一般以《试验鉴定主计划》制定为主,不开展实质性的试验鉴定工作内容。进入工程与制造开发阶段则以研制试验鉴定为主,负责验证采办方案与技术成熟度,为采办实施过程提供支持,同时为作战试验鉴定提供基础试验数据。进入生产与部署阶段,尤其是在全速率生产之前,重点开展作战试验鉴定,验证作战适用性以及进入全速率生产的可行性。

从世界主要国家装备试验鉴定情况可以看出,试验鉴定是装备采办工作的重要组成部分,贯穿装备全寿命过程;试验鉴定是在装备采办实施中独立开展的评价工作,对装备项目实施具有监督制衡作用;试验鉴定是装备采办项目能否转入大批量生产的主要依据;试验鉴定工作的核心是在逼真的作战条件下,组织作战部队对装备的作战效能、作战适用性、生存能力等实施考核。

第七章 装备试验鉴定组织实施

装备试验鉴定活动是复杂的系统工程，与武器系统全寿命周期管理各个阶段工作紧密相连。在这一过程中，试验鉴定既要有相应的法律法规与标准规范作依据，也要有独立权威的管理机构作保障，同时还必须具有相应的运行机构作支撑，以确保装备试验鉴定工作内容与要求落地。由于试验鉴定目的、内容与要求不同，决定了各类试验鉴定活动的组织实施方式也不尽相同。同时，由于受国家管理体系与军队组织体制不同的影响，各国军队装备试验鉴定组织实施模式千差万别。本章以美军为主要研究对象，着重分析研制试验鉴定、作战试验鉴定、特殊要求及形式试验鉴定的组织实施，以及装备试验鉴定活动中的安全管理问题。

第一节 研制试验鉴定组织实施

装备研制试验鉴定主要任务是验证武器系统战术技术性能是否达到规定要求，工程设计是否完善。通过研制试验鉴定活动来管理和降低研发过程中的风险，验证产品是否达到合同要求，并在装备全寿命周期内将相关结果报告给决策者。总体来看，研制试验鉴定通常由装备研制机构负责实施，政府部门进行监督管理和开展相应的试验，以确保武器系统战术技术性能满足作战需求。研制试验鉴定向项目开发人员和决策者提供必要的知识，以衡量项目进度、确认问题、描述系统性能和局限性，并控制技术和计划性风险。研制试验鉴定结果也作为装备放行准则，确保在做出投资承诺和项目启动前取得足够的进展；其试验结果还可以用作实施合同激励的依据。

一、研制试验鉴定策略规划

（一）职责分工
《美国法典》规定，在国防采办项目中，应该指定一个部门管理试验鉴定工作,并由该部门负责武器采办过程中各阶段试验计划的所有工作。同时,法典还要求每一项重大国防采办项目,都应有一名首席研制试验官和一个作为该项目研制试验鉴定牵头机构的政府试验机构。根据国防部指示5000.89《试验鉴定》规定,与装备研制试验鉴定活动直接相关的角色与职责分工如下:

1. 项目主任

每个采办项目均由国防部的部门采办执行官任命一名项目主任。项目主任的主要职责是直接负责管理该采办项目的所有工作,包括试验鉴定活动,并负责该项目管理办公室的全面工作,是完成项目全寿命周期管理目标的唯一负责人。

2. 首席研制试验官

首席研制试验官由负责重大国防采办项目和重大自动化信息系统项目的项目主任任命,其主要职责包括:

(1)协调对该项目所有研制试验鉴定活动的规划、管理与监督;

(2)随时掌握该项目承包商活动情况,并监督其他政府参与机构在该项目下的试验鉴定活动;

(3)协助项目主任从技术上对该项目下的承包商研制试验鉴定结果做出客观判断;

(4)领导试验鉴定工作层一体化产品小组工作。

3. 牵头研制试验鉴定机构

项目研制试验鉴定的牵头机构是由国防部长办公厅研制试验鉴定监管清单项目的项目主任所指定的一个政府试验机构,其主要职责包括:

(1)就试验鉴定问题给首席研制试验官提供专业性意见;

(2)在首席研制试验官指导下实施该项目的研制试验鉴定活动;

(3)协助首席研制试验官监督该项目承包商开展的试验活动。

4. 试验鉴定工作层一体化产品小组

美军强调,所有研发装备都要由项目主任组建一个试验鉴定工作层一体化产品小组,小组成员包括系统工程、研制试验鉴定与作战试验鉴定人员,以及所有认证机构的代表。该小组的主要职责是在采办项目各个阶段制定并跟踪试验鉴定计划的执行情况。

通常情况下,一个项目办公室内部要设置首席研制试验官,作为所有试验鉴定工作的总负责人。首席研制试验官通常领导试验鉴定工作层一体化产品小组,利用主题专家完成所有与试验鉴定相关的工作,并在小组内部咨询其他试验鉴定相关方的意见,以获得关于试验鉴定最佳方案的最新准确信息。因此,首席研制试验官通过试验鉴定工作层一体化产品小组来完成试验鉴定任务并履行其岗位职责。

(二)研制试验鉴定职责

牵头研制试验鉴定机构根据首席研制试验官、《试验鉴定主计划》、试验指令等制定试验计划,并组织实施试验活动。项目办公室内通常设有负责承包商试验的相应部门或人员,以监督和审查承包商试验。如果首席研制试验官需要采用承包商研制试验数据,无论在承包商试验设施或政府试验设施进行试验,均应向首席研制试验官提交试验计划以审查和批准。

传统上,承包商研制试验与政府研制试验是顺序进行的,先进行承包商研制试验,后进行政府研制试验。但是,按照美军采办改革的要求,这一阶段的试验要求进行一体化规划与实施,即在此阶段开展的承包商试验和政府研制试验与作战试验要在一个统一的计划中,由包括上述各方试验人员组成统一的试验队伍实施。

1. 明确承包商与政府研制试验鉴定职责

采办项目在里程碑 B 之前是以承包商试验为主。在里程碑 B,采办主管部门要从技术开发阶段的几个承包商中选定一家承包商签订合同,进行系统研制。采办项目办公室首席研制试验官根据承包商预报的提供模型、样机、样品、全尺寸模型等硬件(也包括软件)的日期,以及项目早期的试验规划,制定一个由承包商在政府试验(包括政府研制试验和政府作战试验)开始前完成的试验的起止进度表。这个进度表的内容是合同谈判的重要内容,研制合同一经签订,承包商各项研制试验的起止时间就确定了。承包商要依据这个进度表制定试验实施计划,以便与政府的研制试验在时间上相衔接。同时,这个进度表的安排要写入在里程碑 B 修订的采办项目《试验鉴定主计划》中。

但是,仅在时间上安排承包商研制试验与政府研制试验的衔接是不够的,因为系统研制存在诸多不确定因素,拖进度的情况普遍发生,所以美军更加强调所谓"事件驱动的进度安排",即根据研制阶段重要事件发生的顺序安排试验进度。工程与制造开发阶段分为系统集成和演示验证两个子阶段,对一般采办项目而言,系统集成是承包商完成部件、子系统和系统设计并进行系统集成的阶段,承包商的研制试验在这一阶段进行;演示验证是研制主管部门检验系统是否达到预期性能指标,能否进入里程碑 C 审查的阶段,政府的研制试验和作战评估在这一阶段进行。在 2003 年版的美军采办文件 5000.02《国防采办系的运行》中,在这两个子阶段中有一个重要的计划审查点,称为"设计完备状态审查",这一审查将"冻结"系统的设计状态(技术状态),可以认为是从承包商研制试验向政府研制试验过渡的把关点。但是,2008年版的5000.02《国防采办系统的运行》文件将这一计划审查点取消,对传统的研制试验安排模式进行了调整,开始积极推进一体化试验规划与执行的模式。新版国防部指示5000.8《试验鉴定》通过适应性和一体化的试验鉴定程序,使得美军试验鉴定工作更加高效和灵活,更符合面向实战的需要。

2. 将研制试验鉴定纳入一体化试验规划

美军强调,按照一体化试验鉴定规划与实施要求进行试验活动安排。具体做法是,对正在研发的装备要在工程与制造阶段,由一体化试验组织进行传统意义上的承包商研制试验鉴定与政府研制试验鉴定,并在系统成熟度允许的情况下同时开展作战试验(作战评估)的内容。

试验计划的制定与实施,都是在逐渐累积的基础上进行,从个别试验和部件层次的试验及建模与仿真开始,直至全尺寸的武器系统试验。这一阶段试验活动将广泛应用风洞试验、计算流体动力学及工程模型,有时还包括分系统的数字系统模型等,以便能对整个系统做出评估。

在可能的情况下,地面试验和飞行试验由承包商人员和政府人员(包括研制试验和作战试验人员)组成的一体化试验组织来实施。它将把研制与作战试验的目的结合到一起,以不间断的方式进行试验。但需要强调的是,美军将研制试验与作战试验一体化规划与实施,但鉴定活动还必须要严格区分,由相应的鉴定机构根据获取的一体化试验数据,得出各自鉴定评估结论。与传统做法相比,一体化试验主要目的在于降低试验资源需求,并有效缩短试验周期。

(三)研制鉴定框架

美军采办政策规定,当武器系统设计成熟时,要求将数据与鉴定结果通告项目主任和其他决策者,以确定武器系统研发进展是否满足系统需求并达到预期性能要求。为确保及时将相关信息用于决策,在规划研制试验活动(事件)之前必须做好鉴定规划。即,通过确定研制鉴定方法,对重要的程序性决策所需基本信息进行确认。

按照国防部指示5000.89《试验鉴定》要求,在里程碑A的《试验鉴定主计划》中应包括研制鉴定方法,为程序性与技术风险评估提供基本信息,以及为重要程序性决策提供信息。在里程碑B,研制鉴定方法将转变为研制鉴定框架,以确认用于评估项目研发进展并达到系统要求的重要信息。因此,从制定项目鉴定计划开始,就要求项目使用研制鉴定框架,以制定武器系统的《研制试验鉴定策略》,即对整个研制试验鉴定活动做出规定。

为确保在武器系统采办全寿命周期,试验鉴定能够及时通告项目决策过程中所需信息,在《试验鉴定主计划》的3.1部分将包括项目关键决策点和支持这些决策点的信息,称作"关键决策支持"信息。在项目整个采办过程中,向决策者提供试验鉴定信息,由研制鉴定框架回答"决策支持问题"(DSQ)。

从里程碑B开始,研制鉴定框架确认了用于评估项目研发进展的关键数据:关键性能参数(KPP)、关键系统特性(KSA)、关键技术参数(CTP)、互操作性需求、网络安全需求、可靠性增长、可维护性特征、研制试验目标,等等。同时,研制鉴定框架还明确了试验事件之间的相互关系,所需要的重要资源与所支持的决策。

研制鉴定框架指导研制试验鉴定策略的制定,其重点是确认项目关键决策内容,并确定项目关键决策需要通告的信息,以及最后需要试验与建模仿真生成鉴定所要求的数据。制定研制试验鉴定策略就是定义其组成部分,如决策、决策支持问题、能力、技术指标、试验/建模仿真事件等。这些都将对量化系统的能力提供支持,应在研制鉴定框架中详细说明。

研制鉴定框架要详细说明鉴定策略所使用的如下逻辑关系:

(1)研制试验鉴定将如何为采办、程序性、技术与作战决策提供信息?
(2)将如何对一个武器系统进行鉴定?
(3)什么样的试验与建模仿真事件能够为鉴定提供数据?
(4)实施试验、进行鉴定及在决策中发挥作用等需要的资源/计划安排。

二、研制试验鉴定计划制定与审批

美军在装备全寿命周期赋予《试验鉴定主计划》法定效力,由军队试验鉴定管理机构主要领导审查批准,各级试验鉴定组织部门按照计划内容与要求组织实施。

美军要求,在做出装备研发决策后,项目主任要任命首席研制试验官,指定牵头研制试验鉴定机构,组建试验鉴定工作层一体化产品小组,制定《试验鉴定策略》和《试验鉴定主计划》。按照规定,由研制试验人员和作战试验人员,分别制定《试验鉴定主计划》中的研制试验、作战试验部分的内容。《试验鉴定主计划》包括所有试验阶段和试验事件的进度安排及试验准入、准出标准,资源需求等,是试验鉴定活动的基本遵循和指导性法规文件(表7-1)。

对于重大国防采办项目,由国防部研制试验鉴定办公室负责批准《试验鉴定主计划》中有关研制试验鉴定部分的内容;由作战试验鉴定局局长审批《试验鉴定主计划》中有关作战试验鉴定部分的内容;对于其他项目,则分别由军种采办执行官进行批准。

表 7-1　美军《试验鉴定主计划》(3.1 版)基本格式

第Ⅰ部分　引言
目的;任务描述;系统描述
第Ⅱ部分　试验计划管理与进度表
试验鉴定管理;试验鉴定数据库通用要求;缺陷报告;试验鉴定主计划更新;一体化试验计划进度表
第Ⅲ部分　试验鉴定策略与实施
3.1 试验鉴定策略
3.2 研制鉴定方法
3.3 研制试验方法
3.4 初始作战试验鉴定认证
3.5 作战鉴定方法
3.6 实弹射击试验鉴定方法
3.7 其他认证
3.8 未来的试验鉴定
第Ⅳ部分　资源概述
4.1 引言
4.2 试验资源汇总
4.3 联邦、州和地方需求
4.4 人力/人员训练
4.5 试验经费概述

装备项目主任将《试验鉴定主计划》作为从装备采办项目里程碑 A 开始的所有试验活动的主要规划和管理工具。即项目主任将按照规定要求制定和更新《试验鉴定主计划》,以对采办里程碑或决策点提供支持。特别是为了全速率生产决策或全面部署决策及后续工作,里程碑决策当局将对《试验鉴定主计划》更新或补充相关内容提出要求。随着武器系统变得越来越复杂,以及受到试验资源的限制,通常要在《试验鉴定主计划》中详细说明实施试验的类型和范围,以及研制试验鉴定的预算和时间安排,以保证在受控的环境中试验能够充分检验合同规定的性能要求与作战要求。

《试验鉴定主计划》形成以后,研制试验牵头机构与试验鉴定工作层一体化产品小组共同制定《研制试验事件设计计划》,内容包括试验目标、试验方法、试验准则、试验安排和所需数据及要求等;依据《研制试验事件设计计划》研制试验鉴定牵头机构制定具体指导试验活动实施的《研制试验详细试验计划》,内容包括更为详细的试验目标、约束和限制条件、试验规程、试验报告、数据分析等。《研制试验事件设计计划》和《研制试验详细试验计划》由军种试验鉴定部门批准;对重大国防采办项目,则还需经军种提交国防部研制试验鉴定办公室审批。

三、研制试验活动组织实施

研制试验包括承包商试验和政府研制试验鉴定,政府研制试验鉴定是在承包商试验的基础上对系统性能进行全面和充分的考核,并为开展作战试验做好准备。下面以美国陆军研制试验鉴定活动为例,详细说明研制试验鉴定活动的组织实施过程。

(一)规划计划

陆军试验鉴定规划由项目办公室具体组织,领导试验鉴定一体化小组拟制《系统鉴定计划》《试验鉴定主计划》和《试验资源计划》,形成顶层规划文件,指导试验鉴定实施。

1. 组建试验鉴定工作层一体化小组

由装备项目办公室主任首先任命首席研制试验官,指定研制试验鉴定牵头机构,组建试验鉴定工作层一体化产品小组。首席研制试验官负责所有研制试验鉴定活动的规划、管理和监督;研制试验鉴定牵头机构负责组织开展研制试验鉴定活动。试验鉴定工作层一体化产品小组包括装备研发人员、作战开发人员、系统鉴定人员、研制试验人员、作战试验人员、后勤人员、训练开发人员、威胁协调人员,以及陆军试验鉴定执行官、陆军部助理部长(负责采办、技术与后勤)、副参谋长G-1(负责人事)、副参谋长G-2(负责情报)、副参谋长G-3(负责作战)、副参谋长G-8(负责财务管理)、首席信息官G-6的代表。国防部监管的重大国防采办项目,该小组人员还要包括作战试验鉴定局及研制试验鉴定办公室的代表。

2. 制定《系统鉴定计划》

陆军鉴定中心依据能力需求文件,在研制试验人员和作战试验人员的协助下,制定《系统鉴定计划》,明确关键作战问题和准则、鉴定策略、鉴定方案以及试验实施策略,规划一体化试验计划。《系统鉴定计划》是试验鉴定的重要规划文件,由陆军试验鉴定司令部批准;国防部监管的重大国防采办项目,须经试验鉴定办公室主任(陆军试验鉴定执行官)提交作战试验鉴定局局长审批。

3. 制定《试验鉴定主计划》

项目主任组织试验鉴定工作层一体化产品小组依据《系统鉴定计划》,制定《试验鉴定策略》和《试验鉴定主计划》。研制试验人员和作战试验人员分别制定《试验鉴定主计划》中有关研制试验、作战试验部分的内容。《试验鉴定主计划》包括所有试验阶段和试验事件的进度安排、试验准入、准出标准及资源需求等,是试验鉴定活动必须严格遵循的法规性指导文件。

4. 批准《试验鉴定主计划》

对于国防部监管的重大国防采办项目,项目主任将《试验鉴定主计划》分别提交项目执行官、陆军试验鉴定司令部、陆军训练与条令司令部审批,批准后的《试验鉴定主计划》提交陆军试验鉴定办公室,由陆军试验鉴定执行官审批。陆军审批完成后,陆军试验鉴定办公室将《试验鉴定主计划》提交国防部,研制试验鉴定办公室审批其中研制试验鉴定部分的内容,作战试验鉴定局局长审批其中作战试验鉴定部分的内容。国防部审批完成后,陆军试验鉴定办公室将《试验鉴定主计划》分发至国防采办执行官、军种项目执行官和项目办公室。对于一般采办项目,由陆军负责审批其《试验鉴定主计划》。

5. 制定和审查《试验资源计划》

陆军试验鉴定司令部依据项目《系统鉴定计划》和《试验鉴定主计划》,制定《试验资源计划》,进一步详细描述需要的试验资源。需用到其他军种和机构的试验资源时,由陆军试验鉴定司令部直接协调,并按国防部有关规定支付相关费用。陆军试验鉴定司令部将《试验资源计划》提交陆军"试验进度安排与审查委员会"审查。"试验进度安排与审查委员会"由陆军试验鉴定司令部司令担任主席,成员包括陆军部助理部长(负责采办、技术与后勤)、陆军部助理部长(负责财务管理和审计)、副参谋长 G-1(负责人事)、副参谋长 G-2(负责情报)、副参谋长 G-3(负责作战)、副参谋长 G-4(负责后勤)、副参谋长 G-8(负责财务管理),以及陆军训练条令司令部、装备司令部、情报与安全司令部等一级司令部所派出的一名将官或级别相当的代表,共20余人。该委员会每半年召开一次会议,审查所有《试验资源计划》,协调资源、解决冲突,形成陆军试验鉴定资源《五年试验计划》报负责作战与训练的副参谋长批准后执行。

(二)组织实施过程

美国陆军开展的研制试验鉴定由陆军鉴定中心组织实施,主要活动包括制定试验实施计划、培训参试人员、开展试验活动、获取试验数据、试验结果鉴定与报告。

1. 制定试验实施计划

依据《系统鉴定计划》,陆军鉴定中心负责鉴定人员与试验鉴定一体化小组共同制定《研制试验事件设计计划》,内容包括试验目标、试验方法、试验准则、试验安排和所需数据及要求等。依据《系统鉴定计划》和《研制试验事件设计计划》,研制试验牵头机构制定具体指导试验实施的《研制试验详细试验计划》,内容包括更为详细的试验目标、约束和限制条件、试验规程、试验报告、数据分析等。《研制试验事件设计计划》和《研制试验详细试验计划》由陆军试验鉴定司令部批准,对重大项目,还须经陆军试验鉴定执行官提交国防部研制试验鉴定办公室审批。

2. 试验活动组织实施

研制试验牵头机构组建试验团队、指定试验负责人,对参试人员进行培训、认证。试验准备经审查合格后,试验负责人依据《研制试验详细试验计划》,组织参试人员在相关靶场开展试验,获取试验数据。系统集成阶段之前的研制试验鉴定通常在承包商试验设施中进行,军种研制试验机构对重点试验节点进行监督和把关;演示验证阶段,由军种研制试验机构利用先期工程研制模型在可控条件下进行,为确定系统是否已做好转入小批量生产提供技术数据,为里程碑 C 提供决策支持。小批量生产后的研制试验由军种研制机构在小批量生产样品上进行,用于评估初始作战试验鉴定的准备情况。在确认初始作战试验鉴定准备就绪后,将由军种作战试验机构实施作战试验。

3. 试验报告

陆军鉴定中心负责分析试验数据,对试验结果进行鉴定,形成《研制试验鉴定报告》,提交项目办公室、陆军试验鉴定办公室、军种采办执行官。国防部监管的重大国防采办目,《研制试验鉴定报告》还须提交国防部研制试验鉴定办公室。

试验结果必须是综合结果,并且在提交给里程碑决策当局之前已完成评估。正式试验报告格式类似于《研制试验详细试验计划》的格式。执行摘要包括试验项目重要结果、试验目标和方案的描述汇总。除试验目标外,试验的结果(包括标准、试验程序、试验结果)还应有相关数据的技术分析。同时,正式研制试验鉴定报告还应包括对缺陷与不足的分析和改进建议方面的内容。

第二节　作战试验鉴定组织实施

作战试验鉴定由军方独立的专门机构实施,其主要目的是评价新武器系统的作战效能和作战适用性。在国防采办项目的每个阶段,通常都要进行某种形式的作战评估或作战试验,每种作战评估或作战试验都应在规定的决策审查中发挥关键作用。作战试验重点关注的是作战任务的完成情况,而非满足技术规范、需求、效能指标和性能指标。在转入初始作战试验鉴定前,军种采办执行官须执行"作战试验准备评估"程序,证明系统已为转入初始作战试验鉴定做好准备。采办执行官签署评估备忘录,提交军种试验鉴定部门,由军种试验鉴定部门组织开展"作战试验准备审查",审查通过后,开始初始作战试验鉴定。

一、作战试验鉴定策略规划

(一)职责分工

在研系统的作战试验鉴定是由独立的作战试验机构来实施。美军每个军种都设立了这样的机构,对该军种作战试验活动进行规划、实施并报告结果。这些机构是:陆军作战试验鉴定司令部、空军作战试验鉴定中心、海军作战试验鉴定部队和海军陆战队作战试验鉴定处,国防信息系统局指定联合互操作试验司令部为国防信息系统的作战试验机构。但在整个作战试验鉴定规划和执行过程中,项目管理办公室、试验鉴定工作层一体化产品小组也起着重要作用。

作战试验实施者为"典型"用户建制单位,要求作战试验参试人员应与系统部署后进行系统操作、维护和保障的人员专业水平相当。根据需要对参与系统操作的人员进行培训。在初始作战试验鉴定之前实施的作战试验,大部分系统培训由系统承包商实施。对于初始作战试验鉴定,则通常由承包商负责培训军种的训练教官,然后再由这些教官对参试人员进行培训。

为制定和不断完善试验鉴定计划,作战试验鉴定机构应及早地介入到系统寿命周期中。在制度设计上,国防部作战试验鉴定局和军种作战试验鉴定机构通过参与参联会领导的需求生成过程,将需求文件中的关键作战问题细化为试验可以考核的指标,确保装备需求中各项作战使用要素都是可测试和可试验的。在国防部层面,作战试验鉴定局要参与美军参联会领导的需求产生过程,从试验的角度对装备需求中有关作战使用问题提出意见和建议,以保证装备需求中各项作战使用要素都是可测试和可试验的,这一点对于充分考核后续的装备研制成果是极为关键的。

在军种层面,军种作战试验鉴定机构的人员要尽早介入到项目的采办过程中,为各种需求文件(初始能力文件、能力开发文件和能力生产文件)的制定提供试验方面的意见,并将需求文件中的关键作战问题细化为试验可以考核的指标。

(二)规划计划

美军作战试验鉴定的规划可以分为三个阶段:早期规划、先期规划和详细规划。早期规划要制定关键作战问题(COI)、形成鉴定计划、确定作战方案、预想作战环境并制定任务场景及资源需求。先期规划要确定试验目的和范围,并明确效能指标及其他关键问题指标,主要包括制定试验目标、建立试验方法、估计试验资源需求。详细规划则包括确定要遵循的每一步程序,及对资源需求进行最终协调。其中,确定关键作战问题、确保作战试验真实性和制定试验方案,成为作战试验鉴定规划的主要内容。

一是关键作战问题的确定。作战试验鉴定的一个目的就是要解决系统的关键作战问题。作战试验鉴定规划的第一步就是要明确这些关键问题,其中一些问题会在能力开发文件中明确。例如,"系统执行其任务的某个特定方面的能力怎么样?""能在野外对系统进行后勤保障吗?"。其他问题则来自针对系统性能所提的问题或针对系统如何影响必须与其一同运行的系统所提的问题。关键问题指出了作战试验的重点和方向。确定这类问题与系统工程过程的第一步(即定义问题)类似。准确地提出关键作战问题,能够发现系统中存在的缺陷。在作战试验期间,每个子目标都对应一个实际的试验指标。在明确了这些问题后,才能够为试验的实施制定计划。美军在实施 F-22 作战试验过程中,以作战使命任务为牵引,牢牢抓住作战能力这条主线,根据能力需求文件中明确的护航、打击高价值空中目标、肃清空域、空中战斗巡逻等 12 项作战任务,生成相应的作战试验考核内容,并针对考核内容设置了全球部署、制空任务、生存能力、架次出动率、全天候适用性等 5 个方面的关键作战问题,然后将关键作战问题分解为更具体的试验目标,建立考核指标体系。

二是保证作战试验鉴定的真实性。美军规定,在初始作战试验鉴定期间,当利用有生产代表性的系统进行兵力对抗试验时,作战环境的逼真度应设置为最高。成功复现逼真作战环境的程度直接影响到初始作战试验鉴定报告的可信度。试验规划人员主要关心以下内容:

(1)野外试验要包括通常预期会在战场出现的所有要素,如机动场所大小和类型、环境因素、白天/夜间作战能力、严酷的生存条件等。

（2）逼真的作战应利用以下要素来复现：适当的战术和条令，在部署了威胁装备的环境中经过适当训练的有代表性的威胁部队，对试验激励的空转响应、压力和"脏"的战场环境（火焰、烟雾、核生化、电子对抗等），战时的作战速度，实时的伤亡评估，以及需要具备互操作能力的部队等。

（3）任意组成即指在那个时刻的生产型或具有生产代表性的系统硬件构型和软件配置，包括相应的后勤保障部分。

（4）典型军事用户是从经过充分培训的各种技能水平和等级的未来（操作该系统的）作战部队中选取的。选择"金牌驾驶员"或"最优秀人员"将不能提供有效的试验数据来反映典型单元是成功还是存在问题。

三是制定详尽的试验方案。制定作战试验鉴定计划的一个重要步骤就是制定一个全面的试验计划方案。必须确定以下有关内容：系统研制期间何时实施作战试验鉴定，要在生产型装备上进行哪些试验，试验将如何进展，哪些试验必须等到所有系统能力都开发出来以后才能进行。综合考虑以下诸多因素后能够制定出最佳方案：试验信息需求、各试验阶段的系统可用性、系统能力的演示验证等。试验方案是由采办策略驱动的，是用于规划试验鉴定事件的路线图。

2008年，英国国防部发布《国防试验与鉴定战略》，明确对装备试验鉴定采取"一体化试验、鉴定与验收"（Integrated Test Evaluation Acceptance，ITEA）的策略。国防部负责统筹规划包括作战试验鉴定在内的试验鉴定活动，对武器装备采办全寿命过程中的作战试验鉴定工作进行统筹规划和设计，在确定试验鉴定的策略与方法之后，将作战试验鉴定纳入需求与验收管理计划（RAMP）之中，在制定《用户需求文件》（URD）与《系统需求文件》（SRD）时，将项目验证与审查的标准确定下来，作为实施包括作战试验鉴定在内的一体化试验、鉴定与验收规划的基础。

二、作战试验鉴定计划制定与审批

根据项目办公室制定的《试验鉴定主计划》，美军牵头作战试验机构负责制定《作战试验事件设计计划》和《作战试验执行计划》，内容包括具体作战试验事件的试验设计、试验方法和分析技术等。如果《试验鉴定主计划》中确定的试验事件的实施顺序会对数据分析造成影响，则试验计划应包括试验事件执行顺序的细节和/或试验点数据采集情况。如果作战指令（如战术、技术和程序，标准操作程序，技术手册，技术规程）会对试验结果产生影响，则应考虑其影响并将相关因素纳入作战试验计划当中。试验计划必须包含进行常规变更(由于天气、试验暂停等原因造成的延迟)所需的标准。

《作战试验事件设计计划》和《作战试验执行计划》由军种作战试验鉴定部门批准,对于重大国防采办项目,还须经军种作战试验鉴定部门提交作战试验鉴定局审批。

三、作战试验鉴定活动组织实施

(一)作战试验准备审查

对于重大国防采办项目,国防部研制试验鉴定办公室进行作战试验准备评估,主要用于识别风险、降低风险,评估通过后,结果提供给军种采办执行官、负责采办的副部长和作战试验鉴定局局长。军种采办执行官对所有项目进行作战试验准备审查,审查通过后,由首席试验官协调军种作战试验部门实施作战试验。

国防部每个部门都应当编制一份作战试验准备审查程序,在进行作战试验之前对作战试验鉴定局监督列表中的项目实施该审查程序。在进行初始作战试验鉴定之前,该程序应包括研制试验鉴定结果审查、基于关键性能参数的系统进展评估、关键系统属性、《试验鉴定主计划》中的重要技术参数,以及已确定技术风险的分析(确保那些风险在研制试验鉴定和/或作战试验鉴定、系统认证审查、《试验鉴定主计划》规定的初始作战试验鉴定准入标准审查中已经消除或降至最低水平)。

(二)作战试验鉴定实施过程

作战试验计划重在实施。实施是试验规划和试验报告之间必不可少的桥梁。试验是由作战试验机构试验主任以及试验小组实施。军种作战试验机构进行试验准备,成立项目试验小组,小组负责人组织制定详细的试验计划,协调试验资源,组织试验部队实施作战试验。为顺利实施作战试验鉴定计划,试验主任必须对试验资源的使用进行指导和控制,并采集需要提交给决策当局的数据。

下面以重大国防采办项目的初始作战试验鉴定为例,介绍美军作战试验的实施过程。

对于重大国防采办项目,通过作战试验准备审查后,由首席研制试验官协调军种作战试验机构实施作战试验。军种作战试验机构组织试验部队实施作战试验。试验完成后,试验小组进行数据分析和试验鉴定,起草试验报告,通过军种参谋长报作战试验鉴定局局长,同时将报告通报项目办公室和军种采办执行官。作战试验鉴定局局长对试验结果进行独立的审查评估,形成客观的作战试验鉴定报告,提交负责采办的副部长、国防部长和国会。初始作战试验鉴定的实施过程如图7-1所示。

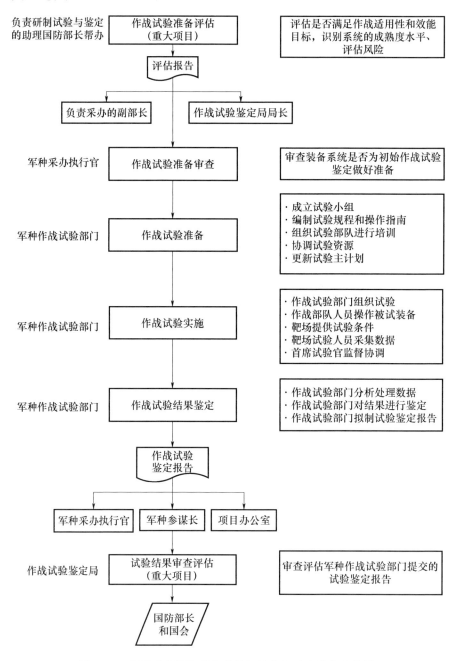

图7-1 美军重大国防采办项目初始作战试验鉴定流程图

在实施作战试验过程中,应注意以下要求:

(1)关于试验期间的安全问题:项目主任应与用户和试验鉴定机构合作,在进行可能影响人员安全的任何试验之前向研制和作战试验人员提供安全保护措施。

(2)关于试验计划更改:除了重大的不可预见的情况,经批准的作战试验计划或实弹射击试验计划中的所有要素最终必须在作战或实弹射击试验结束时完全实现。如果不能完整执行某项经批准的计划,在修订后的试验事件执行之前必须得到作战试验鉴定局对相关变更的审批。一旦试验开始,在未咨询作战试验机构指挥员(对于作战试验计划)或相应的牵头试验机构(对于实弹射击试验计划)之前,或在取得作战试验鉴定局的同意之前,不得对试验计划的已审批要素进行任何更改。

(3)关于数据完整性:如果试验完成标准所需的数据丢失、损坏,或未采集到相关数据,除非作战试验鉴定局放弃该要求,否则试验将被视为未完成。

法国联合参谋部门及陆、海、空军参谋部负责装备作战使用性能的考核,作战使用性能考核主要是带有作战背景的作战、训练、维护等方面的部队考核,一般在武器装备总署组织的技术性能试验完成后进行。参谋部门组织武器装备作战使用性能考核时,通常选调作战部队实际操作使用人员,先到军种所属院校进行短期培训,符合标准要求后,转入实装考核阶段。相关的试验中心派人参与作战使用性能考核,提供技术支持和指导。作战使用性能考核发现问题时,军种参谋部向武器装备总署提出,由武器系统局协调解决。

四、作战试验鉴定结果报告与使用

作战试验鉴定的试验报告是非常重要的文件,应对系统的优缺点进行客观而准确的描述,针对试验的充分性、系统的作战效能和适用性问题向审查人员和里程碑决策者提出建议,同时也对未来的试验鉴定和系统改进提出建议。

(一)数据分析与鉴定

试验过程中将产生多种原始数据,包括系统日志、执行日志、试验主任注释、用户和作战人员评估与调查的数据等。这些数据可能是保密的、非密的或是专有的。美军项目管理办公室负责建设与管理本项目试验鉴定数据库,需要对这些数据进行采集,建立数据状态矩阵,进行压缩、校核、归档、存储、检索和分析。一旦试验完成,并对数据进行了处理和分析,就必须提交试验报告,并报告结果。

(二)试验报告

实施作战试验鉴定活动后,美军试验部门需以报告的形式,向决策部门、项目部门和采办部门及时、客观、简明、全面和准确地通报试验结果,对试验过程中武器系统的成功之处与存在问题提出客观公正的看法,既要阐明系统值得肯定的方面,也要把所发现的系统缺陷说清楚,为采办里程碑决策的制定提供重要支撑。

作战试验鉴定报告常见类型包括状态报告、中期报告、快览报告和最终报告。状态报告要定期更新(如每月一次、每季度一次),并报告最新的试验结论。中期报告是在进行长周期试验时要提供的到报告截止时累积试验结果的汇总。快览报告提供的是初步的试验结果,通常在一个试验事件结束后立即编制,用于支持项目的里程碑决策。

最终报告将试验结果和关键问题相关联,旨在解决试验设计和试验计划中提出的目标,是试验执行情况和试验结果的永久性记录。最终报告分为两部分:主体部分提供试验方法和结果的基本信息;附录部分提供详细的补充信息。最终报告还可能包括对试验结果的鉴定和分析。其中,鉴定将利用全部或部分数据的独立分析结果,也可利用其他来源的数据,还可利用建模与仿真结果并外推至其他条件,通过分析给出对试验的推断,并提出建议。

此外,《逾越低速率初始生产报告》是重大采办项目或作战试验鉴定局指定的项目,在逾越低速率初始生产前,由作战试验鉴定局向国防部长、参众两院的武装力量委员会、国家安全委员会和拨款委员会提交的一份报告。其内容是说明所进行的作战试验鉴定是否充分,初始作战试验鉴定的结果能否确认被试品或部件在由典型军事用户在作战应用时是有效的和适用的。

第三节 研制试验与作战试验一体化组织实施

长期以来,美英等国军方依据不同时期国防战略与军事需求的变化,适时调整与修正武器装备采办管理制度,不断研究与创新装备试验鉴定理论和方法,改革与优化国防部内及各军种隶属的试验鉴定机构,统筹与完善试验资源。经过数十年的探索和尝试,美军逐步形成了较为先进的一体化试验鉴定理念,并在大力推动其有效实施。

一、一体化试验鉴定概念与意义

目前公认的一体化试验的概念是 2008 年由美国国防部负责采办、技术与后勤的副部长和作战试验鉴定局局长联合备忘录中给出的定义,即:一体化试验是指所有利益相关方,尤其是研制试验鉴定组织(包括承包商和政府组织)和作战试验鉴定组织,协同规划和协同实施各试验阶段的试验事件,为支持各方的独立分析、评估和报告提供共享数据。该定义明确了一体化试验的几个要点:作战试验人员早期参与系统设计;在研制试验鉴定中融入作战使用相关因素;提供共享数据;开展独立分析与鉴定。

美国国防部于2020年11月修订发布的国防部5000.89指示中明确要求开展一体化试验鉴定,要求项目主任应与用户以及试验鉴定机构一起,将研制试验鉴定、作战试验鉴定、实弹射击试验鉴定、系统族互操作性试验、建模与仿真活动协调成为有效的连续体,并与需求、定义、系统设计和研制紧密结合,采用单一的《试验鉴定主计划》,形成统一和连续的活动,尽量避免在武器研制阶段进行单一试验和重复性试验,力争通过一次试验获得多个参数,以显著减少试验资源的使用,缩短研制时间,提高试验效益。如今,一体化试验鉴定模式作为一种高效费比的试验模式受到了高度重视,已经成为美军国防采办中大力提倡的重要策略。

正确理解装备一体化试验鉴定的概念和内涵,需要把握以下几个问题:一是装备一体化试验鉴定不是一种新的试验类型,也不是一个事件或单独的试验阶段,而是一组一体化的试验计划;二是装备一体化试验鉴定的目标是制定并实施研制试验与作战试验的无缝试验计划,从而能够向所有鉴定人员提供有用、可信的试验数据,以支持决策者解决有关装备的研制和作战问题;三是装备一体化试验鉴定并不仅仅是研制试验和作战试验的并行开展或者结合进行,而是要求共享试验事件,独立评价;四是要设计、制定并生成一个能协调所有试验活动的综合性计划,实现对有限试验资源的充分利用和试验数据的高度共享,以更短的时间、更低的成本和更高的效率为采办决策提供支持。

一体化试验鉴定的意义在于能够在项目研制的早期,及时发现缺陷和问题,从而显著缩短产品研制周期、降低研制费用和减少项目风险。这些优势在美军武器装备发展实践中已获得充分的印证。美国海军进行水下鱼雷试验时,每实弹发射一次需要花费5万~8万美元,而采用一体化试验鉴定方法以同样的资金可以获得100~300次发射试验的数据;美国陆军在"海尔法"反坦克导弹研制中因推行一体化试验鉴定少发射90发弹,节省费用1.38亿美元,并提前一年装备部队;美国空军的阿诺德工程发展中心、美国海军空战中心等采用一体化试验鉴定方法,支持F-15、F-16、B-1B、联合直接攻击弹药(JDAM)、

F/A-18、F-22、F-35 等各种航空武器系统的开发和改进工作。比如,F-22 项目采用阿诺德工程发展中心提供的一体化试验鉴定方法来解决不同情况下该机的燃料箱和弹药的安全分离问题,结果为该项目节省了 800 万美元。F-35 项目使用基于先进建模仿真技术的一体化试验鉴定方法帮助项目主任发现了传统飞行试验更晚些时候才能暴露的潜在问题并及时加以改进,如确保内部部件冷却从而使飞机保持隐身,同时不会很快使部件磨损;设计一种飞行员弹射时使用安全的座舱盖逃生系统。而过去这些问题要修正需要花上更多时间和资金。

二、一体化试验鉴定组织实施基本原则

尽管理论上一体化试验的理念很容易理解,但实际实施过程则要困难得多。有效实施一体化试验需要把握的基本原则有:

(1)在两个层面需要合作和信任:在采办组织和试验鉴定组织之间,在所有对该项目发挥作用的试验机构(包括承包商)之间。如果没有合作与和信任,试验鉴定仍将是割裂的,只能做到部分优化。

(2)试验人员的早期参与和影响有助于完善新的需求和采办策略、过程和输出。一体化试验的概念考虑得越早,该项目的获益就越多。一体化试验的原则与方法必须有目的地设计到计划中,时间最好是在里程碑 A 之前,即尚未制定任何试验鉴定计划之前,不能成为马后炮。

(3)在收集数据前,必须就通用的试验鉴定的参数、方法和术语达成一致,确保以最小的重复获取尽可能广泛的应用。

(4)通用试验鉴定数据库,所采用的数据获取方式必须能确保数据的可追溯性、完整性、有效性和安全性,并尽可能让所有试验人员都能访问到数据。

(5)一体化试验应采用科学试验与分析技术,如试验设计或者类似的工具,以使每一个试验事件都能满足多个目标和多家机构的要求。每一个试验事件必须尽可能多地挖掘试验价值和数据。

(6)各试验机构的目标绝不能受到损害。各机构必须保留向决策者报告结果的能力。

(7)试验鉴定的数据量必须恰好满足决策者和在每个计划节点作战人员的需要。太少的信息量将导致执行不力,而太多又会浪费。

三、一体化试验鉴定需要考虑的关键问题

一体化试验鉴定作为试验鉴定的一项综合化发展策略,更多的是需要相关

理念、组织管理结构和方法手段等能跟上其发展的步伐,还要把握好早期介入、确保独立评估等多方面的关键问题。经过数十年的不断调整、改进,美军试验鉴定体系在思想观念、组织管理、流程实施、手段方式等方面向一体化不断发展,比较好地把握了有效落实一体化试验鉴定需要考虑的关键问题。

(一)构建顺畅的一体化组织管理模式

美军长期实践经验表明,构建顺畅的一体化组织管理体制,对于有效实施武器装备一体化试验鉴定策略至关重要。

美国国防部在试验鉴定机构设置和试验资源投入与分配等方面进行了多次调整,反复平衡研制试验与作战试验鉴定组织管理模式,如今在国防部层面已构成研制试验鉴定办公室、试验资源管理中心和作战试验鉴定局相对独立、相互支撑、相互融合的三位一体试验鉴定管理模式。

在项目管理层面上,通过组建首席研制试验官牵头的"试验鉴定工作层一体化产品组",为一体化试验策略的顺利实施提供基础平台;通过《试验鉴定主计划》,统筹考虑所有试验阶段和试验事件的进度安排、试验准入和准出标准和资源需求;建立通用的试验鉴定工具、方法、标准和公式,实现试验数据最大程度的共享和有效利用等。通过上述措施,在项目组织层面打通不同部门间的管理关节,保证一体化组织管理的扎实落地。如1993年3月,美国海军V-22"鱼鹰"项目管理主任签署成立海军第一个一体化试验小组的文件,并组建了试验鉴定工作层一体化产品小组。在此之前,政府和承包商的飞行试验是分别进行的,为了消除冗余的试验,承包商和政府制定了一个共享的飞行试验计划,明确一体化试验小组的作用和任务,并用一套通用程序文件来指导各参与机构的行动。一体化试验小组工作的结果表明,政府机构可以更好地了解承包商的研制结果,设计人员能够更多地了解作战任务需求,作战人员也增加了对先进技术的熟悉程度,可以减少作战试验的飞行次数;同时研制者能够及早得到反馈结果并及时矫正各种缺陷。由此,减少了试验时间,降低了项目风险。

(二)注重一体化试验鉴定的早期介入

一体化试验与试验人员的早期参与或影响是密不可分的。早期影响是指早期文件(即需求文件、采办策略、试验鉴定策略、备选方案分析、试验场景、作战方案、建议征求书、工作说明等)的拟制或审查者必须运用一体化的原则和目标对这些计划文件进行完善。采办策略和首个里程碑决策必须以这些原则和目标为指导,否则,随着时间的推移,将一体化试验纳入计划策略中会变得越来越困难。

另据美军统计,在系统研发寿命周期的后期纠正缺陷估计将使项目增加10%~30%的成本。因此,"试验人员早期介入,试验早开展、问题早发现、缺陷早纠正"始终是一体化试验追求的目标之一。新项目一经确定,项目主任就应成立一个首席研制试验官领导下的试验鉴定工作层一体化产品小组,以确保通过严密的试验鉴定设计支持《试验鉴定策略》、采办策略、《试验鉴定主计划》、首个里程碑决策及所有其他的早期试验鉴定相关活动。试验鉴定工作层一体化产品小组可以先形成一个由试验鉴定人员构成的小组,他们可以利用任何与提议的新系统有关的早期信息(如技术报告、过去的经验、试验场景或新的部署方案等)就自己的专业领域给出合理的建议。首席研制试验官和作战试验方应该共同掌管试验鉴定工作层一体化产品小组,以确保试验鉴定能覆盖项目的整个周期。一体化试验方案必须嵌入《试验鉴定策略》和《试验鉴定主计划》中。

(三)保证一体化试验鉴定独立评估的权威性

一体化试验鉴定应遵循的一个原则是不能损害研制试验或作战试验目标。装备的试验活动的策划、实施、数据采集虽然是一体化的,但研制试验和作战试验鉴定部门获得需要的数据后,都是独立评估并给出鉴定结论的。在所有的一体化试验计划中都应对试验结果的独立鉴定(包括研制鉴定和作战鉴定)作出规定。

美军装备试验鉴定体系具有"一体实施、高效运行;独立鉴定,权威评估"的特点。自20世纪70年代试验鉴定体系改革后,作战试验鉴定一直保持相对独立:一是管理机构独立。国防部作战试验鉴定局、军种负责作战的高级军官、作战鉴定试验部队构成专门化垂直负责体系,超脱于采办部门、研制部门和使用部门之外。二是组织实施相对独立。作战试验或作战/研制一体化试验对承包商的介入有严格的限制,并且必须由作战试验鉴定部队独立完成评定后直接上报负责的军种副部长或参谋长及国防部,作为采办决策的依据。三是评估结果的独立性。作战试验评估机构依靠自己独立的模型和标准对武器系统性能进行评估,而不使用承包商或其他第三方机构提供的标准。

第四节 特殊装备与内容要求试验鉴定组织实施

特殊装备是指试验鉴定组织形式与常见装备差异较大,在采办模型与全寿命周期管理阶段有特殊要求的装备,如军用软件、航天系统等。特殊内容要求试验鉴定组织实施,是指在武器装备研发与部署使用过程中,对装备某种属性试验鉴定有着特殊要求,且适用于所有装备相应属性试验鉴定组织实施,如美军近年来极力推进的网络安全试验鉴定等。

一、军用软件试验鉴定组织实施

军用软件主要分为武器系统中的嵌入式软件和自动化信息系统(AIS,如兵员管理信息系统、财务核算系统、被装管理信息系统等),统称"软件密集型系统"。软件开发一直是许多美军软件密集型系统的一个重大风险。尽管所谓软件密集型系统的测试遵循武器装备试验鉴定的一般原则,但重要的是理解软件开发工作的某些特性。软件测评涵盖整个系统开发寿命周期,从方案与需求开发到设计、实现、运行、维护,直至升级、退役。通常,对于美军安全关键系统,软件开发采用的是经典的自上而下方法,包括下列相互重叠的阶段:需求分析、体系结构/概要设计、详细设计、编码,以及以软件单元测试为开始,随后是集成和相关合格性测试等。

(一)软件规范审查

在开发过程的几个关键里程碑节点,包括需求分析审查、概要设计审查和关键设计审查,都要对软件考虑因素进行评估。所有软件系统的开发都包括一系列开发活动,而这些活动受底层系统工程范例所驱动。然而,由于软件自身是一种无形的、高度灵活的和易于变化的产品,并且有许多用来定义质量的方法。因此,如果对这些特性不加认真考虑,就会有引入更多错误的可能。

错误和缺陷在需求规定不正确时,可能出现在软件开发过程早期;或者在集成完成时,出现在开发周期的后期阶段。大量研究表明,许多软件错误源于承包商软件开发过程的需求阶段,而在该阶段用以发现和纠正软件错误的工作投入很少,纠正的成本也最低。

通常,军方没有很好地了解开发过程早期阶段。建议测试者参与到软件规范审查(SSR)或类似的审查中,这些审查出现在待开发系统的软件需求分析完成之后。软件规范审查是一种专门对软件进行的子系统级技术审查,在软件初始设计审查前完成。软件规范审查时,软件需求得到了定义,并最终成为软件的功能基线。作为该审查的一部分,建立每个软件需求的测试验收准则。通常,对构成子系统的每个重大软件项或软件配置项(SCI),或一组软件配置项都进行软件规范审查。

软件需求分析和软件规范审查(或类似审查)的完成,为某个特定软件配置项或一组软件项建立了分配基线,并用于后续的软件设计。通常,该基线会正式记录在软件需求规范(SRS)及相关接口要求规范(IRS)或与之相当的规范中。对于测试者来说,这些文件中包含需求追溯矩阵(RTM)的部分是关键,通常将其作为附录。需求追溯矩阵应能体现每个软件需求(包括衍生的需求)及其到更高层需求的追溯、如何验证每个需求以及如何校核规范(如检查、分析、演示验证或测试)。

衍生需求主要来自于系统级需求分析。它们并不在更高层的文件中予以明确规定,但确实是充实软件设计所需要的。软件在衍生需求方面尤其丰富,如果不加以认真控制和规划,会给项目带来意想不到的成本增加和进度延迟。

(二)测试就绪审查

测试就绪审查是一种多学科技术审查,用来确保做好进入正式测试的准备。测试就绪审查对测试目标、测试方法和程序、测试范围和安全性进行评估,并确认所需测试资源已确定和协调,以支持预定的测试工作。测试就绪审查对预定测试到项目需求和用户要求的追溯性进行校核,确定测试程序的完备性及其与测试计划的符合性。测试就绪审查也对待审查系统进行开发成熟度、成本/进度效能和风险评估,以确定做好进入正式测试准备。

此前,测试就绪审查类似于软件规范审查,最初是作为软件合格性测试的就绪状态审查。后来,美军认识到用以开始测试的就绪状态正式审查对一个在研系统的所有部分来讲,是一种通用的最佳惯例,其使用已经得到了扩展。然而,其作为软件开发过程一部分仍是有效的,并得到了大力推荐。软件测试就绪审查可以帮助测试人员发现潜在的软件测试问题,在开发寿命周期的早期并且在软件项集成到更大子系统甚至系统之前进行纠正。

(三)人工测试的潜力

软件测试主要依靠人工完成。在软件需求分析阶段所产生的错误是最难发现的,并且纠正的成本最高。这种后期发现的问题需要花更高的成本纠正,软件错误"雪崩"会在所有的开发阶段使之恶化。为此,解决方法就是要阻止将那些错误引入到系统中,这会使所发现错误的数量以及后期所需的返工减至最少。但是,经典意义上的在目标计算机上运行软件的软件测试直到开发后期才会出现。

一种改进这种情况的方法是使用基于人工的测试。基于人工的测试出现在软件开发V型图的向下部分。软件开发最早阶段的特点是需求分析、设计和编码过程的大量人力参与。基于人工的测试(有时称为静态测试)包括采用非计算机的方法来评估文档和发现软件需求、体系结构、设计、接口和编码等方面的错误。随着软件开发的发展与成熟,基于人工的测试要进行多次,并通常作为需求分析、设计和早期编码阶段的一部分工作来执行。

(四)"黑盒"与"白盒"测试

基于计算机的软件测试包括组合使用黑盒和白盒测试。

黑盒测试:在不知道程序内部结构或逻辑的情况下进行的软件测试。利用边界内和边界外激励,对软件处理异常事件的能力,以及在给定的适当输入下产生预期输出的能力进行测试。对大多数可能出现的情况都要进行测试,以合理地确信软件将具备规定的性能。软件单元测试后的大多数基于计算机的测试都是黑盒测试。

白盒测试:能洞察程序内部逻辑和结构的测试。该过程提供了更广泛地确定和测试关键路径的机会。根据对被测试软件的内部结构的理解开发测试脚本。软件单元测试是作为白盒测试进行的。

通过白盒测试,分别对最小的可控软件模块(软件单元)进行测试,并在系统结构中的最低可能层级上解决所发现的错误。然后,将模块组合或集成到更大的聚合组或构件中并进行测试。当该过程完成时,对软件项进行整体测试。

尽管美军方测试者不直接参与软件单元级的白盒测试,但对这种测试执行情况的了解将能很好地洞察后面的测试问题。通常,当一个项目的基线进度被压缩时,为了维持关键的进度日期(其中之一通常是软件合格性测试),软件单元测试会受到损失,开发者无法充分地执行。结果是这些未被发现的错误继续存在到后面的黑盒集成测试,此时消除错误的成本更高,且需要软件单元级的代码返工。

(五)穷举测试

软件测试界的一个公认的原则是:软件测试仅能指出错误的存在,并不能证明错误不存在。因为即使最简单的软件设计,也不可能对所有可能的情况进行测试。

然而,可以使用各种方法和工程技术来提高测试效率,并在给定进度约束下对有限软件测试获得可信度。这包括在设计环境中进行的组合或结对测试,它们使每个测试用例的效用最大化。

另外,还有许多其他测试工具,它们通常是开发者软件工程环境的一部分,可以大大提高软件测试的生产率。这些工具可以对所建议的测试用例进行自动语法分析,并评估测试的广度和深度,以确保每个程序分支和代码行都至少经过一次测试。另外评估代码的逻辑复杂性,并确定可对软件进行简化,以提高其正确性和可维护性的地方。

(六)独立校核与验证

独立校核与验证(IV&V)是一个适用于某些类型的系统过程。按照 IEEE Std. 1012,独立校核与验证的三个部分定义分别是:

(1)独立:指该过程在管理上及财务上都独立于要对其活动进行评估的开发者,以及执行独立校核与验证任务的人员不能是那些做开发工作的人员。

(2)校核:指在软件开发过程结束时对软件进行评估,以确保符合软件需求的过程。

(3)验证:指为确定软件开发周期某一阶段的产品是否满足前一阶段所确立的需求过程。

尽管开发者将校核与验证作为其开发过程的一个固有部分来执行,但对于合理投资的高风险系统(如安全关键系统或处理密级数据的系统),由一个直接为政府工作的独立部门代理重复执行这些过程。该代理就是独立校核与验证承包商。

对于国防部的安全关键系统,独立校核与验证代理机构通常都在系统安全军用标准 MIL-STD-882E 所规定的过程内工作。

(七)敏捷开发中的软件测试

敏捷开发模型中的测试面临诸多挑战,包括:①有许多敏捷开发的变体,所有变体的目标都是频繁交付以及缩短开发时间;②由于基线的不断变化,经典意义上的回归测试可能会很困难;③开发过程本身鼓励需求随产品的演化而变化,以更好地满足最终用户的要求并限制部署后返工的需求;④敏捷开发不是所有系统都适用的。

(八)对商用现货软件的测评

针对商用软件产品,美军要求制定一个适当的试验鉴定策略,包括:可行时,在系统试验台中对潜在的商用产品进行鉴定;将试验台的重点放在高风险的产品上;针对在安全、保密、可靠性和性能等方面的非预期副作用,对商用产品的改进进行测试。许多国防部系统都采用商用现货软件。商用现货软件的使用量常常因领域而异,通常武器系统要比自动化信息系统更少使用商用现货产品。事实上,某些自动化信息系统能以所谓的企业资源规划(ERP)系统来实现,其中所有的功能都由一个经过剪裁的商用现货产品来提供。企业资源规划系统是一个软件程序集,将企业的各种功能,如人力资源、财务。

二、军事航天系统试验鉴定组织实施

航天系统组成规模大、技术复杂、研发周期长,且采购数量少、经费投入高、运行空间环境严酷,但对现代信息化作战影响巨大。因此,军事航天系统作战有效性与适用性的试验鉴定,在管理模式、内容要求与组织方式上都有特殊性。美军经过20多年探索实践,摸索出适用于军事航天系统的采办模型,并对航天系统试验鉴定做出不同于其他武器装备的规范要求。美军航天系统采办活动主要遵循《国家安全航天》(NSS 03-01)文件要求,是美军针对国家安全需要对重大高技术武器装备制定的一种采办模型。《国家安全航天》系统采办模型,将航天系统采办划分为方案研究、方案开发、初步设计、完成设计、生产与使用等五个阶段,并确定A、B、C三个里程碑决策点(图7-2)。针对航天系统作战有效性与适用性的具体要求,美军按照《国家安全航天》采办模型,对各个采办阶段的试验鉴定活动,及各决策点批准要求的文件做出明确的规范。

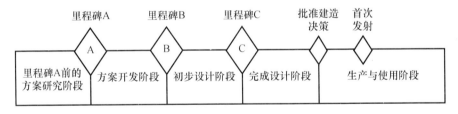

图7-2 美军《国家安全航天》采办模型

(一)方案研究阶段试验鉴定活动

在采办过程开始初期,负责航天系统的采办团队接收战略指南或作战任务需求等文件,并根据作战任务需求制定"初始能力解决方案"或"系统方案分析"。同时,由采办团队中负责论证作战需求的团队组建"一体化方案小组"(ICT),由"早期影响小组"(EIT)制定"一体化试验小组"(ITT)章程,并正式组建"一体化试验小组"。然后,由"一体化试验小组"负责实施航天系统采办全寿命周期的所有试验鉴定活动(图7-3)。

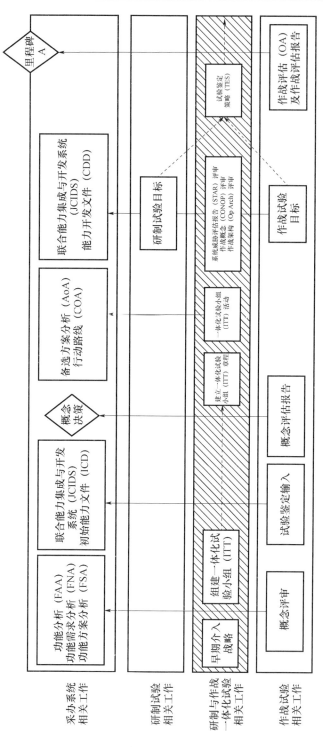

图 7-3 关键决策点 A 之前的试验鉴定活动

在关键决策点 A 之前,"一体化试验小组"要制定"早期影响策略"(EIS),为"早期影响小组"活动提供支持。该策略将对一般的航天系统试验鉴定模型进行调整,主要是对采办航天系统进行需求决策、研发与试验活动所考虑内容进行详细说明。"早期影响小组"将对采办航天系统的早期方案、论证结果与初始联合能力集成与开发系统(JCIDS)等文件进行审查并提出意见。

在"一体化方案小组"制定能力解决方案分析报告和初始能力文件草案后,"一体化试验小组"将对提出的方案内容进行早期审查,并形成"方案评估报告"。该报告为方案决策提供输入,重点是评估采办航天系统方案满足战略指南所提任务要求的程度。

在航天系统采办团队进入"解决方案定义"阶段后,"一体化试验小组"要参加"备选方案分析"(AoA)和"活动流程"(COA)制定过程。"早期影响小组"参加备选方案分析,提供候选鉴定标准、潜在作战有效性与适用性指标,以及所考虑的每一个可行备选方案的作战应用场景。在采办团队完成备选方案分析与活动流程制定之后,"一体化试验小组"要将研制试验目标与作战试验目标进行一体化融合,并制定初始的《试验鉴定策略》。

(二)方案研发阶段试验鉴定活动

在方案研发阶段,采办团队将细化航天系统的采办方案、技术和能力的成熟度。同时,"一体化试验小组"继续细化《试验鉴定策略》,并拟制"一体化试验计划"。在方案研制阶段,当采办团队将作战需求转化为一系列技术需求作为"征询建议"(RFP)的基础后,"一体化试验小组"将对能力发展文件/技术需求文件的可追溯性进行鉴定,重点是将作战需求转化为技术要求,并最终作为采办航天系统设计的基础。在系统需求审查与系统设计审查过程中,技术成熟过程与能力研发过程将形成采办航天系统的研发方案与样机(图7-4)。

"一体化试验小组"可以对航天系统样机进行评估,以鉴定其潜在的作战有效性与适用性,并对作战任务要求的满足度,特别是在早期试验中对每一个关键作战问题进行说明。

(三)初始设计阶段试验鉴定活动

在初始设计阶段,采办团队通过一系列设计审查与技术演示,验证细化采办航天系统的设计。"一体化试验小组"将进一步细化"一体化试验方案",并对初始设计阶段的《试验鉴定主计划》进行更新,重点是说明在研制试验活动如实验室和室内试验中,如何使一些作战试验目标得到满足的细节(图7-5)。

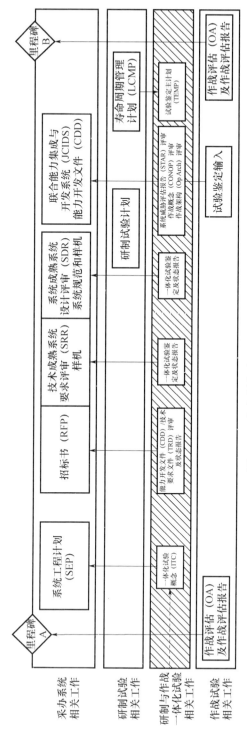

图 7-4 方案研发阶段的试验鉴定活动

第七章 装备试验鉴定组织实施

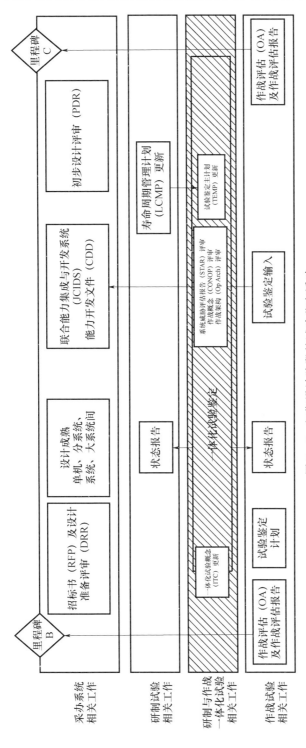

图 7-5 初期设计阶段的试验鉴定活动

在初始设计阶段,研发人员开展技术演示验证,对采办航天系统的增量或部件进行鉴定。"一体化试验小组"提供初始设计可试验性与功能性的状态报告。此外,这些状态报告也对采办航天系统在作战环境中运行时,各系统之间所要求的界面进行评估。

这一阶段的作战试验评估,重点是对收集的信息进行综合作战评估,以对关键决策点 C 的批准决策提供支持,从而使采办航天系统进一步具备作战有效性与适用性。

(四)最后设计阶段试验鉴定活动

在最后设计阶段,采办团队细化采办系统设计并进行一系列风险降低试验,内容包括从单元试验、分系统试验、分段试验、作战系统试验,到最后的体系(系统之系统)试验。"一体化试验小组"的工作囊括了所有的试验活动。通过定期提交状态报告,"一体化试验小组"参加试验实质上是促进合作,推动试验人员与研发人员加强交流。定期提交的状态报告描绘了采办航天系统的作战应用前景,为最终设计提供指导(图 7-6)。

关键设计审查得出结论后,由"一体化试验小组"的作战试验鉴定团队制定采办航天系统实现作战有效性与适用性进展的作战评估报告。关键设计审查和作战评估报告一并提交,为"建造批准"决策提供支持。

(五)生产与使用阶段试验鉴定活动

生产与使用阶段又分航天系统生产到批准发射与发射后两个阶段,将完成生产过程中的作战试验鉴定 I、发射场兼容性试验与发射后作战试验鉴定 II 等试验鉴定活动。

1. 生产阶段作战试验鉴定 I

采办航天系统获得生产批准后,采办团队进入系统生产阶段并开展一系列试验活动,内容包括:单元、分系统、分段、作战系统,到完整体系的试验。在系统生产到作战试验鉴定阶段 I 期间,"一体化试验小组"参加所有试验活动,即充分将计划好的研制试验事件引入作战试验测试与场景,并为实现作战试验鉴定的试验目标收集信息。研制试验与作战试验团队分别撰写独立的状态报告,给研发人员和最终用户通报采办航天系统的生产进展情况,内容包括研制人员对工程设计书的遵守和作战团队对其满足作战需求的评估(图 7-7)。

第七章 装备试验鉴定组织实施

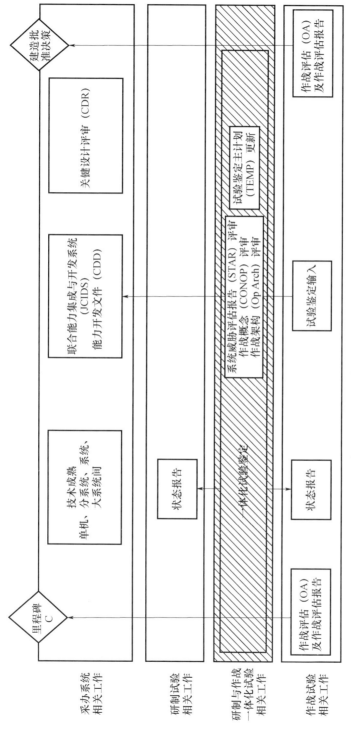

图 7-6 最后设计阶段的试验鉴定活动

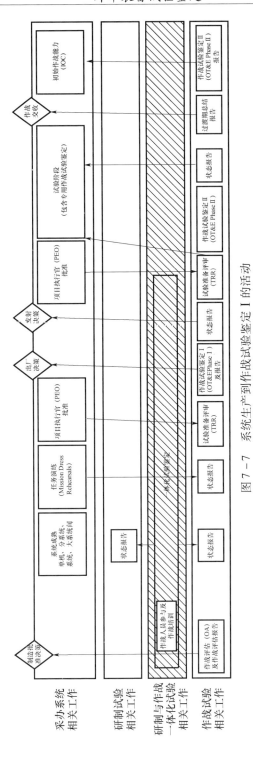

图 7-7 系统生产到作战试验鉴定 I 的活动

系统生产阶段的重点活动集中在作战试验鉴定阶段 I，并将"项目执行官"（PEO）的确认与试验准备审查过程相结合。作战试验鉴定阶段 I 尽可能将系统置于地面上可复现的贴近作战的环境中，目的是作战试验鉴定向做出同意卫星装箭决策提供信息。

2. 发射场兼容性试验

做出卫星从生产到装箭决策后，采办航天系统将被运送到发射场，与运载火箭对接，并进行最后的集成与连通试验。此时，一体化试验将为作战试验的试验测试与场景引入研制试验中心校验事件，以在兼容试验中提供对任何技术问题产生的作战影响进行确认。在一体化试验中发现的作战影响，将记录在状态报告中，为在发射准许/不准许决策点做出决策提供信息。

3. 早期轨道运行阶段作战试验鉴定活动 II

采办航天系统发射后进行在轨试验与校验（TACO），完成早期轨道运行与探测器校验，"一体化试验小组"的作战试验团队参加并最大限度引入作战真实场景、背景与规程。在试验与校验期间获得的结论，项目执行官确认系统做好进入作战试验鉴定阶段 II 准备，即做好装备体系作战能力的最后校验。作战试验鉴定阶段 II 将在空间作战环境中最后验证整个系统的性能，与早期一体化试验结果进行比较，并确认整个一体化系统的作战能力。

美国空军作战试验鉴定中心开展的作战试验鉴定阶段 II 与用户的作战演练相结合，有利于向作战人员交付任务能力。根据作战试验鉴定阶段 II 所得出的试验结果，由空军作战试验鉴定中心撰写状态报告，对作战试验最后阶段发现的所有致命的与隐藏的问题进行确认。然后，空军作战试验鉴定中心对这些数据进行分析，并撰写包含由最终用户使用后提供的决策质量数据综合报告，作为对演练阶段完成和作战用户接收的决策信息。最后，由空军作战试验鉴定中心发布作战试验鉴定报告，对所有分析结果提供详细说明。该报告的内容包含在作战试验鉴定局局长向国会提交的报告中，为初始作战能力决策和未来系统的改进决策提供支持。

三、网络安全试验鉴定组织实施

目前，随着武器系统遭受网络攻击威胁的不断增加，如何降低网络空间威胁确保作战有效性与适用性，成为武器系统实施网络安全试验鉴定非常迫切和必要的任务。网络安全试验鉴定的目的是，使军事任务目标和它们的关键保障系统，能够持续应对不断变化与发展的网络空间威胁。网络安全试验鉴定作为武器系统试验鉴定的一项重要内容,贯穿武器系统全寿命周期各个阶段,融合在整个试验鉴定活动全过程,为武器系统采办管理与决策提供重要支持。国防部 5000.89 指示中明确,对于国防部所有的采办项目和系统,无论采用何种采办程序,均需在项目周期内实施《国防部网络安全试验鉴定指南》中规定的网络安全研制试验和作战试验迭代鉴定流程。该指南针对网络安全试验鉴定提供了数据驱动分析和评估方法,为任务环境下的网络安全、生存性和系统弹性评估提供支持。

(一)网络安全试验鉴定基本内涵

美军将网络安全试验鉴定划分为:认识网络安全需求、表征网络攻击面、协同脆弱性确认、对抗网络安全研制试验鉴定、协同脆弱性与侵入评估和对抗性评估等六个阶段(图 7-8)。

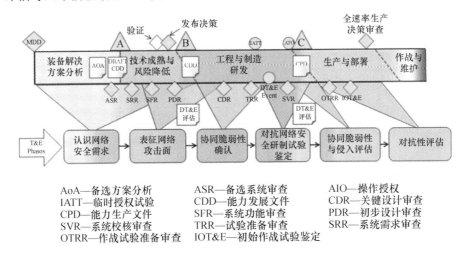

图 7-8 网络安全试验鉴定各阶段示意图

由图 7-8 可见,网络安全试验鉴定从里程碑 A 之前的试验计划开始,贯穿研制试验全过程,直到里程碑 C 之后的网络安全作战试验鉴定,其基本特征就是尽早将试验鉴定活动纳入到试验规划和实施过程中。试验规划是网络安全试验鉴定每个阶段工作内容的一部分,且部分活动(如图中重叠部分)则要同时完成。美军强调,网络安全试验鉴定阶段是一个反复迭代的过程。即,由于武器系统结构的变化,威胁的变化或不断出现的威胁,以及系统环境的改变,都会导致一些试验鉴定活动的多次重复。

美军《网络安全试验鉴定指南》提出,网络安全试验鉴定前 4 个阶段主要为研制试验鉴定提供支持。网络安全研制试验鉴定的目标是确认里程碑 C 之前的网络安全脆弱性问题,这些问题与系统受到网络威胁后军事能力的弹性相关。及早发现系统脆弱项可有利于采取补救措施,并减少对系统研制费用、进度和性能的影响。国防部研制试验鉴定办公室网络安全试验鉴定的后两个阶段,为武器系统的作战试验鉴定提供支持。网络安全作战试验鉴定的目标是,对配备该系统作战单元的能力进行鉴定,为在预期作战环境中对指派的任务提供支持。

(二)网络安全研制试验鉴定流程与实施过程

网络安全研制试验鉴定流程是一个连续的活动,从里程碑 A 之前开始持续到里程碑 C 决策,如图 7-9 所示。该流程主要是将网络安全需求、主机环境、威胁及其他考虑事项转化到网络安全研制试验设计中,以提高对网络安全影响任务的认识,并制定提升军事能力弹性的措施。

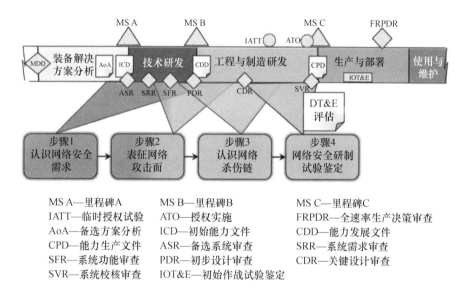

图 7-9 网络安全研制试验鉴定在采办阶段流程图

由图 7-9 可见,网络安全研制试验鉴定流程由 4 个阶段组成:前 2 个阶段主要是对系统需求、设计、运行环境与早期试验文件进行分析,第 3 阶段重点是确认和选择脆弱项,第 4 阶段则是在典型的作战环境中针对网络空间威胁进行网络安全研制试验鉴定,为项目准许生产做准备。阶段 1~3 对于为完成任务提供改进的网络安全保障而言,是规定的、隐含的、必不可少的工作要求。规定的工作包括记录网络安全需求,隐含的工作是指研发人员必须在作战环境中完成系统安全运行这一附加任务,必不可少的工作则是必须实现系统在面临网络空间攻击时,具备支持任务完成的足够弹性。前 3 个阶段完成的这些分析,对第 4 阶段实施网络安全研制试验鉴定确认残留脆弱性十分关键,从而使研发人员能够在系统生产与部署之前采取纠正措施。

负责研制试验鉴定的专家(网络安全主题专家),与"试验鉴定工作层一体化产品小组"共同努力,寻求将网络安全与已规划研制试验鉴定事件进行最佳结合的时机。网络安全作为武器系统的安全风险,在实施相应的研制试验鉴定活动中,每个阶段都要完成其基本任务,并解决相应的问题。

1. 阶段 1:认识网络安全需求

这一阶段是对系统文件进行分析,以确认具体的网络安全需求。网络安全主题专家将对系统文件进行全面检查,如联合能力集成与开发系统生成的初始能力文件/能力开发文件/能力生产文件、系统工程计划、项目保护计划、网络安全策略、信息支持计划、系统威胁评估报告等,目的是确认武器系统的网络安全需求。通过这一分析过程,专家们将协助项目主任制定一个可执行的网络安全研制试验鉴定策略,并将其记录在《试验鉴定主计划》中。

2. 阶段 2:表征网络攻击面

表征网络攻击面的目标是,识别隐含的网络安全需求。武器装备的信息系统接口都可能成为网络攻击点。攻击面可以定义为系统暴露在外的、可侵入与可被利用的脆弱项,也就是说任何用于连接、数据交换、服务与移动载体等部位,都可能将武器系统暴露给潜在网络威胁进入。项目不能假定交付的保障部件,如政府供应设施(GFE)、市场供应设施(CFE)、商用现货(COTS)、PARM 等系统没有风险,因此导致武器系统网络安全存在薄弱环节。

3. 阶段 3:协同脆弱性确认

这一阶段也称作认识网络空间杀伤链,其主要目标是了解网络对手如何获取进入通道(攻击面),这对确定对手可能采取的潜在网络攻击行动十分重要。网络空间杀伤链是由网络空间对手实施网络空间攻击的一个连续的活动与事件。尽管有各种网络杀伤链路,但其典型活动阶段包括侦察、武器化、交付、利用、控制、实施与维持等。

4. 阶段 4:对抗性网络安全研制试验鉴定

对抗性网络安全研制试验鉴定阶段的目标,是在任务背景下利用真实的网络威胁开发技术,对武器系统网络安全特性进行鉴定。在系统之系统环境下,由网络红队完成严格的网络安全试验。根据所面临的风险,这一阶段的试验可能会使用网络靶场,目的是降低对实际网络和权威数据资源造成附带损害的风险。

（三）网络安全作战试验鉴定流程及组织实施

网络安全作战试验鉴定主要由协同脆弱性与侵入评估和对抗性评估两个阶段组成，由作战试验鉴定机构在对抗网络环境下进行。

1. 阶段5：协同脆弱性与侵入评估阶段内容要求

这一阶段的目的是在完全作战背景下，提供武器系统网络安全态势的综合特征，并在需要时为对抗性试验中代替侦察活动提供支持。网络安全作战试验将由脆弱性评估与侵入试验小组实施，内容包括：文件审查，实物探查，人员面谈，使用自动扫描，口令试验与开发适合的工具等。评估应在预期作战环境中由有代表性的操作人员实施，包括系统/网络管理人员。

该试验阶段收集数据的最小量包括：所选定网络安全一致性、网络安全脆弱性、侵入试验、权限提升与开发技术，以及密码增强的测量标准。这一阶段的评估要考虑网络安全脆弱性的作战内涵，即这些脆弱性对保护系统数据能力，探测非授权活动，对系统损害进行响应，恢复系统作战能力等产生的影响。如果在一个逼真的作战环境中进行试验，并提前得到作战试验鉴定局局长批准，则该试验应与研制试验鉴定活动进行集成。

2. 阶段6：对抗性评估阶段内容要求

"对抗性评估"阶段将评估一个作战单元装配新武器系统后对其作战任务的支持能力，以及该系统所承受的经验证和典型网络空间威胁的活动。除评估对作战单元所完成任务的影响外，作战试验机构还将鉴定保护系统、探测威胁活动和对威胁活动做出响应的能力，以及由于网络空间威胁活动使作战任务能力被降级或丧失后的恢复能力。

"对抗性评估"阶段收集的最小量数据包括表征系统保护、探测、响应、恢复能力的指标，及由于网络威胁活动导致对任务产生影响的指标。对作战任务影响的鉴定将与具体武器系统相关，应表述为已经用于评估作战有效性、适用性和生存性的性能参数术语。作战任务影响将包括关键任务数据在可信性、完整性与可用性方面的缺陷。由于安全或作战方面的顾虑，在作战环境或仿真条件下对作战任务影响直接测量不可行时，作战试验机构将建议采用备选的评估方法，如由主题专家确定所发现的网络安全脆弱项对系统性能的影响。

3. 网络安全作战试验鉴定组织实施

美军作战试验机构将网络空间威胁包含在作战试验考核的威胁内容中，并要像作战试验鉴定局局长监督项目那样严格对待。网络安全试验鉴定的目的是,评估一个作战单元装备某个武器系统后,在预期作战环境中对指定作战任务的支持能力。该系统由硬件、软件、用户操作人员、维护人员、培训人员,以及用于实施作战方案的战术、技术与规程等组成。作战环境包括其他系统与被试系统交换信息依赖的网络环境、终端用户、管理人员、网络防护人员,以及典型的网络空间威胁。为确保武器系统需求可测量与可试验,即这些需求是合理的,且预期的作战环境也是可掌控的,则在武器系统采办过程中必须及早发挥作战试验团队作用。充分的作战试验将为确认武器系统所有重要脆弱性在作战环境中收集足够的数据,目的是获得这些脆弱性对武器系统完成任务的影响。作战试验鉴定局将采用网络安全试验结果,确定(部分)武器系统的作战效能、适用性与生存性。

网络安全试验由相应的关键作战问题组成,应描述为效能指标与性能指标。这不仅可检查武器系统与已知标准、技术特性和运行/管理流程的"一致性",而且检查所设计武器系统为作战任务提供支持的"性能"。因此,主要涉及财政或资源管理的网络系统试验要考虑欺诈试验,并检查脆弱性带来的潜在财政损失;主要涉及作战部队部署的网络系统试验要考虑试验想定,即允许检查武器系统的脆弱性及其对作战任务带来的影响。系统的试验原则上不是网络系统,但是暴露在网络空间和易受网络攻击造成损失时,要考虑由于网络事件导致的整体作战损失及影响。

第五节　装备试验安全管理

所谓安全管理,即运用机构力量和相关管理制度以获得高安全性的活动。试验靶场作为新型装备的试验场和航天发射的发射场,在其中开展的各类试验任务多为高风险活动,直接影响到靶场和人员的安全。如果试验活动未得到有效的规范和管理,就可能对靶场用户或靶场操作与维护造成严重损害,轻者导致试验失败和财产损失,重者会导致人员伤亡,尤其是某些重大航天发射活动的成败,不仅会对国家航天技术及庞大的航天相关产业带来重大影响,甚至影响到国家的形象和国际声誉。目前各国军方都拥有若干试验靶场,这些靶场无论是由军方人员或非军方人员使用,安全管理都得到高度重视。靶场通过制度化管理和严格的程序控制保证靶场的安全,如美国空军东、西靶场制定有《东、西靶场安全要求》、欧洲圭亚那航天中心制定有《圭亚那航天中心安全条例》、英国国防部发布联合军种出版物《国防部靶场安全手册》,等等。可以说,确保安全,是试验任务和航天发射成功的关键和前提。

一、试验靶场安全保障

试验靶场安全是一个复杂大系统的安全问题,涉及各个系统和任务的各个阶段。要保障试验和发射成功,需要有严格的安全保障组织体系和有效的运行机制,需要制定周密的安全计划,需要严格的安全规章制度和实用的安全操作程序,还需要有训练有素经过严格考核的操作人员。

靶场安全主要涉及四个基本要素:人员安全、场所安全、环境安全、设施设备与试验活动安全。通常情况下靶场必须进行风险评估,并将后续管理纳入正式程序中,以将风险降至最低。英国国防部规定,为保障靶场安全,在首次使用前须进行专门的风险评估。从总体上而言,靶场安全管理主要包括:一是靶场须经授权才能使用,靶场不同于一般的作业场所,而是具备特殊功能的军事场所,其使用均需要按程序审批和实施;二是靶场须有指定的管理机构,作为一类军事机构拥有既定的管理组织和管理程序;三是对进出靶场及其危险区进行管控,靶场作为具有一定危险性的场所,应对所有进出人员进行分类分级管控;四是对靶场进行定期检查以确认靶场使用安全,应按照程序对靶场整体情况进行安全方面的检查和评估,保持靶场内部和外部的总体安全;五是对靶场进行安全监管和审核管理;六是靶场应将安全使用与维护作为重点议事议程;七是在靶场开展试验活动须由适当机构指定合格的人员来管理。

(一)场区安全

无论是新型装备试验靶场还是航天发射场,均包含某些高危险作业的特殊场所,如火工品处理区、燃料储存区、导弹或火箭飞行航区等。为规范这些场所的管理和操作,通常对场区实行划区管理以满足不同的安全要求。

1. 划区原则

靶场根据所属各类场所的安全影响因素及危险程度,划分不同的区域进行分级分类管控。以常规武器试验靶场为例,这里的靶场专指某一空间,保留、授权用于武器危险发射,主要包括内场、外场。内场完全处于某一建筑或其他结构中。外场则暴露于光、风、气候等自然环境中,外场可完全处于室外,也可部分处于某结构内。靶场按其危险程度通常可分为无危险区、危险区、有限危险区、全危险区等。也可根据所属区域所完成任务的性质分类不同的危险区,如航空危险区、封闭弹着区等。

无危险区是指,对于所有应用而言,靶场设计可避免靶场内由按照授权程序射击(直接射击或跳弹)且在可接受的瞄准手误差范围内所造成的人员损伤或财产损失的风险。危险区是指可能对人员、装备或财产造成危害的空间,在此空间内进行特定武器和爆炸物的发射或引爆(产生碎片、残骸、零部件和跳弹)。有限危险区主要是开放式靶场,其设计可确保在可接受瞄准误差范围的直射或准确瞄准射击不会超越靶场地面范围,在这个区域内跳弹可能会对有限危险区造成危害。全危险区为开放式靶场,其危险只受限于投射系统的射角和发射者的技能。航空危险区是指某一空域,在该空域进行的活动在特定时间对飞机飞行构成威胁。封闭弹着区是指已知或被认为包含有未爆弹药的弹着区部分,除了该区域清场人员外禁止所有人员出入。受控弹着区是指已知或被认为包含未爆弹药的弹着区,发射停止后或指定的通过该区域的道路进行清理后,允许受控进入。总能量区是围绕发射点的包含所有武器系统效应的最大 2 维或 3 维空间。

　　航天发射场从广义上讲,包括航天发射中心(首区)、初始段测控区(航区)和航天器回收区(落区)三大部分。美国将这些区域统称为靶场,首区称为上靶场,航区和落区称为下靶场。航天发射中心完成运载火箭及航天器的发射前准备、发射、安全控制及发射阶段的跟踪测量、遥测、遥控及其数据的实时处理任务;初始段测控区负责航天器初始段飞行过程中的跟踪测量、监视控制和测量信息交换与处理;回收区主要完成航天器再入返回飞行过程中的跟踪测量、落点预报、搜救、吊装和运输等工作。一般来说,航天发射场首区主要由技术区、发射区、发射指挥控制中心、技术保障系统及后勤保障系统五大部分组成。技术区是进行技术准备的专用区,主要任务是对运载火箭和航天器进行组装、测试,对其内部各系统的仪器设备进行检查、测试。发射区是发射前准备和发射的专用区,主要建有发射台和推进剂加注与检测设施等,统称为综合发射设施。发射指挥控制中心是进行指挥、监控和管理的设施,包括发射控制室、指挥控制室、安全控制室、计算中心和设备保障室等。技术保障系统主要包括通信勤务保障系统、时间统一勤务系统、气象保障系统、大地测量勤务系统、计量保障系统、特种燃料保障系统。后勤保障系统主要为发射场人员的工作和生活提供通用设备和衣食住行等方面的保障。

2. 清场规定

　　清场是对特定场所在任务实施期间进行的清理活动,包括人员、重要设施设备的清理,以保证即使发生事故,其后果是可接受和可控的。清场程序是由靶场管理机构审批和执行的程序,以确保在进行实弹发射前靶场危险区内没有无关人员,并在整个发射过程中保持清场。该程序包括当发射对入侵者存在风险时及时终止发射。对于常规武器试验靶场而言,清场区主要是指经过排雷机构进行了物理和系统处理的,以保证清理和或销毁规定深度内所有地雷和未爆火工品与烟火危险品的区域。对于航天发射场而言,发射区的监视范围包括飞行警告区和飞行危险区内的陆海空域。任务飞行控制官必须确保这些区域已进行了清场,或这些区域内飞机、水面舰船以及人员遭受火箭碎片袭击的概率在可接受的限制范围内。只有在清场得到确认后,才可以继续发射流程。

3. 安全注意事项

为避免安全事故的发生,靶场场区的安全须按照既定程序、分类管理。对于各类划定的危险区,应严格进行管控。进出靶场应进行控制,靶场管理机构要制定相关程序,以确保授权进入之前对所有相关安全信息得以了解。

(二) 人员安全

安全工作的一个重要方面是人员安全与培训。靶场的安全水平直接依赖于操作人员和安全人员的技能。只有经过适当培训并具有所要求资质的人员才能进行危险性操作。

1. 基本安全要求

所有进入靶场或发射场的人员都要接受安全培训。每个安全职能部门都会针对新入职的工作人员制定相应的培训计划,通过培训提升各类人员的安全意识和技能,尽量避免安全事故的发生。

2. 安全培训

靶场安全培训应为每个人员提供有关在发射场可能遇到的一般风险及所要采取的预防措施的知识。美国空军东靶场和西靶场根据各类人员的性质与岗位职责,将安全培训分为三类:一般培训、特殊培训和个别培训。一般培训针对进入发射场的一般人员,内容由靶场安全部门决定,由所在部门或靶场安全部门进行。特殊培训和个别培训是由操作人员在所在部门依据靶场安全部门批准的培训计划进行。特殊培训针对具体工作场所,目的是指导有关人员了解工作场所风险、预防与控制措施、所使用设备的特性及采用的程序。个别培训针对易介入危险环境或危险操作的人员(燃料人员、消防人员、火工品技术员、操作手等),使其熟悉发射场使用的特殊设备与程序。安全培训结束后,操作人员所在部门出具个人能力证书,表明其完成一项工作的能力和有限范围。主管部门还须对所有操作人员进行考核及认证,还应规定具体的资格认证周期。如欧洲圭亚那航天中心规定:一般培训的有效期为三年,但受训人员不能离开发射场一年以上；特殊培训的有效期为一年，受训人员不能离开发射场 6 个月以上；个别培训的有效期为一年，受训人员不能离开发射场 3 个月以上。通过严格、系统的培训，提高了各类人员技术能力和安全素质，为航天发射场各种发射操作的顺利进行提供了可靠的保障。

3. 安全规定

靶场根据任务和岗位要求都制定有相应的安全管理规定。对于靶场而言，人员的安全培训、资格认证、安全守则等，是其日常管理的重要组成部分。重大试验任务还配套有专门的安全与操作培训，只有经过专项培训并具有相应资质的人员才能参与试验任务。

（三）环境安全

靶场环境安全涉及周围环境和人员安全，同样须制定周密计划和实施程序加以保障。英国《国防部靶场安全手册》中要求靶场制定安全与环境管理计划：该计划文件应明确有关安全与环境的策略，说明具体计划的安全与环境管理系统。这里的安全与环境管理系统是指导和管理机构满足安全与环境要求及政策目标的组织结构、过程、程序和方法。

环境问题，尤其是污染和废物管理，可对靶场的控制与管理造成影响。基本要求是要确保各项活动都遵照法律和国际公约进行。英国《国防部靶场安全手册》规定，靶场设计与建造至少应考虑枪弹、一氧化碳、未燃推进剂和噪声等对环境的直接影响；在任何靶场首次授权使用之前应对环境影响进行评估；用于国防装备与保障的由国防科学与技术实验室或承包商运行的试验、鉴定、训练与认证靶场，在每个独立的事件或活动开始之前均应进行环境效应评估；靶场所关注的主要环境问题涉及对周边靶场人员、用户和公众的健康、安全和生活方面的影响，主要影响来源是枪弹污染和噪声。轻武器靶场的最大污染来自枪弹污染，包括内场和外场，因此对消除污染材料的措施制定了规范，并规定所有暴露在靶场武器噪声中的人员应佩戴适用的防噪装置；靶场废物的管理应遵守环境防护法案的要求。

对于航天发射场而言，针对存在的污染来源、污染物成分及危害，采取相应技术措施，进行环境规划和综合治理。航天发射场的主要污染源来自三个方面：一是以推进剂为主线的在转注、存储、加注和发射过程中产生的废液和废水；二是推进剂在火箭发射过程中产生的废气；三是火箭发射的噪声污染。目前各国正积极采取清洁燃料以有效降低环境污染。

此外，电磁环境安全也是不容忽视的问题。电磁环境构成要素主要包括辐射源和传播途径。靶场与发射场的电磁环境特性主要体现在区域性强、种类多、层次复杂、密集性和任务相关性等方面。电磁环境对任务的影响主要是自然干扰(如静电雷电)、有意干扰(如电子战和强电磁脉冲)和无意干扰等。以航天发射场为例,电磁环境构成主要有6个方面:测控、通信、地面测试设备、发射保障设备、火箭与卫星电子设备、周边民用电子设备。其中射频频谱是实施试验、传输和接收数据的重要资源,也是确保试验靶场安全的重要影响。频谱入侵问题是靶场安全中的一个需要考虑的重点。武器系统复杂程度和试验数据传输需求的提高(如联合攻击机、未来远程轰炸机和远程防区外武器),对射频支持试验操作的需求也不断提高。

二、试验过程安全控制

新型装备的试验伴随着各种故障和危险的发生,航天发射活动更是追求零失误。在试验过程中如何将事故发生概率降至最低,即使发生事故也将事故影响控制在可控范围,是试验过程安全控制的核心任务。

(一)通用要求

武器装备试验和航天发射活动过程中,均需要严格遵守任务流程与安全规定。装备试验过程安全控制是复杂大系统的安全问题,它涉及靶场的各个系统和试验任务的各个阶段。需要制定总体安全策略并将安全职责分解到每一步操作程序中。以航天发射为例,概括起来主要分为以下几个方面:

(1)飞行安全,主要包括飞行计划与批准、飞行安全系统、发射实施准则和飞行终止策略。

(2)运载火箭、有效载荷及地面支援设备安全,主要涉及运载火箭在发射前的各种安全数据,以及地面安全控制台、装运设备、声频危害、放射(辐射)源、危险品、压力系统、火工品、电气和电子设备等的安全问题。

(3)发射场设施和建筑物安全,主要包括常规设施和建筑物、关键设施和建筑物等的相关安全问题。

(4)操作安全,主要包括地面操作安全和发射操作安全问题。

为了保证航天发射这一庞大复杂的系统工程安全顺利地实施,保证发射的成功,发射场需要有严密的安全保障组织体系和有效的运行机制,需要制定周密的安全计划,需要有严格的安全规章制度和实用的安全操作程序,还需要有训练有素经过严格考核的发射操作人员。

(二)典型装备试验过程安全控制

试验过程安全控制是靶场安全管理的重要环节。在试验实施过程中如果安全控制管理不到位,就会出现各种突发和危险情况。以美国东、西靶场试验过程为例,介绍装备试验过程安全控制。

1. 飞行安全

飞行安全是靶场安全的核心内容,保证飞行安全是靶场最重要的职责。所谓飞行安全是指在执行飞行任务期间,飞行器(包括导弹、运载火箭和有效载荷)的行为和状态不能对飞行区域内的人员、财产和环境造成不可承受的损害。靶场的飞行安全保障主要体现在可为公众生命财产提供有效保护的飞行安全控制能力方面。为了保证飞行安全,航天发射场相关部门须制定适合自己特点的飞行安全政策,执行严格飞行计划审批程序,建设技术先进、功能完备的靶场飞行安全系统,制定具体的靶场安全发射实施准则和飞行终止策略。

(1) 飞行安全政策。

飞行安全遵循的基本原则是,如果能够通过更加安全的途径、方式或轨道选择来实现任务目标,就不能再做其他有风险的选择。此外,所有飞行器原则上都要配备飞行终止系统,设置着陆约束条件,尽量避免飞越陆地上空,提供轨道安全裕量,并进行危险性评估。

(2) 飞行计划的审批。

制定、审查和批准飞行计划是实施安全飞行的重要保障。所有在靶场进行的航天发射,靶场用户都应尽可能早地启动飞行计划的报批工作,由靶场安全部门负责审查和批准。飞行计划的批准过程一般包括初步飞行计划批准和最终飞行计划批准两个阶段。初步飞行计划批准要考虑靶场所有方面的安全要求,保证在航天系统的设计中充分考虑这些要求;最终飞行计划批准针对每项计划的具体操作,批准过程要在对操作目标、飞行器性能、飞行约束或飞行条件以及所要求的其他数据的详细分析的基础上完成,以保证具体操作能够在飞行安全控制能力范围内实施,有效保障生命和财产的安全。

(3) 靶场飞行安全系统。

在审查和批准了具体的飞行计划后,保障飞行器飞行安全的任务要由靶场飞行安全系统来承担。靶场飞行安全系统主要由箭载飞行安全系统和地面上的飞行安全系统两部分组成。箭载飞行安全系统主要包括飞行终止系统(自毁系统)、箭载靶场跟踪系统、箭载遥测数据传输系统等。地面飞行安全系统主要包括靶场跟踪测量系统、落点实时预报系统、指令和控制系统、发射区监视系统、靶场安全显示系统、飞行控制时统系统和飞行控制通信系统等。上述各种系统的配置、设计要求、性能指标和可靠性要求等均需满足靶场安全要求。

(4)靶场安全发射实施准则和飞行终止策略。

靶场安全发射实施准则是确保公众、发射场和发射阵地安全的一组准则,与飞行器、靶场设施设备状态和环境因素有关,需要考虑发射当天的各种参数。在最终批准发射之前,这些准则必须被满足。安全发射准则主要包括靶场地面安全系统发射实施准则、箭载靶场安全系统安全发射实施准则、爆炸损害发射实施准则、防撞发射实施准则、碎片危害发射实施准则、雷电危害发射实施准则以及其他与气象有关的发射实施准则。

飞行终止策略是飞行控制人员对不正常飞行器采取飞行终止行动的依据,它规定了采取飞行终止行动条件,例如,有效数据表明飞行器违反了飞行安全准则;飞行器性能明显不稳定,存在失去对其进行主动控制的可能性;飞行器性能不明,存在违反飞行安全准则的可能性等。

2. 运载火箭、有效载荷及其地面支援设备的安全

运载火箭和有效载荷对靶场安全的影响很大,如果发生意外,造成的损失将是巨大的。国外航天发射场均对运载火箭和有效载荷规定了在设计、测试和检查方面的最低数据要求,靶场用户必须满足这些要求,以确保运载火箭和有效载荷的设计安全性和在测试与检查过程中的安全。这些要求应反映在靶场用户提供的有关运载火箭和航天器安全性能及对地面支援设备要求的文件中,美国通称这一文件为"导弹系统发射前安全数据包"。该数据包要详细说明运载火箭和有效载荷的所有飞行硬件和在发射过程中使用的所有地面支援设备以及它们之间的接口在设计、测试和检查等方面的安全要求。

(1)安全设计策略。

所有系统,包括运载火箭和有效载荷的飞行硬件和材料,也包括所有地面支援设备,都要根据系统故障产生的后果的严重程度来确定系统设计的安全裕量,即系统对于故障的"容忍"程度。在此方面,美国的东靶场和西靶场与欧洲航天局的圭亚那航天发射场做出了相似的规定,即如果系统失败会引起灾难性后果,则系统设计应具备三重防范措施(美国称之为"抑制",欧洲称之为"绝缘"),"容忍"两个故障(出现两个故障时,系统仍处于安全状态);如果系统失败会引起严重后果,则系统设计应具备双重防范措施,"容忍"一个故障;如果系统失败仅导致有限的危险,则系统仅设一重防范措施即可。确定防范措施的数量应考虑危险产生的概率和后果,以保障当某一种防范措施失效时,系统仍处于安全状态。防范措施一般由电气和机械硬件实现,也可通过软件实现,但防范措施应是彼此独立的,并可进行单独验证。人员的操作控制不能被看作系统

自身的防范措施。

(2)运载火箭和有效载荷的测试与检查。

为确保安全,发射场要对运载火箭和有效载荷及其各分系统进行测试与检查。测试与检查的内容,一是运载火箭或有效载荷的一般性能,包括实际尺寸和重量、主要分系统名称、发动机和推进剂类型、运载火箭或有效载荷的略图和照片、危险分系统和关键安全分系统的概要说明等;二是飞行硬件分系统,包括结构与机械分系统、压力分系统、推进剂与推进分系统、电气与电子分系统、火工品分系统、非电离辐射源、电离辐射源、声学危险源、危险型材料和计算分系统等,测试和检查内容包括分系统功能、发动机和推进剂类型、分系统位置、分系统的操作使用、分系统设计参数、分系统运行参数以及靶场安全部门要求进行的危险性分析等。

(3)地面支援设备的测试与检查。

运载火箭和有效载荷的地面支援设备是保障和支持运载火箭和有效载荷的地面测试、组装、转运、发射的重要设备,主要包括操作安全控制台、器材搬运设备、压力与推进剂系统、电离辐射源、非电离辐射源、声学危险源、火工品系统、电气和电子系统及机动车辆等。地面设备的安全直接影响到运载器和有效载荷的安全,因而它的安全是靶场安全的重要组成部分。地面设备的测试与检查根据不同设备的特点和使用要求存在很大差异,需要针对不同情况提出详细的测试与检查要求和安全分析要求。

3. 设施与建筑物安全

航天发射场的设施与建筑物按其重要程度通常分为常规设施和建筑物与关键设施和建筑物两类。常规设施和建筑物是指办公楼、图书馆、礼堂、仓库、餐厅、公用建筑及其他类似设施,其结构特点是具有非常成熟的设计和良好的承载条件,使用功能不存在危险性。关键设施和建筑物包括危险性设施和建筑物、用于存放或处理爆炸物的设施、用于存放或处理高价值硬件的设施和建筑物、内部包含或用于处理靶场安全部门确认为关键系统的设施和建筑物。关键设施和建筑物是运载火箭和有效载荷进行发射前处理和实施发射操作的场所,为运载火箭和有效载荷提供所需环境条件和各种保障,是顺利完成射前准备和实施成功发射的基础,其自身的安全直接关系到运载火箭和有效载荷的安全和成功发射。

关键设施和建筑物要满足一些特殊要求,主要涉及这些设施和建筑物在雷电防护系统、加固和接地装置、自动化装置、应急清洗和淋浴装置、空气检测系统、区域报警系统、通风系统、污水排泄系统、导电地板、危险蒸汽探测与控制系统、空调系统、空气净化系统、应急电力中断系统、应急监视和控制台、消防系统等方面的安全要求。

4. 地面操作安全

地面操作是实现航天发射的基本过程,地面操作安全是靶场安全的重要内容。靶场的地面操作安全包括靶场地面操作人员的安全以及对设备、系统和器材进行操作的安全。为了保证地面操作的安全,航天发射场必须明确靶场安全部门、靶场用户和其他保障单位的职责,制定适合靶场特点的操作安全政策,编制地面操作计划、测试与检查计划、安全应急计划、靶场用户培训计划和意外事故报告等文件,对靶场地面操作提出要求。

(1)地面操作安全职责。

负责靶场地面操作安全的单位主要包括靶场安全部门、靶场用户和其他保障单位。靶场安全部门负责审批所有安全操作计划和程序,并根据要求监控关键安全操作,设立安全清场或疏散区,培训安全控制操作人员。靶场用户负责审批发射区设施的危险操作和关键安全操作程序,审批发射区设施的应急操作计划和程序,定期检查危险性设施,监控发射区设施的危险操作和关键安全操作,确定发射区所有危险性操作的威胁范围并建立安全清场或疏散区,规划并实施危险性操作和关键安全操作,审查培训计划,为所属人员提供防护装备。其他保障单位包括靶场医疗部门、工程部门、消防部门等,主要在环境、辐射防护、消防、医疗、工程建筑等方面提供操作安全保障。

(2)地面操作安全政策。

地面操作安全政策的基本原则是在操作期间保护所有人员的生命安全。当继续进行某些操作会导致人员伤亡、重大系统损失或无法完成任务时,安全代表、操作监督员以及拥有监督权的指挥人员有权立即停止操作,并报告靶场安全部门。

(3)文件要求。

靶场应编制地面操作计划、测试与检查计划、安全应急计划、靶场用户培训计划以及意外事故报告等文件。其中测试与检查计划包括无损检测计划、压力容器操作维护检查计划和日志、器材装卸设备测试记录和高架起重机日志、危险性设施检查记录和报告、爆炸品设施试验计划等;安全应急计划包括操作安全计划、设施应急操作计划、应急撤离计划、压力容器应急反应计划等。

(4)一般地面操作安全。

地面操作安全的一般要求包括:对操作人员的安全培训和安全管理要求;

按照规定向操作人员提供防护装备的要求;防止人员跌落的要求;雷电和大风引起的操作限制方面的要求;危险性地面操作要求等。

(5)特殊地面操作安全。

特殊地面操作安全要求主要包括:器材装卸设备操作、声危害环境操作、非电离辐射源操作、放射(电离辐射)源操作、危险器材操作、地面支援压力系统操作、飞行硬件压力系统操作、火工品操作、电气系统操作、机动车辆操作、护运操作等的安全要求。

5. 发射操作安全

发射操作安全是指在运载火箭发射期间,靶场安全部门、安全支援部门和靶场用户应承担的安全操作职责。为了确保运载火箭发射安全,国外发射场都明文规定了运载火箭发射期间靶场安全部门、安全支援部门和靶场用户的相应职责,提出了在发射前后对发射区进行清场、提供充分的气象信息保障等要求,利用安全控制台、遥测跟踪系统、指挥控制系统等靶场安全系统实施火箭发射操作的安全监视,针对火箭飞行前、倒计时、飞行中等不同操作阶段,提出了不同的安全操作要求。

(1)发射安全操作职责。

火箭发射安全操作涉及的机构主要包括靶场安全部门、靶场用户、安全支援机构。这些部门相互配合,共同承担着火箭发射安全操作职责。

靶场安全部门负责审批所有的安全操作计划和程序;设立安全清理区;确保消防、医疗、环境保护和其他支援人员就位;审查靶场用户培训计划;帮助靶场用户解决所有有关安全方面的问题;为发射事故控制组提供技术支援;操纵安全控制台;监控危险性和关键安全发射操作;监控和验证飞行终止系统的安装、测试与状态,对意外事故做出反应。

靶场用户针对综合发射设施制定所有操作安全计划和程序;审查靶场用户培训计划;向靶场安全部门和操作安全部门通告包括飞行终止系统相关操作在内的所有危险性和关键安全操作情况。

靶场安全支援机构主要承担发射操作安全的保障任务,由医疗大队、土木工程大队、调度组和设施操作人员等组成。

(2)清场。

发射区监视范围包括飞行警告区和飞行危险区内的陆海空域。任务飞行控制官员确保这些区域已经清场,或这些区域内飞机、水面舰船及人员遭受火箭碎片袭击的概率在可接受的限制范围内。只有在清场得到确认后,才能告知任务飞行控制官员可以继续发射任务流程。操作安全管理员负责清理飞行警告区,并在发射进入倒计时的某一时间段内向任务飞行控制官员报告清场情况。

(3)监视。

通常,航天发射操作需要有飞机提供监视控制,在发射窗口期间必须有监视飞机,并在监视操作过程中由监视控制官员控制。所有发射的发射危险区都需要有完成相关海域的海上监视。

(4)气象。

对于所有重大发射,发射当天和发射过程中(根据需要)要预报风的信息。可将最新的气球数据和气象火箭数据综合起来,预报起飞时刻风的信息,包括发射前风速风向变化可能性以及可能的风力变化幅度。在起飞前60min,要通过各种形式发布发射区的气象预报。

(5)靶场安全系统。

靶场安全系统包括完成靶场安全职责所需的所有设备、软件和人员。任务飞行控制官员必须坚守岗位,监视数据显示,或与观测数据的支持人员保持通信。靶场安全系统主要有任务飞行控制官员的控制台、测量仪器设备、靶场跟踪系统、垂线天幕、遥测系统、显示系统、功能检查、指挥控制系统、指控站等。

(6)发射操作。

发射操作主要包括飞行前操作、倒计时操作和飞行中运载火箭操作。操作人员须按照既定程序启动各项操作并确保过程是安全可控的。

(三)试验过程安全控制需把握的问题

试验过程安全程序主要包括:一是预防,研究在正常环境下准备和试验过程中所涉及的风险;研究降低风险的措施;确定关键环节;研究功能退化情况,设计使其恢复非危险状态的措施和程序。二是控制,检查系统和操作实施过程与相关规定的一致性;控制确定的关键环节。三是干预,采取预防性措施以防止计划外的可造成潜在危险操作的情况,中断不利的情况或采取适当的修正程序来恢复安全。只有将这几个环节抓好,才能最大限度地避免事故的发生,即便发生事故也可将其影响控制在一定范围内。

三、试验事故处置过程

试验事故指在试验活动期间造成人员伤亡、环境损害或装备损失的意外事件,或造成公共或个人财产损失。为预防事故的发生和将其影响控制在一定范围,试验靶场都制定有试验事故的处置程序和方法并严格执行。

(一)试验事故应急预案

试验安全的首要功能是确保试验期间不出现灾难/事故。第一步是审查各类文件,如经验教训、危险分析、培训计划、技术数据、灾难/事故报告、试验计划等。第二步是审查试验场所/靶场和实际装备、参与试验安全小组会议、组织安全审查委员会和飞行准备审查等。这些工作使所有相关人员有机会处理安全问题并讨论各种确保安全试验的方法。试验安全的第二个功能是搜集系统安全部件效能数据或确认之前未识别的新威胁。可能简单到只是观察被试系统的操作,或者是复杂到对特定安全装置进行专门试验。此外,系统操作与保障机构的书面观测可识别之前未能确认的危险。

无论采取何种预防措施,事故总是难免的。重要的是要有所准备,这就是指预先准备的事故场景。通常应明确:针对小型事故的应急措施或计划;针对灾难性事故的应急操作计划或特殊干预计划。对于小型事故,通常采取常规的干预措施。首先必须要尽快报警(应急开关等),并启动有关装置以避免事故的发展。根据制定的干预计划,处理各类事故。对于灾难性事故,根据靶场专门制定的应急操作计划或特殊干预计划,来解决各类事故。如果事故的范围超出了靶场的管辖权或事故的后果超出了靶场的范围时,应启动应急操作计划或特殊干预计划。航天发射场的安全应急计划主要包括操作安全计划、设施应急操作计划、应急撤离计划、压力容器应急反应计划等。

(二)试验事故调查

任何事故的发生都表明在试验活动中某个环节、某项操作或者某个部件发生了异常。及时、准确地找到故障原因是保证试验继续进行的先决条件。事故发生后,通常会根据事故的等级、影响范围组建相应的事故调查小组或事故调查委员会,针对试验过程中搜集的各种信息,并可通过过程重现、仿真等其他辅助手段,分析研判事故发生的原因。最终将事故原因归为管理或程序问题、设计缺陷、零部件故障、软件缺陷等。

通常,当试验过程中被试系统明显地不能演示既定的战技指标、效能或适用性时,或者操作不安全及出现异常情况时,试验组织者应呈交一份缺陷报告或调查报告并通报相关机构。缺陷报告或调查报告应说明导致系统性能处于"缺陷"状态的原因。2011年11月9日"福布斯-土壤"事故后,俄罗斯航天局组成了由火箭与卫星生产机构、发射场、相关专家等组成的联合调查组调查委员会,对事故进行了彻查。调查报告称,此次任务失败的主因是探测器飞行控制系统(BKU)故障。BKU是探测器的大脑中枢,其存在的缺陷在此次事故之前就已经暴露出来了。调查委员会认为,任务失败是由于BKU设计缺陷以及BKU地面测试不充分造成的。探测器进入轨道后,所有系统工作正常。探测器进入第三圈轨道后,地面没有收到主推进器点火以及后续预定飞行程序操作和无线电发射机的信息。故障最可能的原因是主计算机中央计算器(TsVM-22)的两个操作处理器同时重新启动。故障后测试(模拟探测器飞行状态)表明,处理器使用容量已超过主计算机容量的90%,在探测器进入轨道并飞离俄地面控制站后,随着更多系统被启动很容易造成计算机瘫痪或重启。

(三)试验事故上报

历史的经验值得关注,前车之鉴、后事之师,警钟长鸣、必有补益。通过事故上报程序,完成对事故的全面调查和深入分析,找出故障现象并进行原因分析,最终给出解决措施及处理方法。

1. 查找故障现象

试验中由于种种原因,被试品会经常发生故障或问题,而任何故障或问题发生后都会留下蛛丝马迹。在故障发生后,须认真记录试验现象和有关数据,搜集现场实物,保护试验现场,若发生人员伤亡还要进行积极抢救。

以常规兵器试验中制导弹药试验为例,其一般分为地面试验和飞行试验。地面试验项目主要包括安全性试验、环境试验、可靠性试验等,飞行试验项目主要包括射击精确性试验、弹道性能试验、发射和飞行可靠性试验、抗干扰能力试验等。由于制导武器系统庞大、结构复杂,因此在试验中不可避免地出现各种异常问题。在这种情况下需要对出现的故障现象进行准确记录和定位。如在导弹试验时导弹发射不出去,即射手瞄准目标后,指示装置有信号但导弹无法发射的故障现象。应将现象过程进行详细记录并列出与此类故障有关的部件,如发射机构、燃气发生器、发射发动机点火线路及其他的一些误操作等,为后续开展原因分析与研判提供依据。

2. 深入分析原因

根据故障现象、现场搜集到的实物、观测人员的观测、测试设备录取的图像和数据等进行综合分析。对于复杂被试系统的故障,须基于作用原理开始,从单体或零部件查起,层层深入、逐渐展开、追根溯源,并利用排除法,最终查明原因。需注意的是,由于试验中的弹药引信、发动机等是属于一次性使用的被试品,试验后被试品实物已不存在,或者有些试验故障是属于小概率事件或再现的可能性很小,或者有些被试品试验时处于事故高发期,经过维修处理后仍会继续出现故障,为了证明维修处理的有效性须进行验证试验等,这些都造成故障分析十分困难,故障定位就更不容易。因此需要进行反复迭代的过程进行故障查找和准确定位,从而获得对故障现象和故障机理的正确认识。

如上面所述的制导弹药试验中,根据具体的导弹发射不出去的故障现象,进行故障机理分析。从发射机构、燃气发生器、发射发动机点火线路的作用和工作原理分析可知,出现上述现象的主要原因有:扳机本身存在机械故障,使扳机无法扣到底;视线角速度不满足发射条件,使导弹无法发射;燃气发生器有故障,使弹上电源无法正常工作;发射发动机点火电路有故障,使发射发动机无法点火;延时组合存在故障,无法向导引头、燃气发生器和发射发动机供电;跟踪通道存在故障,无法判断目标在空间的方位。如果能逐一排查上述可能的故障,则基本上可以解决射手瞄准目标后指示装置有信号但导弹无法发射的故障现象。

再以美国"标准"-3ⅡA导弹第二次试验拦截失败为例。北京时间2017年6月22日,美国导弹防御局会同日本防卫省在夏威夷太平洋附近海域开展"标准"-3ⅡA导弹拦截试验。试验中,一枚中程弹道导弹靶弹从太平洋导弹靶场发射,装备"宙斯盾基线"9.2C武器系统的"约翰·保罗·琼斯"号驱逐舰利用其舰载雷达AN/SPY-1探测并跟踪到靶弹,随后发射一枚"标准"-3ⅡA拦截弹进行拦截,但未能击中目标。针对此次拦截的失败,美国导弹防御局需要几个月时间调查故障原因、制定解决方案,并不可避免地导致2018年"标准"-3ⅡA导弹部署进度的延后。

3. 提出解决措施及处理方法

针对故障机理提出合理的改进措施。根据故障分析得出的结论,采取相应改进措施,如优化流程、改进设计、升级软件、更换部件等。改进措施的提出不仅要解决已出现的故障和问题,还应注意对其他系统和部件的影响和干扰等,尤其是软件升级和改进更需要进行全面验证和确认。

2013年9月雷声公司"标准"-3ⅠB拦截弹试验以失败告终,美国导弹防御局在2014年10月初才完成对故障原因的调查。此次调查历时将近一年,其结果影响到美国国防部做出是否继续批量生产的决策。根据分析,此次试验失败的原因是拦截器的第三级火箭发动机出现故障。导弹防御局认为试验中第三级火箭发动机存在缺陷,需要进行重新设计,并对生产流程进行改进。由于变更较大且对系统性能造成影响,国防部批准对其进行更多的飞行试验。导弹防御局于是在2015年进行了附加的飞行试验。国防部作战试验鉴定局也依据故障调查委员会的结论,对该拦截器的作战效能和适用性重新进行了评估。

第八章 装备试验鉴定资源

试验鉴定资源是武器装备试验鉴定活动开展和实施的重要基础,世界主要军事强国均非常重视装备试验鉴定资源建设,将试验鉴定资源建设作为提高试验鉴定能力,满足武器装备试验鉴定需求的重要手段和途径。各国通过对试验鉴定资源建设进行统筹规划、制定试验能力发展投资计划等,对试验鉴定资源进行投资建设;根据各自国家特点,建立试验靶场管理体系、制定试验靶场使用规定、对试验靶场进行建设和维护;建立试验数据共建共享机制,通过合同和相关规定进行约定,保证装备全过程试验数据能够全面采集和充分利用;多措并举培养试验鉴定人员,为武器装备试验鉴定提供重要的支撑和保障;按照装备试验鉴定需求统筹协调试验鉴定资源的运用,为检验武器装备真实作战能力提供重要支撑。

第一节 装备试验鉴定资源发展建设

试验鉴定资源是装备试验鉴定能力生成的重要支撑,需要对其建设进行统筹规划和系统建设,通过制定试验鉴定资源的发展规划,分级分类建立重点投资计划,对重点试验能力进行建设,确保试验资源按需建设、协调发展,适应试验鉴定能力需求和发展。

一、试验鉴定资源建设内容

美军把试验鉴定资源定义为"通过试验鉴定过程形成试验鉴定能力,所必不可少的试验鉴定人力、基础设施和经费的统称",如图 8-1 所示。

综观世界主要国家军队关于装备试验鉴定资源的概念可归纳为,试验鉴定资源是一个统称,包括试验鉴定任务执行过程中所必须具备的支撑和保障要素。通常,试验鉴定资源的要素主要包括:

(1)试验鉴定人员:具备操作、维护、维持和改进试验鉴定基础设施专业知

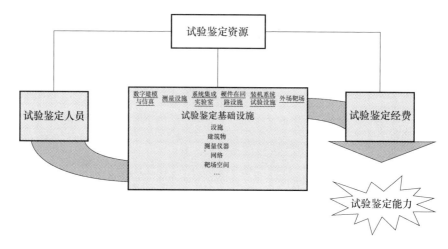

图 8-1 美军试验鉴定资源组成

识和技能的军职、文职人员和承包商人员,如运行、维护和改进试验鉴定基础设施的人员,拟制经费预算人员,完成试验鉴定程序的人员等。

(2)试验鉴定基础设施:是指靶场、各类设施和其他可用资产的统称,如用于实施装备试验鉴定的建筑物、测量设施设备、网络、靶场空间、频谱等。

(3)试验鉴定经费:是指试验鉴定基础设施投资和维护机构的直接预算和试验鉴定用户的有偿预算。

此外,为完成试验鉴定任务,还需要有将上述三个要素关联起来的程序方法,才能最终形成试验鉴定能力。而试验鉴定能力则是利用试验鉴定资源和程序实施试验鉴定,以完成试验鉴定目标的能力。

试验鉴定资源是保障试验鉴定活动顺利实施的基础和条件,既包括试验鉴定的实施场地——试验靶场,也包括组织和实施试验的试验鉴定组织机构和人员队伍,还包括试验鉴定活动中的保障条件(如经费等),以及试验鉴定过程中产生的试验数据等。因此,试验鉴定资源建设就是对试验条件的建设,主要包括试验靶场建设维护、人员队伍培养、试验鉴定经费预算、试验数据共享共用以及资源调配使用等方面。

二、试验鉴定资源发展规划

试验鉴定资源是试验鉴定活动的必要前提,必须提前规划、统筹管理,才能最大程度保证试验鉴定活动的顺利开展,这也是世界主要军事强国的主要做法。

第八章　装备试验鉴定资源

美军试验鉴定资源管理采取国防部统一管理、军种运行实施相结合的方式。美军在国防部设立试验资源管理中心,对靶场能力建设进行长远规划,对全军试验鉴定资源建设与使用进行统筹协调,对重点试验能力进行专项投资,实现了从顶层统一协调各军种试验资源和能力建设,通过提前规划与合理布局,使得与装备建设配套的试验能力得到快速发展,提高了试验资源利用效率,确保试验靶场按需建设、协调发展,有限经费得到科学分配和有效使用,有力保障了靶场试验能力适应武器装备的需要。

根据《美国法典》规定,试验资源管理中心要"规划和评估重点靶场与试验设施基地(MRTFB)的充分性,为装备的研发、采办、部署与维持,提供充足的试验能力保障"。美军从2004年组建试验资源管理中心,即开始研究制定《试验鉴定资源战略规划》,并每两年进行一次更新,以滚动发展的方式对未来试验技术研究进行长远规划,目标是满足美军未来7~10年试验能力对技术的需求。《试验鉴定资源战略规划》是试验资源建设的顶层规划文件,对试验鉴定资源建设具有重要的指导作用。

以美军2010年《试验鉴定资源战略规划》为例,该规划对美军当时的试验鉴定需求和试验鉴定能力进行了全面审查和评估。该规划详细介绍了对美军试验鉴定资源需求的审查情况,评估试验鉴定能力的实际,为军种和国防部业务局的投资提供了指导,并为试验鉴定预算奠定了基础。同时,该规划重点分析了五个作战域的试验能力,包括空中作战能力、网络作战能力、地面作战能力、海上作战能力和空间与导弹防御能力,以及12个重点试验技术领域,即人工智能、生物识别、反简易爆炸装置(C-IED)、电子战(EC)/定向能(DE)、环境、高超声速、联合能力、网络中心战、核武器效应、频谱管理、目标与威胁以及无人自动化系统(UAAS)试验鉴定能力评估等,涉及试验鉴定基础设施、资金投入和人员队伍等方面,详细评估了试验鉴定人员队伍所面临的挑战,并提出优先解决部分难点重点问题。

为加强关键试验能力的发展与规划,2016年美军首次在《试验鉴定资源战略规划》下,研究拟制了"试验能力评估与联合发展路线图",内容涵盖:网络空间试验鉴定基础设施、试验鉴定通用作战图电磁频谱、电子战试验鉴定基础设施建设、高超声速试验鉴定资源建设、红外对抗试验鉴定资源建设、核生存性评估与靶标评估等六个领域,对影响装备建设的关键试验能力领域做出长远发展规划,以引领试验技术发展方向。这是美军首次对试验鉴定资源按领域制定发展路线图,从近三年建设情况看,路线图发挥了很好的引领作用。

三、试验鉴定资源建设投资计划

试验鉴定技术是试验鉴定活动的重要技术支撑,必须紧跟装备技术发展,持续跟进投资。为满足未来军事转型对装备试验鉴定能力的紧迫需求,美国防部在试验资源管理中心设立了"试验鉴定/科学技术计划"(T&E/S&T)、"中央试验鉴定投资计划"(CTEIP)、"联合任务环境试验能力计划"(JMETC)等三大试验鉴定投资计划,对美军的研制试验能力建设、作战试验能力建设和国防试验科学技术的研究进行系统规划,并围绕未来联合作战和网络中心战的需求,开展了一系列的试验设施建设和试验技术研究。

"试验鉴定/科学技术计划"是美国国防部为开发军事能力转型试验所需要的新技术而实施的一项试验技术研究计划。该项计划是一项年度投资计划,从2002年开始实施,至今已经颁布实施了18年。实施该项计划的主要目的是开发新的试验技术,并将新的试验技术及时地转变为现实的试验能力,使武器系统新试验技术的成熟度从3级提高到6级。

"中央试验鉴定投资计划"是一项发展可供多个军种使用的重要试验能力的技术研究投资计划。实施该项计划的目的是协调试验设施建设的计划和投资。列入计划的项目必须满足3个条件:①应满足多个军种的试验需求;②应用于试验能力的开发;③购买开发试验资产或能力。该计划提供了一个总的投资渠道,平衡各军种和国防部业务局的试验投资,实现试验资源是基于国防部范围,而不是针对军种层面利益进行分布,某些共性的领域(如互连性、互操作性、先进遥测技术等)得到重视,有效减少了重复建设。

"联合任务环境试验能力计划"于2006年正式启动,建设目标是提供一个稳固的试验基础设施,将各种真实、虚拟、构造(LVC)的试验资源和设施连接起来,构建联合分布式的试验环境,使国防部用户能够在联合任务环境中研发和试验作战能力。该基础设施包括永久性的连接设备、中间设备、标准接口和软件算法、分布式试验保障工具、数据管理方案和可重复使用的知识库等。目前,美军已实现了遍布全美115个试验站点的联网,每年支持的试验、训练、演习项目任务多达数百项。

国防部授权试验资源管理中心(TRMC)从军事需求、技术和经济等角度综合考虑,按照严格的程序筛选出最佳的试验鉴定投资项目,并将其纳入三大试验鉴定投资计划,通过支持购置基础设施等方式,有序推动试验能力的全面提升。三大投资计划年度总经费约2.5亿美元(表8-1)。

表8-1 美军试验资源管理中心三大投资计划情况表

序号	计划名称	设立目的	设立时间/年	支持额度及预算渠道/(亿美元/年)	主要支持技术领域
1	"试验鉴定/科学技术计划"(T&E/S&T)	发展未来武器测试技术	2002	0.95（来源于国防部-先期技术开发）	·定向能 ·高超声速飞行器 ·网络中心系统 ·无人系统 ·多光谱传感器 ·先进装置系统 ·频谱效率 ·电子战 ·网络空间
2	"中央试验鉴定投资计划"(CTEIP)	发展或提升多平台通用测试能力	1991	1.4（来源于国防部-先期部件验证）	·核心联通能力（大范围卫星信号覆盖长程导弹、精确时空定位、频谱效率提升、红外对抗、无人航空、电子战） ·试验中危胁表征能力 ·近期作战试验能力缺陷
3	"联合任务环境试验能力计划"(JMETC)	提供联合试验基础设施	2007	0.19（来源于国防部-系统开发验证）	·网络互联 ·安全协议 ·集成软件 ·界面定义 ·分布测试工具 ·重复利用储存

美国各军种还会针对自己发展的武器装备系统,制定针对特定装备发展的投资计划,如军种与国防部业务局的投资与现代化(I&M)计划等,对试验鉴定技术的发展提供蓝图与指导,确保试验技术的发展紧跟装备采办项目的发展。

第二节　装备试验靶场建设管理

试验靶场是考核各类武器装备战术技术指标,检验武器效能、适用性和生存能力的特定场所,是试验资源的重要组成部分,是试验基础设施的关键内容,是试验能力的重要物质基础。经过数十年的建设发展,世界主要军事强国建立了自成体系、相对完善的试验靶场体系,满足了多样性武器装备采办对试验鉴定的需求。对试验靶场进行集中投资建设和集约使用管理,是满足不断发展的装备试验能力需要的重要途径。

一、试验靶场组成

世界主要军事强国武器装备试验靶场管理方式与其装备采办管理体制相适应。美军实行国防部集中指导和军种分散实施管理相结合的装备采办管理体制,国防部和军种都设有装备采办管理机构,形成了既统一管理又相对独立的靶场建设管理体系。法国和德国武器装备采办由国防部专职机构统一管理,根据各军种提出的军事需求,统一规划全军军事装备发展,对装备发展全过程实行集中统管。英国武器装备采办适应大规模私有化进程,积极推行私有化改革,实施"精明"采办项目,鼓励私有企业参与装备采办竞争。世界主要军事强国实行的武器装备靶场管理模式为各国武器装备发展提供了重要保障和支撑。

(一)美军试验靶场

经过近百年发展,美军逐步建立了完善的试验靶场体系,满足了多样性武器装备采办对试验鉴定的需求,形成了全面综合的试验能力,对武器装备发展起到了重要促进作用。

1. 体系构成

美军靶场体系包括国防部重点靶场、军种和政府部门靶场,以及承包商、研究机构、院校靶场等,如图 8-2 所示。其中,国防部重点靶场是构成靶场体系的主体,是考核各类武器装备战术技术指标,检验武器效能、适用性和生存能力,开展武器装备作战演训的重要场所,多数国防部重点靶场具备综合靶场的性质,可完成多样化的试验与训练任务。军种和政府部门靶场作为装备试验靶场体系的重要补充,主要开展本军种和本部门装备的试验和作战训练。承包商、研究机构、院校靶场是靶场体系的一个必不可少的组成部分,用于开展武器装备方案选型、探索研究、先期开发、工程制造等研制试验。

第八章 装备试验鉴定资源

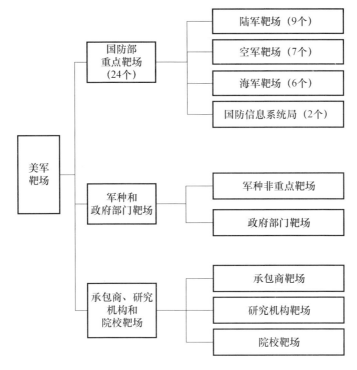

图8-2 美军靶场体系构成

2. 靶场建设基本情况

美国的众多靶场根据不同的职能分工,在装备试验鉴定中发挥着不同的作用。

(1)国防部重点靶场。

美军重点靶场由国防部集中监管,设试验资源管理中心对重点靶场能力建设进行长远规划和专项投资,并对靶场年度建设进行审查和评估,各军种和业务局负责运行和维护。

20世纪70年代以前,美军靶场由各军种自行建设、分散管理,先后建成80多个靶场。1970年之后,为了协调和加强试验资源的统一管理,减少不必要的重复建设,美国国防部对政府拥有的试验靶场和设施进行了全面整合,指定白沙导弹靶场等6个靶场为国家靶场,进行重点投资与建设。1974年,美国国防部根据各靶场的试验能力和试验需求对各军种的靶场再次进行了整合,选定了陆军、空军各9个及海军8个共26个靶场为国防部重点靶场。20世纪90年代,美军对重点靶场进行削减,到2002年重点靶场数量一度削减为19个,后经几次调整,目前重点靶场数量恢复至24个,其中陆军9个、海军6个、空军7个、国防信息系统局2个,如图8-3所示。

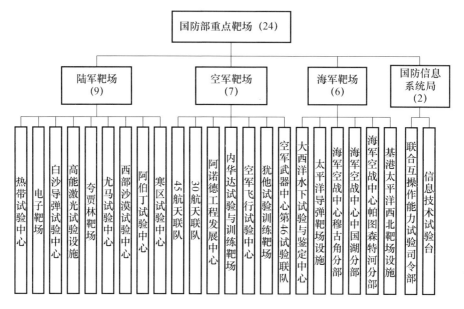

图8-3 美国国防部重点靶场情况

(2)军种和政府部门靶场。

军种靶场由国防部各部局(陆、海、空军及信息系统局)进行管理,主要用于本军种组织实施各类试验活动,如陆军的航空技术试验中心、红石技术中心以及作战试验司令部下属各试验分部的靶场等。政府部门靶场由联邦政府、州和地方管理,可为国防部提供特有的试验能力,如风洞等高成本的基础设施。

(3)承包商、研究机构、院校靶场。

承包商、研究机构、院校根据项目试验需要,也建有相应的专业试验设施,如波音公司博德曼试验场,通用动力公司亚利桑那州汽车沙漠试验场、密歇根州米尔佛德试验场等。

3. 新型靶场建设情况

为适应未来战争形态对靶场的要求,满足网络战和联合作战对装备试验带来的新挑战,从20世纪90年代中期美国陆军提出虚拟靶场概念开始,美军不断推出新的靶场概念。创新型靶场丰富了传统靶场的试验模式和试验内容,通过与现有试验能力的结合,使美军靶场体系更加完善,试验能力得到有效提升。

(1)国家网络靶场。

2008年5月,美国国防高级研究计划局(DARPA)发布了关于开展"国家网络靶场"项目研发工作的公告,要求国防部各业务局和工业部门就国家网络靶场的初步概念设计提出建议。该计划2009年正式启动,建设目标是:能够在逼近实战条件下,对网络空间作战能力进行精确的试验与评估;能够针对美军武器系统及作战应用,为网络试验构建复杂、大规模、不同种类的网络空间模型和用户模型。2012年,美国国家网络靶场基本建成,移交试验资源管理中心管理。2014财年,国家网络靶场支持了22项重大国防采办项目,以及训练和作战演习任务,例如作战试验鉴定局和美国网络司令部资助的分布式网络训练项目。国家网络靶场的建成大大提升了美军网络作战试验能力,加速网络作战能力向作战人员的交付,同时也为美军实施网络作战的战法与战术演练提供逼真的训练环境。

(2)联合任务靶场。

有关逻辑靶场的研究曾是美军在90年代末靶场概念研究与探索的热点之一,至今仍在大力开展的"联合任务环境试验能力"计划。为保证新系统或能力能够有效地融入联合作战体系,同时解决新系统或能力对整个体系在联合作战任务贡献度的试验鉴定问题,美军于2006年启动"联合任务环境试验能力计划",将多种真实、虚拟与构造(LVC)的试验站点与能力连接在一起,在一个分布式的环境中对装备系统或装备体系(或体系化装备)进行试验。2007年,美军又启动了"联合试验鉴定方法"工程,为联合任务环境试验的规划与实施提供标准的方法与规程。截至2016年底,联合任务环境试验鉴定基础设施已经连接了115个网络站点,主要包含以下四类设施:一是国防部重点靶场;二是隶属于陆军、空军、海军和海军陆战队的军事基地;三是国防工业部门的武器试验场;四是相关院校和研究所。该计划已支持了多项联合试验与训练任务,包括"综合火力""联合攻击战斗机试验""联合电子战评估试验与鉴定""红旗-阿拉斯加演习"等。

(二)法军试验靶场

法军装备试验靶场管理实行国防部集中统管,分领域建设实施的模式,法国国防部武器装备总署下设立试验鉴定局,全面负责武器装备全寿命周期各个阶段的技术性能试验鉴定工作,对试验中心能力建设进行规划,并对全军试验资源建设与使用进行统筹协调,加强试验鉴定能力建设,提高试验资源利用效率,确保试验能力适应武器装备的发展。

法军靶场体系包括飞行试验中心、导弹试验中心等14个按照专业分工建设的试验中心,由国防部试验鉴定局管理,有偿承担各类武器装备试验任务,所需经费视任务性质区分,定型试验经费从项目经费支付,其他试验经费由任务提出单位支付。法军靶场管理体系如图8-4所示。

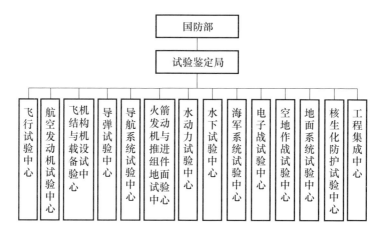

图8-4　法军武器装备试验中心管理体制

(三) 德军试验靶场

德军装备试验靶场管理也实行国防部集中统管、分领域建设实施的模式。德军拥有飞机与航空装备技术中心、武器与弹药技术中心等6个按专业分工建设的国防技术中心,由"国防部装备、信息技术与使用保障总署"统一管理,具体承担坦克、飞机、舰船、单兵装备等武器装备的试验任务。"国防部装备、信息技术与使用保障总署"具体负责武器装备的研发、试验、采办及使用管理,组织开展武器装备技术试验、工程试验、部队试验和后勤试验等,为武器装备采办提供支持。德军靶场管理体系如图8-5所示。

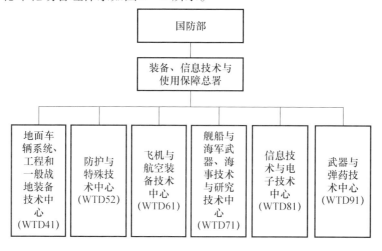

图8-5　德军国防技术中心管理体制

(四)英军试验靶场

英军武器装备试验靶场管理实行国防部集中监管、私有化运营的模式。英军武器装备试验靶场包括国防部的17个重点靶场和各军种的试验训练靶场,由国防装备与保障总署负责监管。重点靶场归军方所有,私有化的奎奈蒂克公司通过与国防部签订"长期合作协议"负责靶场的运行和维护,并承担武器装备试验任务;各军种拥有自己的试验训练靶场,主要负责武器装备列装后的试验、训练和战术研究,由各军种负责管理与使用。英军靶场管理体系如图8-6所示。

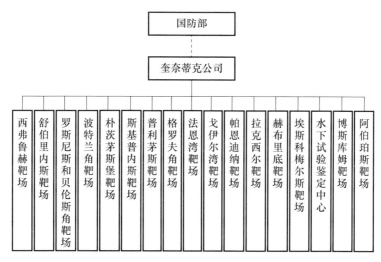

图8-6 英军重点靶场管理体制

二、试验靶场使用

美军重点靶场属国家资产,其建设、使用和维护主要是为支持国防部的试验鉴定任务,可供各军种、美国政府机构、承包商等使用。政府或军方组织的研制试验和作战试验优先在国防部重点靶场开展,按照采办项目重要程度和进展情况,安排试验任务。靶场司令官或机构主任负责协调靶场使用,出现无法解决的冲突时,提交试验资源管理中心主任进一步协调。

为规范国防部重点靶场的使用,美军颁布国防部指示3200.18《重点靶场与试验设施基地的管理与使用》。该指示适用于国防部办公厅、各军种、联合参谋部主席办公室、作战司令部和国防部总审计署、国防部现场活动机构(Field Activites)和国防部内设相关机构(统称为国防部部局)。在2010年颁布的国防部指示3200.18中,明确了根据国防部指令确定重点靶场组成的政策;根据国防部指令5105.71《国防部试验资源管理中心》和国防部指令3200.11《重点靶场与试验设施基地》,落实重点靶场管理和使用政策和指定职责;确定了重点靶场组成变更的程序。该指示还制定了统一的重点靶场管理程序以及重点靶场报告要求。

国防部指示3200.18对重点靶场的具体使用进行了规范:

(1)重点靶场的使用安排是基于国防部采办项目的优先权,给予所有国防部部局同等的考虑,并不会因国防部部局发起机构而歧视其他国防部项目。

(2)在国防部部局的指导下,管理重点靶场与设施的司令官或机构主任将努力解决竞争用户间的冲突。经重点靶场指挥链无法解决的国防部用户间的冲突,可由国防部部局提交试验资源管理中心主任进行进一步协调。

(3)在国防部部局的指导下,管理重点靶场与设施的司令官或机构主任应制定非国防部用户使用重点靶场与设施的指南。该指南应提供在不损害对国防部用户主要利益的基础上,为非国防部用户提供最大可行的预定使用安排。司令官或主任负责解决所有商业和非国防部机构的计划安排冲突,且其决定为最终结果。也就是说,靶场在完成国防部指令性任务的基础上,拥有为其他用户提供试验服务的自主权。

美军的重点靶场作为国家资产,可供商业用户有偿使用。根据《美国法典》第10编第2681节,授权商业用户可使用重点靶场资源。

(1)在国防部部局的指导下,管理设施和靶场的司令官和机构主任有权与希望在其重点靶场和设施进行商业试验鉴定的商业用户签订合同。

(2)在国防部部局的指导下,管理重点靶场与设施的司令官和机构主任应确保其不与美国私营部门在为商业机构提供服务方面进行竞争。满足该要求的途径是要求商业用户确认无法获得所需要的产品或服务的商业资源。

(3)商业机构将根据规定支付使用重点靶场的费用。

(4)在国防部部局的指导下,如果管理重点靶场与设施的司令官或机构主任确定任何商业试验或鉴定事件有损于美国公共健康和安全、公众或私有财产,或任何国家安全利益,有权立即终止、阻止或暂缓试验或鉴定事件,司令官或主任须向商业机构提交通知并说明终止理由。

(5)支持商业航天发射和再入活动通过《美国法典》第15编第5807节和《美国法典》第49编第70101～70109节进行规范。商业机构将为使用重点靶场进行商业航天发射与再入活动支付费用。

三、试验靶场建设与维护

靶场建设与维护主要关系到靶场建设的投资(规模)、靶场运行维护经费和靶场建设与维护的人员,各国经费管理模式不同,情况也不尽相同,这里重点介绍美军试验靶场建设与维护情况。

美军重点靶场的经费来源有多种渠道,包括水平投资经费、研制试验经费、作战试验经费等。根据美国国防部指示 7000.14 - R《财务管理条例》的规定,重点靶场的经费主要由直接经费、机构经费两部分构成,此外还有根据国防部指示来自其他渠道的经费,如投资经费。直接经费是指利用试验设施或资源对某一采办项目进行试验所产生的直接费用,由用户直接支付;机构经费则是指由靶场所属机构为了试验设施或资源的"维持、运行、升级、现代化"而提供的经费,机构经费不可由用户支付。

(一)主要投资渠道

目前,美军对试验鉴定能力进行投资的渠道主要有 4 个。

1. 军种与国防部业务局的投资与现代化(I&M)计划

这些计划对现有能力进行现代化改造并采办新能力,以满足各军种或国防部局的需求。近年来比较典型的军种投资与现代化计划有:夸贾林靶场现代化与远程操作计划,主要改进靶场的 4 部雷达,实现靶场远程操作与诊断;海军的网络中心战计划,主要改进试验鉴定设施的网络,以支持基于网络中心战系统(如 E2C 协同交战能力和联合战斗机等)的研制和试验。该计划为试验鉴定外场靶场和仿真资源以及海军实验室提供了音频、视频和高层体系结构接口。阿诺德工程发展中心的推进风洞改进计划,主要利用由空军提供的经费,提高其现有老化设施的能力,包括安装先进的数据采集与处理系统、改进电子驱动发动机等。

2. 中央试验鉴定投资计划

该计划是试验靶场建设的主要投资渠道,目的是平衡军种和国防部业务局的试验投资,为联合需求提供资金。该项目自设立以来取得了显著成效:试验资源是基于国防部范围而不是针对军种层面的利益进行分布;某些共性的领域,如互连性、互操作性或改进的遥测技术得到重视,并减少重复建设。为实现其目标,管理该计划的试验资源管理中心与相关部门密切协作,选择具体的投资项目。每个投资计划都指定一个牵头军种或国防部业务局具体负责实施。该项投资计划分三类:①联合投资与现代化计划。提供非常需要的联合或多军种试验能力,以试验不断复杂化和先进的武器系统。②试验技术开发与演示验证计划。旨在促进成熟技术从实验室环境向试验鉴定设施转化。③资源增强计划。对正在进行的作战试验计划中试验缺项的快速、近期解决方案,由军种或国防部相关业务局作战试验部门提出需求。

近年来比较典型的计划有：先进靶场遥测计划，通过提高带宽调制效率、多径平滑、信道管理、数据压缩和天线性能，以提高航空遥测频谱的可靠性、可用性和效率。该计划将先进商业电信业的成果推广应用到重点靶场试验遥测系统中，并提高了重点靶场的互操作性和标准化。机载视频系统，开发超高速、高分辨率的数字照相机用于武器系统试验的机载和地基光学测量，支持了 F－22、F－16、F/A－18C/D/E/F 等试验任务。便携式靶场增强与控制系统，该计划开发了便携式设备与测量仪器的自控系统，可提供通用的靶场控制功能，包括自主试验指挥、控制、数据采集、分析与显示，首套系统部署在太平洋导弹靶场，支持导弹防御局的反导试验。

3. 军事建筑计划

该项拨款提供大部分重点试验靶场基础建设的资金。

4. 采办项目

项目中用于承包商设施或政府试验中心的专用于试验的经费，支持具体采办项目。

近年来，受财政缩减影响，对重点靶场的投资费有所下降。投资主要用来对重点靶场现有能力进行现代化改造，以及采办新的能力，以满足军种或国防部业务局需要，如各军种投资与现代化（I&M）计划、军事建筑经费等。图 8－7 为 1994—2013 财年对重点靶场的投资趋势。可看出，投资经费峰值出现在 1994 财年，为 8.4 亿美元。由于国防部面临财政受约束局面，从 2013 财年开始，每年投资一般都维持在 4 亿美元左右。

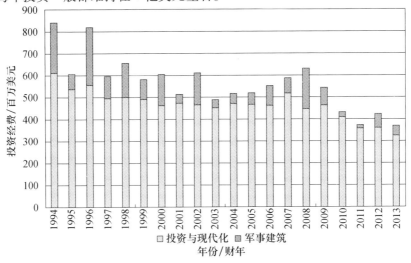

图 8－7　重点靶场投资与现代化经费

(二)靶场运行与试验鉴定经费

据近年的统计情况,国防部24个重点靶场每年约支持2000项试验项目。重点靶场的非直接经费(包含投资、军事人员和机构运行经费)每年大约为30亿美元。图8-8为1994—2013财年重点靶场的运行经费情况(以2013财年不变美元价格计算)。

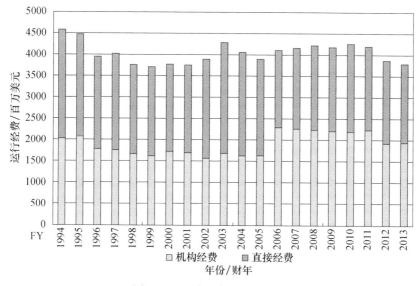

图8-8 重点靶场总运行经费

第三节 装备试验数据管理使用

外军都高度重视在试验鉴定活动中试验数据的共建共享。美军规定,研制试验鉴定部门和作战试验部门有权使用承包商所有的试验记录、报告和数据,并通过合同进行约定。作战试验部门通过参加合同数据要求清单(CDRL)审查委员会会议,确认需要的各种研制试验数据。作战试验结束后,项目管理办公室有权及时获取作战试验数据和报告。数据标准、规范与格式遵循美军《采办流程与标准信息系统》规定。

一、试验数据类型

试验数据包括试验鉴定过程产生的所有记录、报告和文件,如试验结果、系统记录、执行记录、试验主任注释、用户/操作手评估,以及试验报告、计划、程序、快报等。试验数据在试验鉴定结果生成、试验数据分析、试验设计改进等方面具有重要的作用。

美军武器装备试验数据主要分为承包商研制试验数据、军方研制试验数据和军方作战试验数据。承包商研制试验数据由承包商按照合同约定向项目管理办公室提供;军方研制试验数据和作战试验数据由靶场负责收集和处理,军种研制试验机构和作战试验部门对数据进行独立分析,形成试验结果和试验报告,提交项目办公室和相关上级权力机构。

二、试验数据获取

美军项目办公室和作战试验部门拥有对各类试验数据的法定使用权利。首席研制试验官(CDT)拥有批准所选承包商编制的试验计划、程序和报告的权力。首席研制试验官必须有权使用所选承包商的试验数据和试验结果,并负责将这些结果分发给需要的政府机构。负责研制试验鉴定的助理国防部长帮办、作战试验鉴定局局长和他们指定的代表,拥有全部和直接使用所有记录、报告和数据的权力,这些记录、报告和数据包括但不仅限于:所有试验数据、系统记录、执行记录、试验主任注释、用户/操作手评估等。所有数据包括但不仅限于保密的、非密的和竞争性敏感数据或可用专利数据。另外,首席研制试验官还要为承包商提交的报告、政府批准的报告等规定格式和时间期限。在合同数据要求清单中须列出整个试验计划的数据需求。

《采办流程与标准信息系统》是目前列在《国防部规范与标准目录》和所有试验数据项目说明中的所有文件的官方来源。数据库由在宾夕法尼亚州费城的国防自动化出版机构维护。"快速搜索"功能使得用户能够搜索《采办流程与标准信息系统》数据库中的国防与政府的技术规范和标准、军事手册、合格产品列表,以及其他在《国防部规范与标准目录》和试验数据项目说明中列出的文件。首席研制试验官要保证其办公室和需要该信息的所有相关试验组织都能及时收到所需试验文件。通常,承包商将数据包直接送交首席研制试验官,而后由他将该数据包按最少数量的副本分发给需要该信息的各相关部门,以便他们使用这些信息执行其任务和履行监督职责。在实际试验工作实施之前,尽早采用一体化试验计划,并要求承包商尽早提供试验计划和程序,这对首席研制试验官非常重要,可以确保其办公室有时间批准这些程序或进行修改。

三、试验数据处理

建立规范的数据报告程序和通用的试验数据工具、方法、标准、格式等,可实现最大可能地使用数据。按照其权限和职能,首席研制试验官必须及时收到试验结果和报告,以使得首席研制试验官办公室、项目主任和上级权力机构做出项目决策。收到的数据应该进行裁剪,以提供所需的最低限度的信息。首席研制试验官必须意识到,超出所需的最低限度信息的数据要求,可能导致整个项目费用不必要的增加。对于快速和非正式(至少起初是)的数据要求,首席研制试验官可要求在试验结束后立即给出试验结果的简报。首席研制试验官还负责与承包商协调所有的报告格式以及合同中要求的特殊格式。在大多数情况下都可以接受承包商的内部格式。

为确保政府试验机构获得所需试验信息,合同中必须规定承包商应提供的数据、各机构接收的数据,以及是否将数据直接发送给某些外部机构。项目管理办公室的首席研制试验官应将作战试验部门列入研制试验鉴定阶段所有重要试验文件的分发清单,以便他们了解试验计划进展情况及以前做过的试验。这样,作战试验部门可以知道什么时候制定自己的作战试验鉴定试验计划和程序。事实上,作战试验部门的代表应该参加"合同数据要求清单审查委员会"会议,并向项目管理办公室提交作战试验部门需要的各种文件的清单。首席研制试验官应与作战试验部门就这一清单的试验部分进行协调,并在协调会上提出所关心的问题。作战试验部门应获得承包商的所有试验报告。反过来,首席研制试验官必须不断了解作战试验部门的所有活动,了解他们的试验程序和计划,接收他们的试验报告。与研制试验鉴定和承包商的文件不同,项目管理办公室的首席研制试验官没有批准作战试验鉴定报告或文件的权限。首席研制试验官只负责保证项目主任了解作战试验鉴定结果。

四、试验数据应用

美军规定,所有试验数据均须在规定的时间、按照统一的格式提交国防技术信息中心(DTIC)集中存储。负责研制试验鉴定的助理国防部长帮办、军种采办执行官、项目主任、作战试验鉴定局、国防部部局等可以根据权限访问这些数据。

通过对试验过程的数据进行实时采集,项目管理办公室负责建设与管理本项目试验鉴定数据库,建立数据状态矩阵,进行压缩、校核、归档、存储、检索和分析。试验完成后,由试验小组进行数据分析和鉴定,同时起草作战试验鉴定报告。所有试验数据集中到国防技术信息中心后,相关机构和人员根据需要调取相关数据,对试验鉴定活动和过程进行综合分析,为试验方案优化和改进,以及装备研制和改型提供基础支撑。

近年来,美军已经将大数据、云计算、人工智能等突破性技术,运用到靶场设施设备改造,试验数据采集、融合、分析,以及逼真威胁环境设置与试验规划设计等领域,大大提高了装备试验的效率与效益。美军在国家网络靶场建设中,引入"灵活自主网络技术靶场"概念,并开发了"动态自主化靶场技术工具集",该工具集可以快速配置试验环境,并测试作战环境改变对试验结果的影响,以及实现了海量数据的收集、分析和结果的图形显示,从而大大缩短了试验所用时间。

第四节 装备试验鉴定人员培养

试验鉴定人员队伍是试验任务圆满完成的重要因素,试验鉴定人员培养也是试验资源建设管理的一项重要内容。美军历来十分重视装备试验鉴定人员队伍建设,注重对试验鉴定人员培养和队伍能力建设,并积累了值得学习借鉴的经验。

一、试验鉴定人员主要构成

美军装备试验鉴定人员构成主要包括军职人员、文职人员和承包商人员。其主要职责是在研制试验鉴定和作战试验鉴定中,为操作、维修、维持和改进试验鉴定基础设施提供必需的专业知识与技能,有效使用试验鉴定经费,有力执行各种试验鉴定程序,最终生成试验鉴定能力,以保障试验鉴定任务顺利完成。

美军装备试验鉴定人员队伍包括三个部分(图8-9):重点靶场人员队伍、作战试验机构人员队伍和其他人员队伍(包括在"试验鉴定职业领域"任职的人员,以及在其他地点就职的试验鉴定人员)。

(一)重点靶场人员队伍

重点靶场人员队伍由在重点靶场就职的军职和文职人员组成,是美军试验鉴定队伍中规模最大的,约有13500人。目前美军共有24个综合能力位于世界领先水平的重点靶场,分别由其陆、海、空三军和国防信息系统局负责维护与操作。这些重点靶场的建设规模、使用和维护主要是为了保障国防部的试验鉴定任务,可供各军种和美国政府有关部门使用,也可根据需要供盟国政府或承包商组织使用。

美军重点靶场在编制上采用军职和文职人员混合编制,大部分靶场的文职

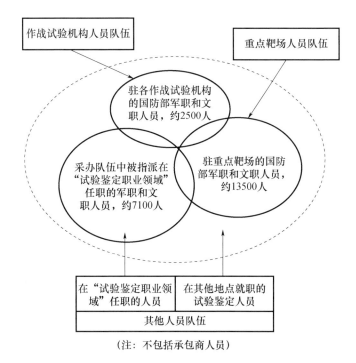

(注：不包括承包商人员)

图 8-9 美军装备试验鉴定人员队伍的组成

人员均超过 50%。靶场军职人员主要负责管理、协调和指挥，文职人员主要负责技术管理，如工程技术、数据处理、训练、人事、财务等。靶场设施设备操作和维修保障工作大部分采用合同制，由承包商人员完成，靶场人员则负责对这些工作进行监督管理。

美军各重点靶场的人数根据靶场规模不同，数量从数百人至数千人不等。根据国防部试验资源管理中心 2010 年发布的年度报告，24 个重点靶场的军职和文职人员总计为 13764 人（表 8-2），其中军职人员为 3456 人、文职人员为 10308 人，文职人员所占比例达到 75%。

表 8-2 2010 年美军重点靶场人员情况

	军职	文职	小计
陆军	60	3116	3176
海军	572	1752	2324
空军	2762	5182	7944
国防信息系统局	62	258	320
合计	3456	10308	13764

美军各靶场都有大量的承包商人员,人员数量通常都超过靶场军职人员和文职人员的总和。目前,在重点靶场工作的承包商人员总计约24000人。

(二)作战试验机构人员队伍

作战试验机构人员队伍由在作战试验机构从事作战试验鉴定工作(包括实弹射击试验鉴定)的军职和文职人员组成,约有2500人。作战试验机构是美军对军种和业务局负责计划、指挥、协调和管理作战试验鉴定机构的统称,包括陆军试验鉴定司令部、海军作战试验鉴定部队、空军作战试验鉴定中心、海军陆战队作战试验鉴定处和联合互操作能力试验司令部。

(三)其他试验鉴定人员队伍

此外,美军装备试验鉴定人员队伍还包括以下两部分:在"试验鉴定职业领域"任职的人员和在其他岗位任职的试验鉴定人员。

在"试验鉴定职业领域"任职的人员是指采办队伍中被指派在"试验鉴定职业领域"任职的军职和文职人员(简称专业试验鉴定队伍),约有7100人,主要负责试验鉴定规划,包括与作战试验机构合作制定试验鉴定规划,并为试验鉴定任务分配经费。此外,国防部还有数百个遍布各地的职能机构,试验鉴定是这些机构的一项主要任务或附属任务。这些机构内也有一些试验鉴定方面的人员。

试验鉴定人员队伍,是利用试验鉴定程序生成试验鉴定能力、完成试验鉴定任务不可或缺的要素,不仅可以主动发挥自身能力,而且还能有效操作、维修和改进设备、建筑、装备等基础设施,确保基础设施完好率,最大限度发挥其性能,同时使用合理经费,有效作用于投资、维持基础设施和保障用户。通过三者的有机结合,共同发挥试验鉴定资源整体作用,生成执行试验鉴定任务、实现试验鉴定目标的能力,确保试验鉴定任务顺利完成。

二、试验鉴定人员能力要求

装备试验鉴定人员队伍能力主要包括计划能力、实施能力、分析能力和报告能力四种能力。

(一)计划能力

计划能力是指对整个试验鉴定过程进行总体规划,制定试验鉴定计划的能力。主要包括:全面、准确地收集决策者所需试验鉴定信息(效能、适用性等),明确试验鉴定目标,确定所需数据类型与数量、预期试验结果和试验鉴定分析手段,利用验证过的模型或仿真系统设计试验场景、建立试验环境、准备试验仪器设备、调配和控制试验鉴定资源和设计试验鉴定结果评估流程等。

(二)实施能力

实施能力是指按计划完成试验鉴定任务的能力。主要包括:正确、合理地协调、运用试验鉴定资源,控制试验鉴定进程,及时发现并处置试验鉴定过程中出现的各种问题,并采集和管理所需数据。

(三)分析能力

分析能力是指对试验鉴定结果进行分析的能力。主要包括:合成试验鉴定数据信息,与预期结果进行比较,并根据技术和作战评判进行调整。其中,当测量结果与预期结果不一致时,需要重新检查试验条件和程序,以确定是性能存在偏差,还是由诸如计算机仿真逼真度不够、试验保障资源不充分或不恰当、仪表仪器误差或试验过程有缺陷等试验因素造成的。

(四)报告能力

报告能力是指以及时、真实、简明、全面和精确的方式向决策者通报已完成的试验鉴定结果的能力。主要包括:将试验鉴定的充分性,被试装备的作战效能、适用性和生存能力等问题向决策审查负责人和里程碑决策者报告,并对今后的试验鉴定工作和被试装备的改进提出建议。

三、试验鉴定人员培养措施

为了巩固和提升装备试验鉴定人员队伍能力,美军采取了多种能力建设措施,包括招募新的技术力量,保留有经验的人员,为试验人员提供多种训练与发展机会等。

(一)掌握人员队伍基本情况

掌握情况,摸清规律,是规划试验人员队伍能力建设的重要前提。美军定期对装备试验鉴定人员队伍的规模、构成以及能力进行调查、分析、研究和预测,有助于全面掌握人员队伍及其能力的基本情况、存在的问题和发展趋势,为进一步提高人员队伍能力发挥关键作用。美国国防部试验资源管理中心每两年发布一次《试验鉴定资源战略规划》,对人员队伍的构成、基本情况、存在的问题、解决方法和能力的评价等问题进行论述,为人员队伍的发展进行了较好的规划。

(二)开展寿命周期评估

人员队伍寿命周期模型是美军装备试验鉴定人员队伍寿命周期评估的重要工具。根据符合退休条件的工作年限,人员队伍寿命周期模型将试验鉴定人员队伍分为三部分——未来职业组、中级职业组和高级职业组。未来职业组是指工作 16 年以上才符合退休条件的人员；中级职业组是指工作 6~15 年才符合退休条件的人员；高级职业组是指工作 5 年以下就符合退休条件的人员以及已经符合退休条件的人员。

由于受人员增减、续任、调动和退休等因素影响，装备试验鉴定人员队伍的数量会发生变化，利用人员队伍寿命周期模型能直观地从结构上反映未来职业组、中级职业组和高级职业组人员数量的变化情况，有助于对装备试验鉴定队伍的发展趋势进行准确的预测和分析，为人员招募、能力培养、资格保持、风险评估等措施的制定提供决策依据，改进装备试验鉴定人员队伍的规划和管理。

以装备试验鉴定人员队伍中的文职人员为例。截至 2008 财年，装备试验鉴定人员队伍中文职人员的未来职业组、中级职业组和高级职业组的人数为 2139 人、2089 人和 1354 人，分别占 38.3%、37.4% 和 24.3%；截至 2009 财年，三个组的人数分别为 2467 人、2084 人和 1581 人，分别占 40.2%、34.0% 和 25.8%，如图 8-10 所示。可以看出，2009 财年美军加大了装备试验鉴定人员队伍中文职人员的新人招募和有经验人员留任，未来职业组和高级职业组人数明显增加，装备试验鉴定人员队伍文职人员整体规模明显扩大。

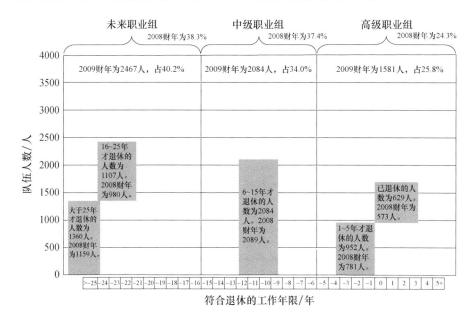

图 8-10　2009 财年装备试验鉴定队伍文职人员的寿命周期模型

（三）招募新的技术力量

美军认为，及时招募新的技术力量，不仅可以有效缓解人员队伍规模缩减、人员退休,以及难以雇佣到年轻杰出的人员等原因给队伍能力带来的负面影响,还可以有效缓解"9·11"后任务量上升、经济不景气造成实际退休人数比预期少等问题。

一方面,美军通过调查装备试验鉴定人员队伍的需求,确定重点招募对象。目前,美军最需要增加项目办公室的试验鉴定人员,主要负责制定试验策略、编制试验计划、辅助项目管理者工作、监督承包商的试验。此外,还需要招募从事研究和开发未来试验鉴定能力的技术人员、保证试验活动具有足够可靠性的专业工程师、评估软件架构并在研制过程早期进行设计的软件专家,以及飞行安全系统、生化研究和数理统计分析领域的技术专家等。

另一方面,美军不断更新现行的招募办法,对其有效性进行分析与评估,确定将要采用的招募方法。在美军为保持人员队伍规模而采取的招募方法中,从院校招募合格的毕业生是最重要的途径。2009年4月6日,美国国防部宣布,到2015财年,采办人员队伍数量将增加15%,其中专业试验鉴定人员队伍增加5%、约400人。在这400人中,约一半的人将通过招募补充到人员队伍里。为此,国防部采取如下措施:与人员规模缩减期间衰退的院校就业服务重新建立联系;通过为学生暑期提供有意义的工作经历并重新激活合作与实习计划,较早吸引院校学生;使用爱德华空军基地的行销与征募飞行员计划,通过基于网络的推动技术为难以补充的职位征募目标学员。

此外,为使招募工作更具竞争力,美军试验鉴定机构还采取灵活的雇佣措施,如给工资分档次、补充并重新分配奖金、实施学生贷款偿还计划、支付院校现有债务等。

(四)留任有经验的人员

为了巩固人员队伍的能力,美军在留任有经验的人员方面采取很多行之有效的措施。

1. 简化安全证明获得程序

美军试验鉴定人员在开始承担其工作之前,必须获得安全证明。但这一过程时间较长,最长可达6个月之久,因此一部分人选择离开,严重影响了人员队伍能力的巩固。所以美军认为,简化安全证明获得程序,让试验鉴定人员尽快开始工作是留任有经验人员的关键。

2. 确定留任人选

美军采用国防部文职采办队伍人员验证项目的人员管理系统——基于贡献的报酬与评价系统来评定雇员的贡献高低,在给予表现突出雇员相应报酬的同时,依照高贡献者留任、低贡献者淘汰的原则,留任有经验的试验鉴定人员。

3. 制定合理的薪金标准

美军的基本薪金标准是依据《1970年和1977年联邦政府工资对比法案》制定的。该法案规定军人的薪金标准应参照国家公务员工资标准和私营企业中从事同等工作人员的工资标准,与他们的工资标准等同取齐。

4. 切实提高基本薪金

为了确保军队服务人员的稳定性,美军根据通货膨胀上涨的情况,每年依法给军人增加基本薪金。例如,1958—1985年间军人基本薪金提高了26次,总额增长3.5倍。1998年,军人基本薪金增长2.8%(通货膨胀上涨指数为2.1%)。

5. 设置各种津贴、奖金和非物质奖励

为了保留专业技术人员和激励在艰苦环境执勤的官兵,根据不同勤务专业及担负勤务工作的年限,美军设置各类特殊津贴和奖金达20多种,如服役津贴、再次入伍奖金、技术熟练津贴等。此外,美军将国防部文职采办人员队伍验证项目和海军中国湖验证项目的经验融入一个改进型人员管理系统中,通过向雇员提供更多的工作奖励、休假奖励,以及大量的训练和职业发展机会(如获得高级教育的机会、获得专业认证和许可的报酬、职业拓展、与工业部门岗位的轮换、新的持续训练计划等),以及赋予管理者更大的制定执行决策的责任,来增强其工作表现,提高高贡献者的留任率。

6. 关注住房

美军十分关注军人的住房问题,军人不仅有建房基金,还允许以低于国家平均价格15%的租金租赁住房,并享受国家给予的住房补贴。

(五)提供专业教育训练

美军认为,经过专业教育训练,不仅可以保持人员队伍的岗位资格,而且可以提升技术与管理能力。特别是在人员队伍规模缩减的情况下,只有更好地训练装备试验鉴定人员队伍,才能形成满足试验鉴定任务需要的队伍能力。通过对现有教育训练项目的调查、登记、编目,美军对装备试验鉴定人员队伍使用的教育训练项目进行整理,以提高教育训练的针对性。目前,装备试验鉴定人员队伍接受的最主要的专业教育训练由国防采办大学负责提供。

国防采办大学是国防部关于采办、技术与后勤方面的联合大学,为服役在14个采办职业领域的军职和文职人员提供强制的、具体指定的和持续的教育课程。为了保持岗位资格,这些人员必须通过上课、工厂学习、取得专业许可或认证,以及其他方式来每2年持续学习80学分。国防采办大学已经为增强岗位技能制定了持续学习模块,并利用网络技术提供全时段的在线学习。各军种也通过各种计划提供高级教育机会,以提升其人员队伍的技术和管理技能。

此外,美军还为试验鉴定人员提供合作教育机会,通过对大学中支持高级试验鉴定教育的项目进行调查,探究达成合作协议的可能性,丰富试验鉴定人员的学科领域,为试验鉴定人员能力的提升提供更多途径。

第五节 装备试验资源调配使用

试验资源调配是发挥试验资源效益,满足装备试验鉴定需求的重要方式,受到世界主要国家的高度重视。美军武器装备试验资源需求,在《试验鉴定主计划》中予以明确,《试验鉴定主计划》包括所有试验阶段和试验事件的进度安排、资源需求等。研制试验人员和作战试验人员分别制定该计划中的研制试验与作战试验部分内容,提出试验经费、试验靶场、试验人员等资源需求,军种试验鉴定部门审查所有采办项目的试验资源需求,提前对所需资源进行规划和协调。需要用到其他军种和机构的试验资源时,由军种试验鉴定部门进行协调。

一、试验资源需求提出

武器装备试验专用试验资源的开发成本高昂且耗时长。加之与现有试验资源和设施的竞争,这种开发需要尽早完成规划,以确定对所有试验资源的需求。只要可能,试验方就必须使用政府设施。在靶场和设施规划方面,重大国防系统往往会获得最高优先权。靶场的计划安排常常由于不可预见的系统问题而发生冲突,造成试验期间的计划延误,如果没有对可能进行的重新试验做出充分的经费安排,通常会导致试验任务不能按照计划完成。

所有关键试验资源需求包括专用仪器设备、威胁模拟器、替代品、靶标和试验件都应在《试验鉴定主计划》中加以规定。通常《试验鉴定主计划》第4部分讨论的是试验资源,如图8-11所示。由于必须为项目启动制定首份《试验鉴定主计划》,因此初始试验资源规划必须作为《试验鉴定主计划》制定过程的一部分尽早完成。对试验资源需求的细化和重新评估要纳入每次《试验鉴定主计划》的更新中。一旦确定了试验资源需求,项目主任就必须在军种总部和靶场管理体系内开展工作,确保这些资源在需要时可用。

> 第4部分——资源概要
> 4.1 引言
> 　　本部分规定了完成试验鉴定计划所需的资源。应对试验进行合理规划与实施,以便尽可能地充分利用国防部对靶场、设施和其他资源的现有投资。以表格形式给出一个清单,其中包括在当前增量过程中要用到的所有关键的政府和承包商试验鉴定资源的进度安排。如果已知的话,还包括下一个增量的长周期项。尤其是确定下列试验资源,并明确存在的不足、对预期试验的影响以及解决这些不足的计划。
> 　　4.1.1 试验件
> 　　4.1.2 试验场与仪器设备
> 　　4.1.3 试验保障设备
> 　　4.1.4 威胁表征
> 　　4.1.5 试验靶标与消耗品
> 　　4.1.6 作战部队试验保障
> 　　4.1.7 模型、仿真与试验台
> 　　4.1.8 联合任务环境
> 　　4.1.9 特殊需求
> 　　4.2 联邦、州和当地政府需求
> 　　4.3 人力/人员与培训
> 　　4.4 试验经费概要
> 《国防采办指南》附录:《试验鉴定主计划》

图8-11 《试验鉴定主计划》第4部分——资源概要

美军认为,由于试验资源需求常常会发生冲突,因此应尽早确定武器系统试验鉴定所有试验资源需求,制定完善的试验资源规划,保证试验鉴定顺利进行。装备试验鉴定所需的关键试验资源需求,包括专用仪器设备、威胁模拟器、替代品、靶标和试验件等,都应在《试验鉴定主计划》中明确,在每次《试验鉴定主计划》更新时,都要对试验资源需求进行细化和重新评估,并根据需要做出相应调整。

陆军作战试验鉴定资源需求由陆军鉴定中心和陆军作战试验司令部负责制定,并提交陆军试验鉴定司令部试验进度与审查委员会(TSARC)审查,由其协调资源申请、确定优先顺序、解决冲突并安排资源。其他军种、非国防部机构或承包商,以及美国之外(如加拿大、德国或其他北约成员国)的试验资源,由陆军试验鉴定司令部来协调和申请。

海军作战试验鉴定部队司令部的作战试验主任依据能力文件、项目采办策略等文件,制定海军作战试验鉴定资源需求。非海军作战试验鉴定部门控制的资源,由海军作战试验鉴定部队司令直接与其他军种作战试验部门联系、协调。

空军作战试验鉴定中心资源主任、试验主任和试验保障组依据作战需求文件和威胁评估报告,制定作战试验鉴资源计划,规划所需资源。其他军种、非国防部政府部门和承包商资源,由空军作战试验鉴定中心资源主任和试验主任进行协调。

二、试验资源协调使用

在试验资源调配方面,以美军重点靶场为例,各军种都有自己的靶场和试验设施。重点靶场属于国家资产,其规模调整、运行和维护主要是针对国防部试验鉴定保障任务,但也可供具备有效需求的所有用户使用。重点靶场由众多试验鉴定基地组成,并按照统一的指导原则进行管理和运行,以向负责研制或使用装备和武器系统的国防部各部局提供试验鉴定支持。重点靶场的设施可供所有军种、美国政府机构使用,在某些情况下也可供盟国政府和承包商组织使用。将基于优先级机制进行靶场的计划安排,并统一收取使用费用。试验资源管理中心主任制定重点靶场组成、使用和试验计划分配方面的政策。各军种负责其所属靶场或试验设备的投资、管理和运营,各用户向它们支付直接试验费用。试验资源管理中心建有一个联合试验资产数据库,列出了重点靶场及作战试验部门的试验设施、试验区和靶场数据、仪器设备和试验系统。

试验资源协调使用是试验资源调配的一种主要方式,美军各军种做法不尽相同,但其共同特点都是及早协调,列入相应调配计划,以满足"重大国防采办项目"试验活动需求。

(一)美国陆军试验资源协调使用

在美国陆军方面,独立鉴定人员在研制试验人员和作战试验人员的帮助下,准备《试验鉴定主计划》的输入信息,并编制《系统鉴定计划》(SEP),该文件是装备一体化试验鉴定的首要规划文件。应在采办周期中及早制定这些文件(在系统采办活动开始时),它们描述了整个试验鉴定策略,包括关键问题、试验方法、效能指标及所有重要试验资源。《试验鉴定主计划》和《系统鉴定计划》为《试验计划大纲》(OTP)提供主要的输入信息,《试验计划大纲》包含对每个已确定需要的试验资源,以及何时何地由谁提供试验资源的详细描述。

试验方必须与预期提供试验资源的所有一级司令部或机构就《试验计划大纲》进行协调。随后,将《试验计划大纲》提交给陆军试验鉴定司令部,以供试验进度与审查委员会审查,以及纳入陆军的《五年试验计划》(FYTP)中。一旦试验在《试验鉴定主计划》中得到了明确,就应把每个试验的初步《试验计划大纲》提交给试验进度与审查委员会。当有更多的可用信息或需求发生变化时，要提交经过修订的《试验计划大纲》，其最终的完整版本应在需要该资源之前至少18个月提交。

试验进度与审查委员会负责对试验鉴定资源规划进行高层、集中管理。该委员会由陆军试验鉴定司令部司令担任主席，成员包括陆军参谋部和一级司令部所派出的一名将官或级别相当的代表。试验进度与审查委员会每半年召开一次会议，审查所有试验计划大纲，解决各种试验资源需求冲突，并协调所有已确定的试验资源需求，以纳入《五年试验计划》中。《五年试验计划》是一份正式的针对当前和近期试验的资源分配文件，是针对计划在本财年之后年度进行的试验规划文件。在每半年举行的审查期间，要对所有《试验计划大纲》进行审查，确保任何改进或修订都得到试验进度与审查委员会的批准并反映在《五年试验计划》中。

试验进度和审查委员会批准的《试验计划大纲》是一份任务分配文件，试验方依据该文件申请陆军试验资源。该委员会协调资源申请、确定优先顺序、解决冲突并安排资源。经陆军部总部（HQDA）负责作战与训练的副参谋长（DCS，G-3）批准后，最终形成的《五年试验计划》成为一份正式的任务分配文件，它反映了资源提供方（陆军装备司令部、训练与条令司令部、部队司令部等）所达成的协议，以使所需的试验资源可用于指定的试验。

如果需要其他军种、非国防部政府机构（如能源部或航空航天局）或承包商的试验资源，则由陆军试验鉴定司令部来协调该申请。例如，为了确保可用性，对靶场的申请必须至少提前两年提交。然而，由于安排这些非陆军资源需要很长时间，如果延迟试验或需要重新试验，则无法保证其可用性。使用美国之外的，如加拿大、德国或其他北约成员国的试验资源，也由陆军试验鉴定司令部负责协调。

（二）美国海军试验资源协调使用

在美国海军方面，由研制机构和作战试验部门负责确定装备试验中所需的具体试验资源。在制定试验资源需求时，项目主任和作战试验主任需参考能力文件、项目采办策略、威胁评估、5000系列海军部长指令（SECNAVINST）等。一经批准，《试验鉴定主计划》就成为武器系统所有试验鉴定的控制管理文件。《试验鉴定主计划》等同于指示，以实施《试验鉴定主计划》中所确定的试验鉴定计划，包括对研究、发展与试验鉴定（RDT&E）财政支持及舰队单位和时间安排的承诺。《试验鉴定主计划》由项目主任制定，海军作战试验鉴定部队司令部的作战试验主任为其提供作战试验鉴定输入。《试验鉴定主计划》定义了装备要进行的所有试验鉴定(研制试验鉴定、作战试验鉴定及生产验收试验鉴定),并尽可能详细地描述所需的试验资源。

美国海军利用其作战部队进行新型和升级型武器系统的逼真试验鉴定。每个季度,海军创新、试验鉴定与技术需求处(N84)和海军作战试验鉴定部队司令部舰队计划调度官征求所有海军采办项目的研究、发展与试验鉴定舰队保障需求。研究、发展与试验鉴定舰队保障申请至少要在需要保障之前9个月提交。海军作战试验鉴定部队司令采用非保密的试验鉴定系统来统筹舰队申请。9个月以内的研究、发展与试验鉴定的舰队申请被视为紧急申请,必须通过有记录电文通信进行申请。海军作战试验鉴定部队司令部舰队计划调度官汇集所有申请,并同舰队协调,对申请的资源做出安排。可能会要求N84对研究、发展与试验鉴定的舰队资产申请进行优先排序。有关海军舰队研究、发展与试验鉴定的保障的其他信息,参见海军部长手册。靶场资产使用申请通常是以项目主任和/或作战试验主任致电靶场管理者的方式非正式启动,随后再提交正式文件。大多数海军靶场的使用应至少提前1年做出安排。各靶场将汇总用户申请并进行优先级排序,协商解决需求冲突,并尽力安排靶场服务以满足所有需求申请。

海军作战试验鉴定部队司令被授权可直接与其他的军种独立作战试验部门进行联络,获得由非海军作战试验鉴定部门控制的资源。对于其他政府机构拥有资源的使用申请要先提交N84,再由N84正式提交至军种首脑(对于军种资产)或相应政府机构(如能源部或航空航天局)。承包商资源的使用通常由项目主任处理,尽管作战试验鉴定中很少需要承包商资产(因为作战环境是由舰队提供),但海军仍对此需求做出明确规定。对外国靶场的使用申请则由项目主任通过海军国际计划办公室进行处理。

(三)美国空军试验资源协调使用

美国空军装备作战试验鉴定所需的试验资源,要在试验资源计划中加以详细确定,该计划由空军作战试验鉴定部门制定。通常,空军作战试验鉴定中心是作战试验鉴定计划的制定和组织实施部门,但其他一级司令部也实施作战试验;对于非重大项目,空军作战试验鉴定中心可以根据需要寻求军种一级司令部试验部门的支持,并提供指导和帮助。

在武器系统采办的先期规划阶段(作战试验鉴定前5~6年),空军作战试验鉴定中心要制定首个全面试验资源计划的作战试验鉴定部分的内容,与所有支持部门协调试验资源计划,并帮助资源主任规划所需的资源。资源信息网《试验资源计划》(TRP)中所列的资源需求,是由试验主任、资源主任和试验保障组根据作战需求文件和威胁评估(报告)等源文件制定的。试验资源计划一旦进入"试验资源信息管理系统"(TRIMS),就应详细规定成功实施试验所需的所有资源。

《试验资源计划》是一种正式的途径,试验资源需求将通过它传送至空军参谋部和承担所需资源供应任务的相应司令部和部门。因此,如果某一需要的资源未在《试验资源计划》中予以明确,则很可能在试验中无法得到该项资源保障。随着作战试验鉴定计划的成熟,对试验资源的需求也更加明确,因此应不断修订和更新《试验资源计划》。初始《试验资源计划》将作为已规划的作战试验鉴定资源与实际消耗进行比较的基线。初始《试验资源计划》与后续更新版的《试验资源计划》作比较,提供了对试验计划及其试验需求变更的审计跟踪。空军作战试验鉴定中心将所有《试验资源计划》都保存在试验资源信息管理系统中,从而可以快速响应所有关于试验资源需求的查询。

空军作战试验鉴定中心资源主任汇总所有《试验资源计划》中的资源需求,与空军作战试验鉴定中心之外的参与和保障部门进行协调。资源主任办公室编制美国空军作战试验文件计划草案,每年两次。该文件是所有受空军总部指导的作战试验鉴定资源需求的主规划与计划文件,要分发至所有相关司令部、部门和机构进行审查和协调,然后提交给空军参谋部进行审查。

作为试验资源计划编制过程的一部分,空军作战试验鉴定中心总部协调所有的试验资源申请。当首次确定一项新武器系统研制时,空军作战试验鉴定中心指定一名试验主任,负责开始作战试验鉴定长期规划。试验主任首先要确定所需的试验资源,如仪器设备、模拟器和模型等,并与资源管理部门合作,以获得这些资源。如果所需资源不属于空军作战试验鉴定中心,则要与拥有这些资源的司令部进行协商。对于模型和模拟器,空军作战试验鉴定中心要考查哪些资源是可用的,评估其可信度,然后与拥有方或开发方协调以使用这些资源。

应尽早做出靶场日程安排,要求至少提前一年,如果对靶场没有特殊设备需求或设备改造需求,通常提前几个月通知靶场就可安排试验。有些空军靶场已提前排好了计划,则不能满足延迟试验或重新试验的需求。

资源主任应尽力解决各试验装备之间对稀缺试验资源的需求矛盾,必要时可将申请提交给空军作战试验鉴定中心司令官。资源利用以及计划安排的决策基于武器系统指定的优先级。

资源主任和试验主任还负责安排其他军种、非国防部政府部门和承包商资源的使用。使用非美国资源(如加拿大靶场),由空军试验鉴定处依据正式的谅解备忘录进行协调。驻欧美国空军/作战处负责处理对欧洲靶场的需求申请。承包商资源(如模型)的协调使用,通常通过项目办公室或一般保障合同获得。

第九章　装备试验鉴定发展趋势

2010年以来,随着科学技术尤其是信息技术的发展,美军相继开始新型作战概念的发展,作战概念不断创新,如美国陆军的多域作战概念、美国海军"分布式杀伤"作战概念和美国空军"作战云"概念等,不断牵引装备创新发展。装备试验鉴定发展与装备发展密切相关,瞄准世界军事强国新型武器装备发展动向,分析装备发展对试验鉴定提出的新需求,研究其在装备试验鉴定领域取得的主要创新研究成果,归纳总结其推动装备试验鉴定发展的新理念、新模式与新技术,对于探寻试验鉴定创新发展在装备建设中的"桥梁"与"牵引"作用,推进我军装备试验鉴定工作改革及长远发展具有一定的借鉴作用。

第一节　未来装备发展对试验鉴定的需求

装备试验鉴定伴随着装备的出现而产生,随着装备现代化前进的步伐而发展,从简单到复杂,从低级到高级。以美国为首的世界主要军事强国,正在现代高技术迅猛发展推动下,不断创新作战概念与国防技术,引领装备发展前沿,大批新型武器装备涌现,并不断创新发展,进而催生与之相适应的装备试验鉴定新理念、新模式和新技术快速发展。

一、未来装备发展趋势

随着以计算机、网络为代表的信息技术迅猛发展,世界新军事深入变革,战争形态加速向信息化战争演变,体系对抗成为主要作战形态,争夺、使用和控制信息成为主要作战内容,信息化装备成为主要作战手段。为在新的国际战略格局中占据有利地位,世界军事强国继续将武器装备作为实现国家战略目标的重要物质基础,同时在预警探测、情报侦察、精确制导、火力打击、指挥控制、通信联络、战场管理等领域积极创新、变革,实现了信息采集、融合、处理、传输、显示的网络化、自动化与实时化,实现了不同武器装备之间的互联、互通、互操作与体系化运用,装备发展的信息化、智能化趋势日渐明显。

(一)装备信息化发展突飞猛进

装备信息化是指采用现代信息技术,使装备具有单一或多种信息功能。这既包括对机械化装备的信息化改造,也包括各类新研的信息化装备,如精确制导武器、综合电子信息系统及加装数据链和相关信息系统的飞机、舰船等。

信息化成为装备战斗力提升的倍增器。信息力是武器装备战斗力的重要组成,而装备信息化作为信息力生成的基础与载体,已成为装备战斗力提升的倍增器,主要体现在四个方面:一是信息力提升机动力。通过信息系统,使作战平台准确、及时到达指定位置,提升快速反应能力和机动能力。二是信息力提升打击力。如智能炸弹、精确制导导弹通过定位导航、侦察系统等信息化手段,获取精确的打击坐标,提升精确打击能力。三是信息力提升防护力。通过预警系统、隐身伪装等措施,规避打击,提升防护力,提高装备生存能力。四是信息力提升保障力。通过信息系统提升装备的自我诊断、健康管理,并对后勤物资供应进行优化,提升装备的保障能力。

信息化改变了装备战斗力生成模式。当前,信息系统已广泛渗透到现代战场的各个领域,使战场态势感知更加准确,作战指挥更加灵敏,武器命中率大幅提高,部队机动更加迅捷,信息流控制物质流的能力大大增强,从而形成了由信息发挥主导作用的网络化体系结构,为融合各军兵种的一体化作战能力提供了重要依托和基础,战斗力正在由传统基于装备平台的生成模式,向基于信息系统的体系作战能力生成模式转变。

(二)装备体系化建设逐步完善

根据系统科学理论,"部分一旦按照某种方式组成系统,就会产生出只有系统整体才具有而部分或部分总和不具有的属性、特征、行为、功能等新的整体性"。装备体系是为完成军事使命任务要求,由功能上相互联系、相互作用,性能上相互补充的各种武器装备系统组成的更高层次系统。装备体系化是面向军队使命任务,开展装备体系化论证、体系化设计、体系化集成、体系化试验,最终进行体系化运用和作战的全过程;是武器装备在高度机械化的基础上,通过数字化、系统集成及网络化等高新技术改造,整体结构与功能实现一体化的结果。体系化已成为武器装备从机械化迈向信息化过程中出现的新形态,是当今世界军事强国武器装备发展的主流。美军认为,未来战争将是体系与体系的对抗,体系中的每一个节点(大到装甲、火炮,小到头盔、瞄准具)都在其中贡献力量。信息化系统作为将体系中各个节点串起来的主线,发挥着至关重要的作用,同时也成为衡量美军装备作战能力的关键指标。

装备体系化成为新质战斗力生成的重要源泉。新质战斗力是基于信息系统的体系作战能力,是集综合感知、实时指控、精确打击、全维防护、聚焦保障于一体的信息化条件下战斗力的基本形态,是由信息作为关键集成要素,使体系充分发挥"1+1>2"的协同涌现效应的集中体现。装备体系化能够把作战所需的侦察预警、指挥控制、武器平台、保障系统等集成起来,形成体系作战能力和体系对抗优势,是新质战斗力生成的基础和源泉。

装备体系化是一体化联合作战的内在要求。现代高技术战争,陆、海、空、天、电等多维作战媒介(域)融为一体,装备之间的关联度、集成度大幅提高。信息化战争不再是同类要素之间的分散对抗,而是体系与体系之间的整体对抗,这就要求装备建设必须以体系化发展为基本遵循。

(三)无人化水平不断提高、自主化趋势日渐明显

进入新世纪以来,可执行情报、侦察、监视、排爆、核生化探测、武装打击等多种任务的无人装备受到各国的高度重视,无人飞机、无人潜航器、排爆机器人等都已蓬勃发展并得到广泛应用。例如,无人作战飞机由于不受人类生理限制,可在更大范围实现机动,加之没有座舱、仪表和飞行员保障系统,同样条件下的空重明显低于有人战斗机,因而受到世界各国的高度重视和大力发展。此外,在战略或战术侦察中应用长航时高空无人侦察机,特别是一些微型无人侦察机还可随身携带,极大提高了使用的灵活性。

随着传感器、载荷、信息处理、目标识别等关键技术的发展,无人平台的自主化趋势日渐明显、自主化程度将不断提升,不仅可以实现全天候、全天时、高分辨率的目标侦察监视,还能够自主识别目标物类别、分布、形状及其他特性,所获取的信息更加丰富、准确。尽管当前无人平台的打击能力总体上处于初级发展阶段,但世界各主要国家已将执行打击任务作为无人平台的重要发展方向之一。未来,各国将致力于发展兼具信息支援能力和火力打击能力的侦打一体化无人装备,无人装备将可实现作战路径规划、障碍规避、打击、回收和降落等的自主化,大幅提高持续任务执行能力。美军发布的《机器人与自主系统战略》,阐述了2040年前将利用自主性技术和通用控制技术等关键技术,实现增强态势感知能力、减轻士兵生理和认知负担,以及促进部队机动等五大能力目标,从而确保其在未来军事作战中取得主导地位。

二、对试验鉴定的需求

作为检验装备技术性能、作战效能、作战适用性和生存能力的关键手段,装备试验鉴定贯穿于装备论证、设计、研制、生产、使用全过程,在装备建设决策中发挥重要支撑作用。装备的发展经历了冷兵器、热兵器、热核兵器时代,现已进入信息化装备时期,未来将呈现出体系化、无人化、自主化等发展趋势,进而对装备试验鉴定的理念、模式与技术等提出了新需求。

(一)对试验鉴定理念的需求

试验鉴定理念,即试验鉴定机构组织实施试验鉴定活动的观念和信念及秉承的原则和指导思想,是影响试验鉴定机构开展试验的一种思维和意识。未来装备发展对试验鉴定发展的需求,首先是对试验鉴定理念发展的需求,集中地反映在装备试验鉴定发展中出现的许多新情况、新问题,迫切需要从试验鉴定理念上实现创新。

随着武器装备由机械化走向信息化,最终迈入体系化、无人化和自主化,其技术状态也由相对稳定,转变为动态性和渐进性,传统的试验鉴定理念已不能满足武器装备的发展要求:①机械化装备的试验考核相对简单、容易量化,考核标准相对固定。而信息化、体系化装备的考核要点较为复杂、不易量化,以体系对抗性与体系作战效能为主要考核内容,更加强调近似实战的环境和实战化检验,考核标准也因此不断调整。②机械化装备的试验考核方式较为单一,试验资源集约使用的需求不明显。而信息化、体系化装备的考核更加注重一体化联合,提高效费比。③机械化装备的试验考核通常仅作为检验装备战技性能的重要手段。而信息化、体系化装备的试验鉴定不仅可以有效检验装备的技术性能、作战效能和作战适用性等,还可以有效推动武器装备技术发展,甚至对作战样式的改变提供支撑。

(二)对试验鉴定模式的需求

试验鉴定模式,即在一定时期内相对稳定并具有代表意义的,针对装备的性能指标和作战使用问题所采取的,对装备进行考核验证的做法与程序。试验鉴定理念随着装备发展而发展,必将引领试验鉴定模式与技术的创新。而试验鉴定模式的创新,有助于试验鉴定部门快速设计好试验方案,并且得到解决问题的最佳方法,提高试验效率、降低试验成本。

针对装备自主化特点的试验鉴定,美军提出需创新试验鉴定模式。例如,2016年6月,美国国防科学技术委员会发布题为《自主性》的研究报告,主要研究了当前自主技术在军事领域的主要应用领域以及未来自主技术的应用前景,并从加速自主能力应用、推动自主技术向作战能力转化和扩展自主系统技术应用领域3个方面提出了26项措施建议。报告认为,针对自主系统的试验鉴定,主要面临以下挑战:一是自主系统试验超出常规试验能力范畴;二是美军当前的试验方法和流程并不适用于测试具有自学习和自适应能力的软件。报告提出两个建议:一是建立新的软件测试模式。建议作战试验鉴定局与研制试验鉴定办公室联合,借鉴商业成功案例,建立新的自学习和自适应软件测试模式。二是建议美军试验鉴定机构建立覆盖自主系统全寿命周期的试验鉴定模式,具体包括:广泛使用真实、综合的环境,对自主系统是否从研制阶段转入部署阶段进行评估和鉴定;为自主系统持续的"验证与确认"制定标准和指南。

针对装备体系化发展的特点,需要推动试验鉴定模式从单装试验向体系试验转变。体系试验鉴定不仅考虑单平台单系统的战技性能指标,还要统筹考虑体系作战效能。要推动考核方式逐步从面向单平台单系统的单装试验向体系试验转变,确保武器装备能够经受体系化实战化考核,列装部队后能尽快形成体系作战能力。

(三)对试验鉴定技术的需求

试验鉴定技术,即在试验鉴定工作中,为验证、考核、评估武器装备的技术性能、生产质量或作战效能所采取的理论、方法和手段的总称,是完成装备试验鉴定活动所需要的方法和手段,是人们在长期装备研制与发展过程中积累起来,并在试验中体现出来的经验和知识。未来,装备发展对试验鉴定发展的需求,一个很重要的方面就是对试验鉴定技术发展的迫切需求,也就是对于试验鉴定理论在试验鉴定活动中具体应用的需求。反之,试验鉴定技术的创新也将推动试验鉴定模式的转变,甚至带来试验鉴定理念的变革。

试验鉴定技术属于综合性技术,学科交叉性强,涉及各种先进的武器装备技术,同时又有鲜明的领域特征,具有区别于其他学科的独特发展规律。例如,构建出逼真的打击对象模型,即靶标;构建运行环境模型(如卫星整星无线电测试紧缩场);用最少的试验次数来获取所需的试验数据,即试验设计技术;全过程采集、存储与处理试验数据;根据收集到的试验数据来判断装备是否满足作战使命任务需求;进行仿真和实装试验的有机结合,真实-虚拟-构造(LVC)分布式试验环境构设等。这些方面技术水平的提升,都是试验鉴定技术的进步。作为试验鉴定工作的基础,试验鉴定技术的进步对创新试验模式、提高试验效率、节约试验资源,进而促进试验鉴定的科学发展和提高武器装备建设效益都具有重要意义。

第九章　装备试验鉴定发展趋势

第二节　未来装备试验鉴定发展趋势

总的来说,装备试验鉴定理念、模式与技术的创新发展,是提升装备试验鉴定效率立足点,是推动武器装备跨越发展的灵魂与内在动力。

以美国为代表的世界主要军事强国在推进装备试验鉴定发展过程中,都十分重视对试验鉴定理念、模式和技术的探索研究,以满足新型装备研发和高技术局部战争作战需要为根本目的,大力推进装备试验鉴定创新,提出"像作战一样试验"和一体化试验等装备试验鉴定新理念,建立了基于能力等试验鉴定新模式,大力发展虚实结合等试验鉴定新技术,大大提升了装备试验鉴定综合能力。随着武器装备信息化体系化发展进程的加快,未来装备试验鉴定将继续以上述试验鉴定理念为指导,突出贴近实战、集约高效的思想,强化突出能力主线的全要素检验模式,积极适应武器装备跨越式发展对试验鉴定带来的新挑战,不断创新试验技术、提升试验保障能力。

一、强化"像作战一样试验"的理念

装备试验鉴定的需求来自战场,最终目标也是面向战场。美军提出的"像作战一样试验"的理念,不仅强调试验环境和作战运用的真实性,还强调试验鉴定在装备采办全寿命周期各个阶段的考核评估,同时要求构建可考核装备体系对抗能力的联合任务试验环境。无论未来战场如何变化,武器装备如何发展,试验鉴定始终应贴近实战并成为检验装备作战效能和适用性的关键手段。因此,"像作战一样试验"的理念仍将成为指导未来试验鉴定创新与发展的基本原则。

未来战争是体系与体系之间的对抗,信息技术的发展从根本上改变了武器装备的研制方式和作战使用方式。武器装备及其系统列装后会成为装备体系的组成部分,装备体系中单体装备的作战效能和作战适用性必须在装备体系的使用背景下确定。在未来战争中,联合作战将成为作战的主要样式,开发和部署联合作战能力则需要在联合作战背景下,对提供联合任务能力的装备体系进行充分、逼真的试验与鉴定,即"像作战一样试验"装备体系的技术性能、作战效能、作战适应性和生存能力等。

"像作战一样试验"的核心内容包括:一是在试验环境构建方面,要贴近实战,构建逼真的自然环境、复杂电磁环境与各种作战样式的战场环境等;二是在

编制作战试验想定方面,要符合一体化联合作战要求,代表一体化联合作战的战术、技术与程序;三是在试验装备操作方面,要按照实战要求,由作战部队实际操作;四是在对抗手段方面,要紧贴实战要求,构建逼真的对抗条件;五是在数据采集与处理方面,要围绕作战能力检验,实现试验数据的实时、精准采集和高效处理。美军初始作战试验鉴定要求,在野外具有一定战术背景条件下,使用生产型或具有生产代表性的产品,由典型建制作战单元的作战人员操作被试装备,从想定、人员、环境和装备等方面全方位要求贴近实战,考核装备作战效能、作战适用性和生存能力。如果现有条件不能满足要求,就必须专门构建逼真的试验环境。例如,美军在组织弹道导弹防御系统的作战试验过程中,充分考虑其构成复杂、涉及部门广、威胁种类杂、防御层级多等真实作战特点,按照实战要求进行试验的规划、计划与实施。通常,在导弹防御局牵头组织下,各军种作战试验鉴定机构共同制定试验计划,在接近实战的作战想定下,由各军种相关作战部队联合参与。代表威胁目标的弹道与信号特征的靶弹,未预先通知靶弹发射信息,能满足强制性飞行安全和数据收集等实战要求的传感器和拦截弹、实战型的火控软件等,使整个试验过程具备符合实战要求的复杂对抗条件,从而全面有效考核弹道导弹防御系统的目标发现、跟踪、识别与摧毁能力。

二、强化多方联合、一体化试验的理念

世界主要军事强国都将集约高效作为当前乃至未来开展装备试验鉴定需要秉持的基本理念。特别是美军,始终强调试验资源的高效运用与试验数据的共建共享,在试验鉴定领域采取了多方联合的试训一体化和一体化试验鉴定等方法,提高试验效率、降低试验成本。

武器装备的试训一体化,即利用靶场的实战态势,在承担武器装备试验鉴定过程中,组织部队进行人装有机结合的训练与演练,并对训练和演练情况进行评估,真正做到共享试验事件、共享试验环境,试验方和训练方相互配合、分工协作,分别获取试验数据,支撑各自独立的效果评估。一方面,结合作战试验鉴定任务营造出逼真的战场环境,对新装备使用部队进行必要的训练,使作战部队尽早接触装备,提前熟悉装备的操作使用方式,有利于装备作战能力的快速生成;另一方面,结合实兵演习这类平时与实战差距最小的军事活动,全面、系统、详尽地复现实战中可能出现的各种因素和情况,为部队提供训练的同时,更可为装备作战试验提供宝贵的机会和手段。美国海军空战中心穆古角分部将海军航空部队训练计划和试验任务紧密结合,营造逼真的电子战态势,在试

验任务实施过程中穿插训练,不但检验了武器装备的真实性能,还提高了部队的作战指挥能力,催生战斗力有效生成。

一体化试验鉴定,即研制试验鉴定与作战试验鉴定尽可能一体化规划、一体化实施,需求部门、研制部门、试验部门、合同监管部门、训练部门和用户部门共同合作,从需求确认到装备性能检验,统筹规划武器装备采办各阶段的试验鉴定活动,实现人员、资金、设施、时间等试验资源的高效利用和数据共享。具体讲,就是在研制试验鉴定过程中尽可能考虑后续的作战试验活动所需的真实作战环境,在作战试验鉴定中应尽可能地使用研制试验鉴定中所获得的数据和信息。加强两种试验鉴定类型和活动的有机结合,有利于更好地发挥试验资源潜力,充分利用每一次试验机会,避免重复,节约试验鉴定经费,解决试验效率和效益问题,有效推动整个试验鉴定进程的发展,从而及早发现武器系统的性能缺陷,缩短武器装备研发周期,降低采办风险,更好地适应武器系统采办发展要求。据统计,由于实行一体化试验鉴定,"铜斑蛇"激光制导炮弹少发射764发试验弹,节省230万美元,"海尔法"反坦克导弹研制中少发射90发弹,节省1.38亿美元,并提前1年使用。

近年来,美军持续倡导的试验"左移"理念,就是在研制试验鉴定过程中引入复杂战场环境,在极限边界作战条件下对新型装备进行考核,及早检验其潜在作战效能。如美国海军"先进反辐射导弹"(AGM-88E),在项目启动初始,由一体化试验小组拟制《试验鉴定主计划》,将"一体化试验策略"作为拟制试验鉴定活动规划的基本指导原则。在具体试验活动组织实施过程中,由多部门参与从2003—2014年先后开展早期作战评估、作战评估、初始作战试验鉴定,并从2015年开始后续作战试验鉴定,在采办全周期内对装备作战效能和适用性进行评估考核,为装备发展提供全程决策支持。

三、突出能力主线,注重全要素检验

以能力为基础的全要素试验,能够将装备试验的目标、计划、实施等问题与装备部署使用所涉及的作战、保障等要素进行相互关联,以武器系统是否达到要求的作战能力、是否具备完成相应作战使命任务的能力为准则。这种装备试验实施模式可进一步增强试验组织实施的灵活性,在未来装备建设中仍将发挥不可或缺的重要作用。

一是以装备作战使命任务为主导,牵引装备试验鉴定活动开展。美军作战试验部门依据装备能力需求文件、作战概念、训练条令等,确定装备的作战任

务,将作战任务作为装备作战试验鉴定的输入和牵引。在实施 F-22 作战试验过程中,试验鉴定部门以作战使命任务为牵引,牢牢抓住作战能力这条主线,根据能力需求文件中明确的"护航、打击高价值空中目标、肃清空域、空中战斗巡逻"等 12 项作战任务,生成相应的作战试验考核内容,并针对考核内容设置了"全球部署、制空任务、生存能力、架次出动率、全天候适用性" 5 个方面的关键作战问题,然后将关键作战问题分解为更具体的试验目标,建立了全要素考核指标体系。通过开展对比试验、攻防试验和出击频率试验等实飞试验以及仿真试验,对 F-22 战斗机的作战效能、作战适用性,以及融入体系的能力进行了系统和全面考核。

二是以检验武器系统作战能力为目标,推进装备试验鉴定不断深化。随着武器装备形态由机械化向信息化转变,装备试验鉴定也在由试验装备、交付装备向试验能力与交付能力转变。美军在武器装备研发管理全寿命周期过程中,基于《能力需求文件》《能力开发文件》《能力生产文件》引领装备试验鉴定不断深化,从而确保向部队交付具备相应能力的武器装备系统。"全球鹰"无人机试验依据作战需求文件中规定的关键作战需求,以关键性能参数(KPP)和关键系统特性(KSA)形式,提出试验鉴定的需求,由美国空军作战试验鉴定中心负责开展作战试验鉴定。基于"全球鹰"主要作战行动任务场景、美军海外应急作战行动以及国土防御作战需求,空军作战试验鉴定中心制定了 19 种作战想定,用于验证该无人机图像和信号情报数据收集等能力。根据试验计划安排,"全球鹰"无人机进行了 17 项初始作战试验飞行任务和 4 项附加任务(以补充因天气和维修而取消的任务),完成横穿美国西部、东南部及阿拉斯加州的飞行试验,以检验沙漠、丛林、滨海和北极环境下的图像收集能力。

三是以全要素考核为准则,加强装备试验鉴定组织实施。当前,在装备体系化发展与体系对抗大背景下,装备试验鉴定需要考核整个系统的战技性能与作战效能,新装备系统与已部署装备系统的融合度,以及整个武器系统与作战人员结合形成的作战能力。美军 F-35 战斗机的作战试验,都是在有干扰机、预警机配合情况下,采用双机、四机战斗编配,按照预定的战术战法开展初始作战试验。同时,美军还特别强调操作人员的真实性,要求试验操作人员必须是未来装备典型使用人员,即未来装备交付部队后,具有平均操作水平的使用人员。这样的试验活动计划安排,使整个装备的所有要素与整体作战能力得到全面考核检验。此外,在实战环境中检验武器装备作战能力也是外军全面考核装备系统全要素的方式之一。在 2015 年以来的叙利亚反恐作战中,俄军共测试了200多种武器装备和军事技术。这些装备既包括已经投入部署使用的现代化装备,也包括大部分刚列装和计划列装的先进武器系统。通过实战考核检验,俄军发现了这些装备隐含的700多种各类问题和缺陷。俄军宣称,到2018年初,其大部分武器装备都在叙反恐作战中经过实战测试,发现的绝大部分问题和不足均已消除。

四、强调虚实结合,注重分布式实施

装备试验的虚实结合是指武器装备实物试验与仿真试验的有机结合。武器装备试验鉴定,特别是用于检验作战效能与作战适用性的试验,约束条件多、环境变化大,考核内容多、标准要求高,只采用实装试验的方式不能对所有要素进行全面考核,特别是航天系统、电子战系统、网络对抗系统等,其实战环境极其复杂,需要结合建模仿真手段,模拟实装条件下难以实现的复杂环境和试验条件,降低成本、缩短周期,充分评估武器装备作战能力。未来,装备试验鉴定将更加注重采取虚实试验结合的模式,特别是随着装备体系化发展不断走向深入,对体系化装备进行有效评估,同样需要借助仿真手段,构建联合试验环境,采取分布式实施的方式,解决全实装试验成本巨大、过程难以重复的问题。

一是武器装备考核检验样本量增大,仿真试验已成为实物试验的一种必要补充。当前,人工智能技术、信息技术与网络中心战技术快速发展,使武器系统之间无缝链接和相互融合成为可能,通过装备实物试验全面考核武器系统的战技术指标与作战效能难度越来越大。特别是在装备作战试验中,不可能穷尽各种复杂试验环境和条件,对装备作战试验与战场适用性进行考核,必须依靠建模与仿真试验技术。例如,在美军F-22战斗机试验中,利用仿真试验不仅复现了实飞试验无法具备的考核条件,如更为复杂的面空和空空威胁,以及在开放空域试验中无法实现的复杂电磁环境等项目。同时,还增加了F-22实飞试验无法完成的护航作战任务考核内容,实现了实飞试验受经济性约束而无法具备的大样本量。在仿真试验之后,又通过实飞试验对仿真试验的数据进行校验、复核,真正做到面向作战任务、实装与仿真相结合的作战能力考核检验。

二是武器毁伤效能不断增大,虚实试验结合模式受到青睐。随着武器装备技术的发展,不仅大规模杀伤武器的试验活动受到制约,一些新型毁伤机理武器装备的试验,如定向能武器、电磁脉冲武器、网络攻防装备试验等,都可能带来巨大的附带损伤。近年来,美军大力推进的网络安全试验,要求在逼真作战环境下实施,特别是在作战试验的两个阶段,要模仿作战对手最高技术水平实

施的网络攻击。而且,网络空间威胁与网络空间对抗,作战行动隐蔽性强易造成不可估量的附带损伤。出于对作战网络限制或安全性考虑,试验要求尽可能使用仿真系统、封闭网络环境与网络试验靶场,或其他经验证并由作战试验鉴定局局长批准的典型网络作战工具,目的是主导网络空间威胁活动并演示其对作战任务的影响。因此,美军强调网络安全试验尽可能在网络靶场与专用试验设施上实施,通过构建有代表性的逼真网络作战环境,在经培训的专业人员控制下进行网络对抗试验。

三是虚实试验资源种类多且分散,需要采取分布式实施的方式。为了提高靶场资源、系统之间的互操作、可重用和灵活组合能力,美军先后实施了"FI2010 工程"和"联合任务环境试验能力"计划,构建了"逻辑靶场"和"真实－虚拟－建造"的分布式任务环境,将分布在众多靶场和设施中的试验、训练、仿真和高性能计算机等资源综合起来,使试验或训练活动能够根据用户的需求调度并集成上述资源。这样的靶场环境突破了单个现实靶场在试验空间、试验资源和试验能力等方面的局限,实现在不同靶场之间进行试验空间、试验资源和试验能力上的整合,集成度越来越高,调配使用越来越灵活,互操作性越来越强。截至 2016 年底,"真实－虚拟－建造"的分布式任务环境已连接 115 个试验站点,广泛分布于美军重点靶场与试验设施基地(MRTFB)、各军兵种的军事基地以及国防工业部门的武器试验场等,为武器装备采办项目全寿命周期提供了全方位试验保障,重点完成了互操作与网络安全试验与训练,还为分布式试验与训练事件的规划与实施,提供了大量的工具和服务。未来,美军计划在硬件和软件方面不断加强联合任务环境试验鉴定基础设施建设。其中,硬件方面包括扩大网络连接规模、提高连接方式的灵活性、扩大与其他网络的连接规模以及提高涉密信息的传输能力等,软件方面的改进则重点关注标准接口定义和软件算法部分。

五、紧盯装备发展,注重协同式创新

随着美国"第三次抵消战略"的提出与实施,自主系统、网络系统和高超声速系统等新技术武器系统引起各国关注,成为未来战争决胜之关键。为了推动新技术武器系统快速形成战斗力,创新的试验技术和升级的靶场保障能力必不可少,且必须以满足武器装备快速发展对试验鉴定工作提出的新要求为根本出发点,实现协同式的突破创新。

一是自主系统试验。在人工智能技术的大力推动下,自主技术已处于将取得重大突破的"临界点"。未来,自主技术将为试验鉴定带来变革。当被试系统出现自适应、自学习、集群控制等特点时,如何捕捉结构配置信息(如知识状态)来进行试验后分析?如何通过充分的试验建立起作战人员的信任,使其愿意交出操控权,由装备进行自主控制,甚至愿意将生命托付给这类武器装备?这都将是未来试验鉴定必须解决的技术难题。美军提出针对自主系统采用新的试验鉴定模式,一是建立新的软件测试模式。作战试验鉴定局将与研制试验鉴定办公室联合,借鉴商业成功案例,建立新的自学习和自适应软件测试模式。二是国防部试验鉴定机构将建立覆盖自主系统全寿命周期的试验鉴定模式。

二是网络系统试验。未来的武器系统,都离不开网络系统给予的防御和攻击能力。与自主系统一样,如果没有建立起信任,将无法有效使用网络系统,因此必须对其进行充分试验。当前,网络系统试验鉴定所面临的难题是,对所有可能的变量逐个进行全部路径或线程校验。未来,自动化试验和"白箱"试验将成为有效解决这一难题的关键技术。自动化试验将充分借助人工智能技术,确保找到最具危害性的威胁变量;"白箱"试验可以将试验人员尽早纳入设计和研制阶段,确保充分运用以往的试验经验。此外,针对网络系统带来的风险,美军提出开展两个阶段的网络安全作战试验:一是脆弱性和渗透性评估。由包括系统/网络管理人员在内的有代表性的操作人员,在预期作战环境中对系统网络安全进行综合性评估,明确所有重大的网络脆弱点以及入侵和渗透这些脆弱点带来的风险。经作战试验鉴定局批准,该阶段试验可纳入研制试验鉴定。二是对抗性评估。军种作战试验部门雇佣一个经国家安全局认证的对抗小组来扮演网络入侵者,评估配备该系统的作战单元面对有代表性的网络威胁时,完成任务的能力以及对任务执行的影响。

三是高超声速武器系统试验。高超声速武器系统因其航程远、飞行速度快、响应时间短、难以侦察等特点,在军事上具有极其重要的意义。近年来,美军对高超声速技术的重视程度逐渐加深,目前至少有3个高速打击导弹项目在研。按照计划,美国国防高级研究计划局(DARPA)的"战术助推滑翔弹"和吸气式高超武器概念验证机将于2019年试飞,洛克希德·马丁公司的火箭动力高超声速常规打击武器将于2022年装备美国空军。对此类武器系统进行试验鉴定,不仅要求试验靶场地域宽广,试验数据采集、传输、处理技术先进,还要求地面试验技术超前,进而降低高超声速技术研发过程中的飞行试验成本。

四是靶场升级改造技术。信息技术快速发展,战场环境愈发复杂,各类装备对性能的要求越来越高,这就要求用于装备试验的靶场应拥有完备的雷达、遥测等感知设备设施系统,具备高精度、实时化的数据采集、处理与分发技术,才能满足高精尖装备快速研发、定型与部署的需要。近年来,美军已经将大数据、云计算、人工智能等突破性技术运用到靶场设施设备改造中,大大提高了武器装备试验鉴定的效率与效益。例如,为了实现 GPS 拒止环境下的高精度高动态时空位置信息数据获取与安全传输,同时实现最大化的多靶场互操作,美军启动了名为"通用靶场综合测量系统"(CRIIS)的全军试验靶场测量系统升级改造。该项目通过使用现代先进技术,从时空位置信息精度和数据更新速度、数据链路能力、组件的小型化和模块化、开放式架构设计和标准化接口协议、数据加密能力等方面,对试验靶场进行了能力改进与升级,旨在替代原有的"先进靶场数据系统",满足美军当前和未来不同武器试验对时空位置信息和系统鉴定数据的需要。此外,为了在高逼真度的试验环境中对先进网络技术进行快速和有效鉴定,同时确保网络试验的严格性、通用性和可重复性,美军开展了基于"灵活自主网络技术靶场"概念的国家网络靶场建设。与传统网络靶场相比,国家网络靶场通过使用动态自动化靶场技术,对复杂的试验程序进行有效管理,对试验过程进行详细描述,对试验变量进行精确控制,并能对试验结果进行正确的解释,在安全性、可用性、真实性以及靶场配置和管理等方面的性能大幅提升。

第三节 装备试验鉴定技术发展研究

基于系统工程理念,武器装备建设发展既立足科学理论与技术创新,又离不开先进作战理论与战争样式变化的牵引。从装备试验鉴定涉及的技术领域看,试验鉴定从武器装备前伸到科学理论与技术向军事应用转化试验验证,并后延到作战实验工程对作战理论与作战方案的试验评价。当前,随着新兴技术向作战能力快速转化及对"打破游戏规则"作战能力的追求,装备试验鉴定技术发展趋势既前伸到对科学理论技术军事应用转化演示验证,又后延到新型装备对作战理论与作战样式创新的试验评估,并大量采用新兴技术提升试验鉴定及评估能力。

一、装备试验鉴定能力发展需求

随着世界新军事革命持续发展与不断深化,重构重塑成为装备试验鉴定体系建设的主旋律。重构重塑装备试验鉴定体系,旨在为新时代军事创新发展提供强劲动力,并为建设军事强国奠定物质基础。新时代装备试验鉴定既是创新科学技术向作战的转化,也是技术物化为先进武器系统的过程,更是设计战争与谋划打赢的重要抓手。装备试验鉴定旨在为技术转化、武器系统研发与谋划战争提供技术支撑,其能力建设需求主要体现在以下方面:

(一)技术转化验证能力

重点发展创新科学技术概念向作战应用转化验证能力,新兴技术军事应用演示验证能力,科学技术向联合作战转化演示验证能力,满足创新科技理论与技术向军事应用转化技术验证需要。

(二)试验设计能力

重点发展面向实战化、体系化的武器系统试验设计能力,构建完备的综合试验鉴定理论体系、基于知识工程的试验总体设计能力、跨域联合试验评估的方案推演与优化能力、试验风险量化分析能力,满足多种复杂战场环境及联合作战背景下的装备体系试验设计需要。

(三)试验资源配置能力

全面建设武器系统试验评估资源体系,贴近实战化与体系化需求,重点发展面向实战的环境构设能力、复杂武器系统试验资源配置能力,联合试验评估资源统筹能力,全面满足多武器系统、多场景、多任务的试验评估条件需要。

(四)仿真试验与评估能力

重点发展面向实战化的复杂战场环境模拟能力、体系化多武器系统联合仿真与作战推演能力、武器系统试验多源异构数据采集/分析/挖掘以及深化应用能力、虚实结合的武器系统性能试验评估能力、实装试验与虚拟试验一致性检验能力、面向体系作战和联合试验的仿真作战效能/作战适应性以及体系贡献率评估能力,全面支撑构建融单机、系统、体系于一体的仿真试验与评估技术框架,提升军事科研仿真试验与评价水平。

(五)新型武器系统试验评估能力

针对装备"三化"融合发展与智能化武器系统建设需求,重点发展电磁武器、网络攻防、新能源武器及智能化装备试验与评估能力、作战效能与作战适用性度量与评估能力,全面提升新型武器系统作战机理与作战效能验证,切实增强对新型武器系统作战规律把握和试验结果的可信性。

(六)战争设计验证与评估能力

重点发展基于人工智能与大数据技术的战争设计辅助决策能力、现代战争兵棋推演能力、作战理论与作战样式测试评估能力,满足信息化条件下现代战争设计、作战样式、作战方案评估与战役战术推演,以及军事建设发展需求。

二、试验鉴定技术发展需求

回溯世界主要国家装备试验鉴定技术一个时期以来战略规划、军兵种技术研发计划及取得的技术突破,分析其当前战略发展布局、预算安排及技术发展构想,研判装备试验鉴定技术领域未来发展需求。

一是科学发现与新技术发展呈现向作战运用快速转化,加快技术成熟,探索改变游戏规则技术趋势。科学原理与探索技术创新率先在军事领域运用,为掌握颠覆性技术和改变战争游戏规则带来机遇。美军始终高度重视科学原理与技术创新,建立大量创新研究机构,助推前沿技术成熟度,开展联合能力与先期演示验证,推动创新技术向作战能力转化。

二是前沿技术武器系统试验呈现信息化、智能化进程加快,跨域多媒介联合试验自主实施趋势。武器装备形态进一步趋向信息化、智能化,陆、海、空、天、电磁与网络空间跨域多媒介联合试验成为必然趋势。试验自动设计、资源自主配置、智能测试测量与传感器已在美军装备试验领域开始应用。

三是试验大数据与云服务平台广泛应用,实装试验、仿真试验、数字孪生、多源数据融合处理与评估,为作战能力试验与评估提供支撑。随着装备系统越来越复杂,实装全系统飞行试验限制越来越多。同时,信息技术快速发展,使试验仿真、分布式"真实－虚拟－建造"(D－LVC)环境、数字孪生、试验大数据与云服务平台等技术进一步成熟,多源数据融合处理与分析评估,成为验证评估装备体系作战能力的关键。

四是综合运用战争设计、兵棋推演、复杂战场环境构设和虚拟现实增强技术,使作战实验工程设计与验证能力进一步增强。跨领域多媒介作战与全域体系对抗,使战争设计与规划难度加大,战争结局更加扑朔迷离。美军将军兵种作战实验室与工业界、大学作战实验室有机融合,利用现代兵棋推演与实兵演习相结合,对创新作战概念、新的作战样式、作战规划与作战方案进行验证。美军持续20年的"空间战模拟演习",既研究验证了太空作战概念、理论、战术,又牵引着空间作战技术与装备的发展,同时还为空间力量建设和空间作战条例修订提供了支撑。

总的来看,装备试验鉴定技术发展呈现出创新科技应用转化周期缩短、跨域多媒介联合试验自主实施、多源数据融合处理分析、作战实验工程设计验证持续快速发展等趋势,需要聚焦发展创新科技概念先期演示、试验体系自动设计与验证(DOE)、试验资源自主配置与集成、智能测试测量与传感器、多源数据融合处理与挖掘、试验建模仿真与数字孪生、前沿技术武器系统试验与评估、作战实验工程设计与评估等8个重大技术领域。

三、试验鉴定技术发展态势

在世界军事技术快速发展与广泛应用背景下,试验鉴定技术发展面临新的挑战,主要体现在以下方面:

一是针对当前科学发现与技术应用周期缩短,武器系统机械化、信息化、智能化融合发展进程加快,战争形态由传统领域向跨域多媒介拓展等特点,美军持续加大装备试验鉴定领域经费投入,持续推进试验鉴定技术发展,既高度重视创新科学原理与探索性技术军事应用演示验证,又大力加快新型武器系统向作战能力转化步伐,同时利用信息技术优势超前开展未来战争设计与验证,为其独具霸权地位进行战略谋划。为强化网络空间作战能力,美军加快"国家网络靶场"建设,实现了装备网络安全试验资源自主配置,满足其采办武器系统与已部署装备全面开展网络安全试验需要。美军在网络空间对抗领域能力的提升,既降低了其武器系统面临的网络安全风险,又使作战对手武器系统在未来作战中面临被美网络对抗技术颠覆的风险。

二是为加快前沿技术武器系统向作战能力转化进程,军事强国将数字孪生技术引入试验验证领域,加速人工智能与建模仿真技术(方法)深度融合。在智能装备试验验证领域,美、俄等持续加大无人自主系统试验验证经费投入,责令各军种针对各自领域装备智能化研发需求,与工业界、大学、私营公司开展合作,探索智能装备试验验证新模式与新技术。

三是在作战试验工程设计与能力评估技术领域,西方军事强国通过持续投资"联合任务环境试验能力计划",使其分布式真实-虚拟-建造(D-LVC)技术水平大幅提升,并将其所有试验基地、训练基地、作战实验室,以及工业界、大学、私营企业及盟国作战实验室联接,通过试验与训练一体融合,对新的作战概念、作战样式、作战规划与作战方案进行验证和能力评估。

展望2050年国防技术发展,按照机械化、信息化、智能化"三化"融合,加快科学技术创新,基于能力完善试验体系,推进作战实验工程发展的思路。未来装备试验鉴定技术发展呈现以下总体态势:

创新科技概念先期演示技术领域,重点发展技术成熟度评估技术、联合能力演示验证技术、先期技术演示验证(ATD)技术。试验体系自动设计与验证技术(DOE)领域,重点发展跨域联合试验自动设计技术、体系对抗设计与验证技术、试验自主设计与评估技术。试验资源自主配置与集成技术领域,重点发展试验靶场资源自主配置技术、联合任务环境试验统筹技术、体系试验资源自主集成技术、试验物联网应用技术。智能测试测量与传感器技术领域,重点发展试验5G通信应用技术、激光测量技术、电磁测量技术、跨域联合试验传感器技术。多源数据融合处理与挖掘技术领域,重点发展试验多源数据融合技术、数据耕耘(data farming)技术、试验云平台服务技术、试验大数据挖掘技术。试验建模仿真与数字孪生技术领域,重点发展数字模型构建技术、仿真平台设计技术、分布式真实-虚拟-构造(D-LVC)技术、数字孪生技术。前沿技术武器系统试验与评估技术领域,重点发展高超声速武器试验评估技术、无人自主系统试验评估技术、定向能武器试验评估技术、先进动力系统试验评估技术。作战实验工程设计与验证技术领域,重点发展战争设计与评估技术、先进兵棋推演技术、复杂对抗环境构设技术、虚拟现实/增强现实(VR/AR)技术等。

参考文献

[1] DoD Cyber Security Test and Evaluation Guide[EB/OL]. April 2018.

[2] Director, Operational Test and Evaluation FY 2017 Annual Report[EB/OL]. 2017.

[3] Director, Operational Test and Evaluation[EB/OL]. January 2018.

[4] Test and Evaluation Policy, Army Regulation 73 – 1, Department of the Army[EB/OL]. November 16, 2016.

[5] Memorandum for Users of the Director, Operational Test and Evaluation(DOT&E) Test and Evaluation Master Plan(TEMP) Guidebook[EB/OL]. November 2015.

[6] Operation of the Defense Acquisition System, Department of Defense Instruction5000. 02[EB/OL]. January 7, 2015.

[7] Test Resource Management Center. FY 2015 Annual Report[EB/OL]. 2015.

[8] Test and Evaluation, Air Force Policy Directive 99 – 1, Department of the Air Force, July 2014.

[9] Defense Acquisition Guidebook, Department of Defense[EB/OL]. March 19, 2013.

[10] Darlene Mosser, Kerner, Rick S. Thomas. DT&E Strategy Development: Start With the 'E'; Then Build the 'T'[J]. ITEA Journal, 2013, 34: 189 – 193.

[11] Test and Evaluation Management Guide, DefenseAcquisition University[EB/OL]. December 2012.

[12] Beth Wilson. Integrated Testing: A Necessity, Not Just an Option[J]. ITEA Journal, 2009, 30: 375 – 380.

[13] Capabilities – based Test and Evaluation of Space and Intercontinental Ballistic Missile Systems, Air Force Space Command Instruction 99 – 103[EB/OL]. June 2008.

[14] Office of the USD(AT&L), Report of the Defense Science Board Task Force on DT&E[EB/OL]. May 2008.

[15] AFI 99 – 103, Capabilities Based Test and Evaluation[EB/OL]. May 2008.

[16] Operational Test Director's Manual, Department of the Navy Commander Operational Test and Evaluation Force[EB/OL]. April 2008.

[17] Operational Test Director's Manual. COMOPTEVFOR Instruction 3980. 1[EB/OL]. Department of the Navy, 2008.

[18] Test and Evaluation Policy Revisions, Office of the Secretary of Defense[EB/OL]. December

22,2007.

[19] AFI 99 – 109,Test Resource planning[EB/OL]. May 17,2006.

[20] GAO – 04 – 53,DoD's Revised Policy Emphasizes Best Practices,but More Controls Are Needed[EB/OL]. November 2003.

[21] Department of the Army Pamphlet 73 – 1,Test and Evaluation in Support of Systems Acquisition[EB/OL]. May 30,2003.

[22] 刘映国. 美军网络安全试验鉴定[M]. 北京:国防工业出版社,2018.

[23] 李杏军. 试验鉴定领域发展报告[M]. 北京:国防工业出版社,2017.

[24] 王凯,赵定海,等. 武器装备作战试验[M]. 北京:国防工业出版社,2012.

[25] 程享明. 英国武器装备采办管理[M]. 北京:国防工业出版社,2011.

[26] 杨榜林,岳全发,等. 军事装备试验学[M]. 北京:国防工业出版社,2002.

[27] 中国国防科技信息中心. 国防采办词典[M]. 北京:国防工业出版社,2001.

[28] 张连超. 美军高技术项目的管理[M]. 北京:国防工业出版社,1997.

[29] 邢晨光,张宝珍. 法国武器装备试验与评价组织管理体制[J]. 航空科学技术,2015,26(1):61 – 65.

[30] 薛亚波,杨金晖. 法国武器装备总署的机构改革与政策调整[J]. 环球,2009:62 – 64.

[31] 李斌,李占,等. 俄罗斯武器装备试验与鉴定管理体系及能力布局[R]. 大柳树防务,2017.

[32] DoDI 5134.17,Deputy Assistant Secretary of Defense for Developmental Test and Evaluation (DASD(DT&E))[EB/OL]. October 25,2011.

[33] Title 10,United States Code(U.S.C.)[EB/OL].

[34] DoDD 5141.02,Director of Operational Test and Evaluation(DOT&E)[EB/OL]. February 2,2009.

[35] DoDI 5000.02,Operation of the Defense Acquisition System[EB/OL]. December 8,2008.

[36] National Security Presidential Directive 28,United States Nuclear Weapons Command and Control,Safety,and Security[EB/OL]. June 20,2003.

[37] Executive Order 12472,Assignment of National Security and Emergency Preparedness Telecommunications Functions,as amended by E.O. 13286[EB/OL]. February 28,2003.

[38] DoDD 5105.19,Defense Information Systems Agency(DISA)[EB/OL]. July 25,2006.

[39] DoDD 5000.01,The Defense Acquisition System[EB/OL]. November 20,2007.

[40] Army Regulation 73 – 1,Test and Evaluation Policy[EB/OL]. August 1,2006.

[41] Defense Acquisition Guidebook[EB/OL]. January 10,2012.

[42] DoDD 3200.11,Major Range and Test Facility Base(MRTFB)[EB/OL]. December 27,2007.

[43] Air Force Policy Directive(AFPD)99 – 1,Test and Evaluation Process[EB/OL]. July 22,1993.

[44] USD(AT&L)Memorandum,Improving Milestone Process Effectiveness[EB/OL]. June 23,2011.

[45] Directive – Type Memorandum(DTM)11 – 009,Acquisition Policy for Defense Business Sys-

tems(DBS), Change 1[EB/OL]. December 9,2011.

[46] DTM 11 – 003, Reliability Analysis, Planning, Tracking, and Reporting, Change 1[EB/OL]. December 2,2011.

[47] USD(AT&L) Memorandum, Reliability, Availability, and Maintainability Policy[EB/OL]. July 21,2008.

[48] INCOSE – TP – 2003 – 020 – 01, Technical Measurement[EB/OL]. December 27,2005.

[49] ASD(R&E), Technology Readiness Assessment(TRA) Guidance[EB/OL]. April 2011.

[50] DTM 09 – 25, Space Systems Acquisition Policy(SSAP), Change 2 [EB/OL]. December 9,2011.

[51] USD(AT&L) Memorandum, Better Buying Power: Guidance for Obtaining Greater Efficiency and Productivity in Defense Spending[EB/OL]. September 14,2010.

[52] Director, Research Directorate, Technology Readiness Assessment(TRA) Deskbook[EB/OL]. July 2009.

[53] IEEE Std 15288 – 2008, Systems and Software Engineering – System Life Cycle Processes, Second Edition[EB/OL]. February 1,2008.

[54] Public Law 112 – 81, National Defense Authorization Act for Fiscal Year 2012[EB/OL]. Dec 21,2011.

[55] USD(AT&L) Memorandum, Government Performance of Critical Acquisition Functions[EB/OL]. August 25,2010.

[56] DASD(DT&E) Guidebook, Incorporating T&E into DoD Acquisition Contracts[EB/OL]. October 2011.

[57] Title 40, Code of Federal Regulations(CFR)[EB/OL].

[58] Executive Order 12114, Environmental Effects Abroad of Major Federal Actions[EB/OL]. January 4,1979.

[59] Military Standard MIL – STD – 961E w/Change 1, Defense and Program – Unique Specifications Format and Content[EB/OL]. April 2,2008.

[60] DTM 09 – 027 Implementation of the Weapon Systems Acquisition Reform Act of 2009, Change 3[EB/OL]. December 9,2011.

[61] CJCS Instruction(CJCSI) 3170.01H, Joint Capabilities Integration and Development System [EB/OL]. January 19,2012.

[62] DoDD 5105.21, Defense Intelligence Agency(DIA)[EB/OL]. March 18,2008.

[63] MIL – HDBK – 502, Acquisition Logistics[EB/OL]. May 30,1997.

[64] MIL – STD – 881C, Work Breakdown Structures for Defense Materiel Items[EB/OL]. October 3,2011.

[65] DAU Glossary of Defense Acquisition Acronyms & Terms, 14th Edition[EB/OL]. July 2011.

[66] DoD 4245.7 – M, Transition from Development to Production[EB/OL]. September 1985.

[67] USD(AT&L) and DOT&E Joint memo, Definition of Integrated Testing[EB/OL]. April 25,2008.

[68] Marine Corps Operational Test and Evaluation Activity, Operational Test & Evaluation Manual[EB/OL]. June 28,2011.

[69] Federal Acquisition Regulation(FAR)[EB/OL].

[70] DoDD 4270.5, Military Construction[EB/OL]. February 12,2005.

[71] DoD 5000.4-M, Cost Analysis and Guidance Procedures[EB/OL]. December 11,1992.

[72] DoD 7000.14-R, Department of Defense Financial Management Regulations(FMRs)[EB/OL]. February 2011.

[73] SECNAV M-5000.2, Department of the Navy(DON) Acquisition and Capabilities Guidebook[EB/OL]. May 2012.

[74] Public Law 109-364, National Defense Authorization Act for Fiscal Year 2007[EB/OL]. October 17,2006.

[75] Public Law 111-23, Weapon Systems Acquisition Reform Act of 2009[EB/OL]. May 22,2009.

[76] MIL-STD-882E, Standard Practice for System Safety[EB/OL]. May 11,2012.

[77] IEEE Std 1028-2008, Standard for Software Reviews and Audits[EB/OL]. August 15,2008.

[78] National Institute of Standards and Technology Presentation by Rick Kuhn, "Combinatorial Testing," National Defense Industrial Association Software Test and Evaluation Summit[EB/OL]. September 16,2009.

[79] IEEE Standard 1012, Standard for Software Verification and Validation[S].

[80] DOT&E Memorandum, Software Maturity Criteria for Dedicated Operational Test and Evaluation of Software-Intensive Systems[EB/OL]. May 31,1994.

[81] DOT&E Memorandum, Guidelines for Operational Test and Evaluation of Information and Business Systems[EB/OL]. September 14,2010.

[82] OASD(NCB/NM) Handbook, Nuclear Matters Handbook[EB/OL].

[83] Public Law 99-661, National Defense Authorization Act for Fiscal Year 1987[EB/OL]. November 14,1986.

[84] DOT&E Memorandum, Modification of Systems Subject to Survivability Testing Oversight[EB/OL]. May 11,2009.

[85] DOT&E Memorandum, Standardization of Hard Body Armor Testing[EB/OL]. April 27,2010.

[86] DoD Guidebook, Product Support Manager Guidebook[EB/OL]. April 2011.

[87] MILHDBK470A, Designing and Developing Maintainable Products and Systems[EB/OL]. August 4,1997.

[88] DoDD 4151.18, Maintenance of Military Materiel[EB/OL]. March 31,2004.

[89] DoDI 4151.22, Condition Based Maintenance Plus(CBM+) for Materiel Maintenance[EB/

OL]. December 2,2007.

[90] MIL-HDBK-189C,Reliability Growth Management[EB/OL]. June 14,2011.

[91] DoD Guidebook,DOD Guide for Achieving Reliability, Availability, and Maintainability[EB/OL]. August 3,2005.

[92] DoDI 5000.61,DoD Modeling and Simulation(M&S) Verification, Validation, and Accreditation(VV&A)[EB/OL]. December 9,2009.

[93] DoDD 3222.3,DoD Electromagnetic Environmental Effects(E3) Program[EB/OL]. September 8,2004.

[94] MIL-HDBK 237D,Electromagnetic Environmental Effects and Spectrum Supportability Guidance For The Acquisition Process[EB/OL]. May 20,2005.

[95] (CJCSI) 6212.01F, Net Ready Key Performance Parameter (NR KPP) [EB/OL]. March 21,2012.

[96] MIL-STD-461F,Requirements for the Control of Electromagnetic Interference Characteristics of Subsystems and Equipment[EB/OL]. December 10,2007.

[97] MIL-STD-464C, Electromagnetic Environmental Effects Requirements for Systems[EB/OL]. December 1,2010.

[98] DOT&E Guide,E3 and SM Assessment Guide for Operational Testing[EB/OL]. June 13,2001.

[99] OMB Circular No. A-11,Preparation, Submission, and Execution of the Budget[EB/OL]. August 3,2012.

[100] DoDI 4650.01,Policy and Procedures for Management and Use of the Electromagnetic Spectrum[EB/OL]. January 9,2009.

[101] MIL-HDBK-235-1C, Military Operational Electromagnetic Environment Profiles[EB/OL]. October 1,2010.

[102] DoDI 4630.8,Procedures for Interoperability and Supportability of Information Technology (IT) and National Security Systems(NSS)[EB/OL]. June 30,2004.

[103] DoDD 8500.01E,Information Assurance(IA)[EB/OL]. April 23,2007.

[104] DoDI 8500.2,Information Assurance(IA) Implementation[EB/OL]. February 6,2003.

[105] DOT&E Memorandum,Procedures for Operational Test and Evaluation of Information Assurance in Acquisition Programs[EB/OL]. January 21,2009.

[106] DOT&E Memorandum,Clarification of Procedures for Operational Test and Evaluation of Information Assurance in Acquisition Programs[EB/OL]. November 4,2010.

[107] CJCSI 6510.01F, Information Assurance (IA) and Support to Computer Network Defense (CND)[EB/OL]. February 9,2011.

[108] National Institute of Standards and Technology(NIST) Special Publication(SP) 800-39, Managing Information Security Risk: Organization, Mission, and Information System View [EB/OL]. March 2011.

[109] National Institute of Standards and Technology(NIST) Special Publication(SP) 800 – 53, Security and Privacy Controls for Federal Information Systems and Organizations, Revision 4 [EB/OL]. February 2012.

[110] DoDI 8510.01, DoD Information Assurance Certification and Accreditation Process (DIACAP) [EB/OL]. November 28, 2007.

[111] DoD Architecture Framework Version 2.02 [EB/OL]. August 2010.

[112] Memorandum of Agreement (MOA) on Multi – Service Operational Test and Evaluation (MOT&E) and Operational Suitability Terminology and Definitions [EB/OL]. December 2010.

[113] DoDI 5010.41, Joint Test and Evaluation (JT&E) Program [EB/OL]. September 12, 2005.

[114] Office of the Secretary of Defense Comparative Technology Office Handbook [EB/OL]. March 2012.

[115] Subpart 225.872, Defense Federal Acquisition Regulation Supplement [EB/OL].

[116] CJCSI 2700.01E, International Military Agreements for Rationalization, Standardization, and Interoperability [EB/OL]. January 18, 2012.

[117] DoDD 5530.3, International Agreements [EB/OL]. November 21, 2003.

[118] OSD Handbook, The International Armaments Cooperation Handbook [EB/OL]. May 2012.

[119] DoDI 6430.02, Defense Medical Materiel Program [EB/OL]. August 17, 2011.

[120] Public Law 104 – 191, Health Insurance Portability and Accountability Act of 1996 [EB/OL]. August 21, 1996.

[121] DoDI 5200.39, Critical Program Information (CPI) Protection Within the Department of Defense, Change 1 [EB/OL]. December 28, 2010.

[122] DTM 09 – 016, Supply Chain Risk Management (SCRM) to Improve the Integrity of Components Used in DoD Systems, Change 3 [EB/OL]. March 23, 2012.

[123] Public Law 111 – 383, Ike Skelton National Defense Authorization Act for Fiscal Year 2011 [EB/OL]. January 7, 2011.

[124] Joint Publication 3 – 13, Information Operations [EB/OL]. February 13, 2006.

[125] DoDI O – 3600.03, Technical Assurance Standard for CNA Capabilities [EB/OL]. April 22, 2010.

[126] AR 50 – 6, Chemical Surety [EB/OL]. July 28, 2008.

[127] AR 50 – 1. Biological Surety [EB/OL]. July 28, 2008.

附录 A 主要缩略语

A

Aa	Achieved Availability 实际可用性
AAE	Army Acquisition Executive 陆军采办执行官
ACAT	Acquisition Category 采办类别
ACE	Army Corps of Engineers 陆军工兵部队
ACTD	Advanced Concept Technology Demonstration 先期概念技术演示验证
ADM	Acquisition Decision Memorandum 采办决策备忘录
AE	Acquisition Executive 采办执行官
AEC	Army Evaluation Center 陆军鉴定中心
AFMC	Air Force Materiel Command 空军装备司令部
AFOTEC	Air Force Operational Test and Evaluation Center 空军作战试验鉴定中心
AFSPC	Air Force Space Command 空军航天司令部
AF/TE	Air Force Test and Evaluation 空军试验鉴定处
Ai	Inherent Availability 固有可用性
AIS	Automated Information System 自动化信息系统
AMC	Army Materiel Command 陆军装备司令部
Ao	Operational Availability 作战可用性
AoA	Analysis of Alternatives 备选方案分析
AOTR	Assessment of Operational Test Readiness 作战试验准备评估
APB	Acquisition Program Baseline 采办项目基线
AR	Army Regulation 陆军条例

ARL	Army Research Laboratory 陆军研究实验室
AS	Acquisition Strategy 采办策略
ASA(ALT)	Assistant Secretary of the Army for Acquisition, Logistics, and Technology 负责采办、后勤与技术的陆军助理部长
ASD(AC)	Assistant Secretary of Defense for Advanced Capabilities 负责先期能力的助理国防部长
ASD(R&E)	Assistant Secretary of Defense for Research and Engineering 负责研究与工程的助理国防部长
ASD(R&T)	Assistant Secretary of Defense for Research and Technology 负责研究与技术的助理国防部长
ASN(RD&A)	Assistant Secretary of the Navy for Research, Development, and Acquisition 负责研究、发展与采办的海军助理部长
ASR	Alternative System Review 备选系统审查
AT	Anti–Tamper 反篡改
ATD	Advanced Technology Demonstration (or Development) 先期技术开发或演示验证
ATE	Automatic Test Equipment 自动测试设备
ATEC	Army Test and Evaluation Command(Army) 陆军试验鉴定司令部
ATO	Authority to Operate 操作授权
AVAll	Viewpoint 全视图

B

BCD	Business Capability Definition 业务能力定义
BCL	Business Capability Lifecycle 业务能力寿命周期
BEA	Business Enterprise Architecture 业务企业架构
BIT	Built–in Test 嵌入式测试
BITE	Built–in Test Equipment 嵌入式测试设备
BLRIP	Beyond Low Rate Initial Production 逾越低速率初始生产

C

C&A	Certification and Accreditation 认证与确认

附录 A 主要缩略语

C^2	Command and Control 指挥与控制
C^4	Command, Control, Communications, and Computers 指挥、控制、通信与计算机
C^4I	Command, Control, Communications, Computers and Intelligence 指挥、控制、通信、计算机与情报
CAD/CAM	Computer – Aided Design/Computer – Aided Manufacture 计算机辅助设计/计算机辅助制造
CAE	Component Acquisition Executive; Computer – Aided Engineering 部局采办执行官;计算机辅助工程
CARD	Cost Analysis Requirements Description 成本分析要求描述
CA&SO	Chief Acquisition and Sustainment Officer 首席采办与保障官
CBA	Cost – Benefit Analysis 成本 – 效益分析
CBM	Chemical, Biological, and Medical 化学、生物与医学
CDD	Capability Development Document 能力开发文件
CDR	Critical Design Review 关键设计审查
CDRL	Contract Data Requirements List 合同数据要求清单
CEP	Circular Error Probable 圆概率误差
CG	Commanding General 司令
CI	Commercial Item; Configuration Item 商用项目;技术状态项;配置项
CIO	Chief Information Officer 首席信息官
CJCSI	Chairman of the Joint Chiefs of Staff Instruction 参联会主席指示
CL	Confidentiality Level 保密等级
CM	Configuration Management 技术状态管理
CNA	Computer Network Attack 计算机网络攻击
CND	Computer Network Defense 计算机网络防御
CNDSP	Computer Defense Service Provider 计算机防御服务提供商
CNE	Computer Network Exploitation 计算机网络刺探
CNO	Chief of Naval Operations; Computer Network Operations 海军作战部长;计算机网络作战
CNSSI	Committee on National Security Systems Instruction 国家安全系统委员会指令
COCOM	Combatant Command 作战司令部

COI	Critical Operational Issues 关键作战问题
COIC	Critical Operational Issues and Criteria 关键作战问题与准则
CNE	Computer Network exploitation 计算机网络利用
COMOPTEVFOR	Commander, Operational Test and Evaluation Force(Navy) 海军作战试验鉴定部队司令
CONOPS	Concept of Operations 作战概念
COOP	Continuity of Operations 作战持续性
CoP	Community of Practice 实践社区
COTS	Commercial Off–The–Shelf 商用现货
CPD	Capability Production Document 能力生产文件
CPI	Critical Program Information 关键项目信息
CPU	Central Processing Unit 中央处理单元
CRTC	Cold Regions Test Center 寒区试验中心
CSAF	Chief of Staff of the Air Force 空军参谋长
CSCI	Computer Software Configuration Item(also called SI(Software Item)) 计算机软件配置项(又称SI(软件项))
CSI	Critical Safety Item 关键安全项
CTEIP	Central Test and Evaluation Investment Program 中央试验鉴定投资计划
CTO	Comparative Technology Office;Chief Technology Officer 比较技术办公室;首席技术官
CTP	Critical Technical Parameter 关键技术参数
CV	Capability Viewpoint 能力视图
CY	Calendar Year 历年

D

DAB	Defense Acquisition Board 国防采办委员会
DAG	Defense Acquisition Guidebook 国防采办指南
DAE	Defense Acquisition Executive 国防采办执行官
DAES	Defense Acquisition Executive Summary 国防采办执行概要
DAESB	Defense Analysis, Experiment and Simulation Board 国防分析、试验

与模拟委员会

DA PAM	Department of the Army Pamphlet 陆军手册
DARPA	Defense Advanced Research Projects Agency 美国国防高级研究计划局
DAS	Director of the Army Staff 陆军参谋部主任
DASD(DT&E)	Deputy Assistant Secretary of Defense for Developmental Test and Evaluation 负责研制试验鉴定的助理国防部长帮办
DASD(P&E)	Deputy Assistant Secretary of Defense for Prototyping and Experimentation 负责样机与试验的助理国防部长帮办
DASD(RF)	Deputy Assistant Secretary of Defense for Rapid Fielding 负责快速部署的助理国防部长帮办
DASD(R&TI)	Deputy Assistant Secretary of Defense for Research and Technology Investment 负责研究与技术投资的助理国防部长帮办
DAU	Defense Acquisition University 国防采办大学
DBS	Defense Business System 国防业务系统
DBSMC	Defense Business Systems Management Committee 国防业务系统管理委员会
DCAPE	Director of Cost Assessment and Program Evaluation 费用估计和项目评价主任
DCMA	Defense Contract Management Agency 国防合同管理局
DFARS	Defense Federal Acquisition Regulation Supplement 联邦采办条例国防部补充条例
DIACAP	Department of Defense Information Assurance Certification and Accreditation Process 国防部信息保证认证与确认规程
DID	Data Item Description 数据项说明
DISA	Defense Information Systems Agency 国防信息系统局
DIV	Data and Information Viewpoint 数据与信息视图
DLT	Design Limit Test 设计极限试验
DMMPO	Defense Medical Materiel Program Office 国防医学装备计划办公室
DoD	Department of Defense 国防部
DoDAF	DoD Architecture Framework 国防部体系结构框架
DoDD	DoD Directive 国防部指令

DoDI	DoD Instruction 国防部指示
DOE	Design of Experiments 实验设计
DoE	Department of Energy 能源部
DON	Department of the Navy 海军部
DOT&E	Director of Operational Test and Evaluation(Office of the Secretary of Defense)作战试验鉴定局局长(国防部长办公厅)
DOTMLPF	Doctrine, Organization, Training, Materiel, Leadership and Education, Personnel, and Facilities(DoD)条令、组织、训练、装备、领导与教育、人员与设施(国防部)
DR	Deficiency Reporting 缺陷报告
DT	Developmental Test; Developmental Testing 研制试验
DT&E	Developmental Test and Evaluation 研制试验鉴定
DTIC	Defense Technical Information Center 国防技术信息中心
DTM	Directive-Type Memorandum 指令型备忘录
DTRA	Defense Threat Reduction Agency 国防威胁降低局
DUSA-TE	Deputy Under Secretary of the Army for Test and Evaluation 负责试验鉴定的陆军副部长帮办

E

E3	Electromagnetic Environmental Effects 电磁环境效应
EA	Evolutionary Acquisition 渐进式采办
ECM	Electronic Countermeasures 电子对抗措施
EDM	Engineering Development Model 工程开发模型
EIS	Environmental Impact Statement 环境影响声明
EMC	Electromagnetic Compatibility 电磁兼容性
EMD	Engineering and Manufacturing Development(phase of the Defense Acquisition Management System)工程与制造开发(国防采办管理系统的一个阶段)
EMI	Electromagnetic Interference 电磁干扰
EMP	Electromagnetic Pulse 电磁脉冲
EOA	Early Operational Assessment 早期作战评估

附录 A 主要缩略语

EPG	Electronic Proving Ground 电子试验场
ERP	Enterprise Resource Planning 企业资源规划
ESOH	Environment, Safety, and Occupational Health 环境、安全和职业健康
ESS	Environmental Stress Screening 环境应力屏蔽
EVM	Earned Value Management 挣值管理
EW	Electronic Warfare 电子战

F

FAT	First Article Testing 首件试验
FCA	Functional Configuration Audit 功能技术状态审核
FCT	Foreign Comparative Testing 国外比较试验
FDA	Food and Drug Administration 食品与药品管理局
FDD	Full Deployment Decision 全面部署决策
FDE	Force Development Evaluation 部队发展鉴定
FDT/E	Force Development Tests and/or Experimentation 部队发展试验与/或实验
FMECA	Failure Mode, Effects, and Criticality Analysis 故障模式、影响及危害性分析
FMO	Frequency Management Office 频率管理办公室
FOC	Full Operational Capability 全面作战能力
FORSCOM	Forces Command (Army) 部队司令部(美国陆军)
FOT&E	Follow-on Operational Test and Evaluation 后续作战试验鉴定
FRP	Full-Rate Production 全速率生产
FRPDR	Full-Rate Production Decision Review 全速率生产决策审查
FRR	Flight Readiness Review 飞行准备审查
FUSL	Full-Up System-Level 全系统级
FEW	Foreign Weapons Evaluation 国外武器鉴定
FY	Fiscal Year 财年
FYDP	Future Years Defense Program 未来年份国防计划
FYTP	Five-Year Test Program 五年试验计划

G

GFE	Government – Furnished Equipment	政府供应设备
GIG	Global Information Grid	全球信息栅格
GOTS	Government Off – The – Shelf	政府现货

H

HERF	Hazards of Electromagnetic Radiation to Fuel	电磁辐射对燃料的危害
HERO	Hazards of Electromagnetic Radiation to Ordnance	电磁辐射对军械的危害
HERP	Hazards of Electromagnetic Radiation to Personnel	电磁辐射对人员的危害
HI	Hardware Item	硬件项
HNA	Host – Nation Approval	东道国批准
HPT	High – performance Team	高绩效小组
HQ	Headquarters	总部
HQDA	Headquarters, Department of the Army	陆军部总部
HIS	Human Systems Integration	人机系统一体化
HSIPP	Human Systems Integration Program Plan	人机一体化计划规划
HWIL	Hardware – in – the – Loop	硬件在回路（半实物仿真）

I

IA	Information Assurance	信息保证
IAW	In Accordance With	根据
IBR	Integrated Baseline Review	综合基线审查
ICBM	Intercontinental Ballistic Missile	洲际弹道导弹
ICD	Initial Capabilities Document	初始能力文件
IER	Information Evaluation Report	信息鉴定报告

ILS	Integrated Logistics Support 一体化后勤保障
IM	Investment Management 投资管理
IMO	Instrumentation Management Office 测量仪器管理办公室
INCOSE	International Council on Systems Engineering 国际系统工程委员会
INSCOM	Intelligence and Security Command 情报与保密司令部
IOC	Initial Operational Capability 初始作战能力
IOT&E	Initial Operational Test and Evaluation 初始作战试验鉴定
IPS	Integrated Product Support 一体化产品保障
IPT	Integrated Product Team 一体化产品小组
IRB	Investment Review Board 投资审查委员会
IRS	Interface Requirement Specification 接口要求规范
ISD	Integrated System Design(Effort of the Engineering and Manufacturing Development Phase)一体化系统设计(工程与制造开发阶段的工作)
ISP	Information Support Plan;Internet Service Provider 信息保障计划;网络服务提供商
ISR	In-Service Review 使用审查
ISTF	Installed System Test Facility 装机系统试验设施
IT	Information Technology 信息技术
ITEA	Integrated Test,Evaluation and Acceptance 一体化试验、鉴定与验收
ITOP	International Test Operations Procedures 国际试验操作规程
ITR	Initial Technical Review 初始技术审查
ITT	Integrated Test Team 一体化试验小组
IV&V	Independent Verification and Validation 独立校核与验证

J

J-8	Joint Staff Directorate for Force Structure, Resource, and Assessment 联合参谋部兵力结构、资源与评估局
JCIDS	Joint Capabilities Integration and Development System 联合能力集成与开发系统

JCB	Joint Capabilities Board 联合能力委员会
JCTD	Joint Capability Technology Demonstration 联合能力技术演示验证
JEET	Joint E3 Evaluation Tool 联合电磁环境效应鉴定工具
JITC	Joint Interoperability Test Command 联合互操作能力试验司令部
JLF	Joint Live Fire 联合实弹射击
JROC	Joint Requirements Oversight Council 联合需求监督委员会
JT&E	Joint Test and Evaluation 联合试验鉴定
JTCG	Joint Technical Coordinating Group 联合技术协调小组

K

KLP	Key Leadership Position 关键领导职位
KPP	Key Performance Parameter 关键性能参数
KSA	Key System Attribute 关键系统特性

L

LCC	Life Cycle Cost 全寿命费用
LCM	Life Cycle Management 全寿命管理
LCSP	Life Cycle Sustainment Plan 全寿命维持计划
LFT	Live–fire Testing 实弹射击试验
LFT&E	Live Fire Test and Evaluation 实弹射击试验鉴定
LOGDemo	Logistics Demonstration 后勤演示验证
LOG T&E	Logistics Support Test and Evaluation 后勤保障试验鉴定
LP	Limited Production 有限生产
LRIP	Low–Rate Initial Production 低速率初始生产
LSA	Logistics Support Analysis(Obsolete) 后勤保障分析(废弃词)
LUT	Limited User Test 有限用户试验

M

MAC	Mission Assurance Category 任务保证类别

附录 A 主要缩略语

MAIS	Major Automated Information System 重大自动化信息系统
MAJCOM	Major Command 一级司令部
MCEB	Military Communications – Electronics Board 军事通信与电子委员会
MCOTEA	Marine Corps Operational Test and Evaluation Activity 海军陆战队作战试验鉴定处
MCSC	Marine Corps Systems Command 海军陆战队系统司令部
MDA	Milestone Decision Authority; Missile Defense Agency 里程碑决策者;导弹防御局
MDAP	Major Defense Acquisition Program 重大国防采办项目
MDD	Materiel Development Decision(of the Defense Acquisition Management System)(国防采办管理系统的)装备发展决策
MEDCOM	Medical Command 医务司令部
MF	Measurement facility 测量设施
MIL – HDBK	Military Handbook 军用手册
MIL – STD	Military Standard 军用标准
MLDT	Mean Logistics Delay Time 平均后勤延迟时间
MMT	Manufacturing Methods Technology; Mean Maintenance Time 制造方法技术;平均维修时间
MOA	Memorandum of Agreement 协议备忘录
MOE	Measure of Effectiveness 效能指标
MOP	Measure of Performance 性能指标
MOS	Measure of Suitability 适用性指标
MOT&E	Multi – Service Operational Test and Evaluation 多军种作战试验鉴定
MOU	Memorandum of Understanding 谅解备忘录
MRTFB	Major Range and Test Facility Base 重点靶场与试验设施基地
M&S	Modeling and Simulation 建模与仿真
MS or M/S	Milestone 里程碑
MSA	Materiel Solution Analysis(Phase of the Defense Acquisition Management System) 装备方案分析(国防采办管理系统的一个阶段)
MTBF	Mean Time Between Failure 平均故障间隔时间

MTBM	Mean Time Between Maintenance 平均维修间隔时间
MTBOMF	Mean Time Between Operational Mission Failures 平均任务运行故障间隔时间
MTTR	Mean Time to Repair 平均维修时间

N

NASA	National Aeronautics and Space Administration 国家航空航天局
NATO	North Atlantic Treaty Organization 北大西洋公约组织
NAVAIR	Naval Air Systems Command 海军航空系统司令部
NAVSEA	Naval Sea Systems Command 海军海上系统司令部
NBC	Nuclear, Biological, and Chemical 核生化
NCE	Net-centric Environment 网络中心环境
NCR	National Cyber Range 国家网络靶场
NCT	NATO Comparative Test 北约比较试验
NDAA	National Defense Authorization Act 国防授权法
NDI	Non-Developmental Item 非研制项目
NEPA	National Environmental Policy Act 国家环境政策法
NH&S	Nuclear Hardness and Survivability 抗核能力与生存能力
NIST	National Institute of Standards and Technology 国家标准与技术研究院
NR-KPP	Net-Ready Key Performance Parameter 网络完备性关键性能参数
NSC	National Security Council 国家安全委员会
NSS	National Security Strategy; National Security System 国家安全战略; 国家安全系统

O

OA	Operational Assessment 作战评估
OAR	Open Air Range 外场
OE	Operational Effectiveness 作战效能
OIPT	Overarching Integrated Product Team 顶层一体化产品小组

附录 A 主要缩略语

O&M	Operation and Maintenance 使用与维护
OMB	Office of Management and Budget 行政管理和预算局
OPEVAL	Operational Evaluation(Navy)作战鉴定(海军)
OPSEC	Operations Security 操作保密
OPTEVFOR	Operational Test and Evaluation Force(Navy)海军作战试验鉴定部队
O&S	Operations and Support(Phase of the Defense Acquisition Management Framework;also a Life Cycle Cost Category)使用与保障(国防采办管理系统的一个阶段,也是寿命期成本的一类)
OSD	Office of the Secretary of Defense 国防部长办公厅
OT	Operational Testing 作战试验
OTA	Operational Test Agency 作战试验部门
OTC	Operational Test Command 作战试验司令部
OTD	Operational Test Director 作战试验主任
OT&E	Operational Test and Evaluation 作战试验鉴定
OTP	Operational Test Plan 作战试验计划
OTRR	Operational Test Readiness Review 作战试验准备审查
OV	Operational Viewpoint 作战视图

P

P3I	Preplanned Product Improvement 预定产品改进
PAT&E	Production Acceptance Test and Evaluation 生产验收试验鉴定
PCA	Physical Configuration Audit 物理技术状态审核
PCDRA	Post – Critical Design Review Assessment 关键设计审查后评估
PCO	Primary Contracting Officer 首席合同官
PCR	Physical Configuration Review 物理技术状态审查
P&D	Production and Deployment(Phase of the Defense Acquisition Management System)生产与部署(国防采办管理系统的一个阶段)
PDR	Post – Deployment Review;Preliminary Design Review;Program Deviation Report 部署后审查;初始设计审查;计划偏离报告
PE	Program Element 计划项

PEO	Program Executive Officer 计划执行官
	PEO STRI Program Executive Office for Simulations, Training, and Instrumentation 负责仿真、训练与仪器的计划执行办公室
PESHE	Programmatic Environment, Safety and Occupational Health Evaluation 程序性环境、安全与职业健康评估
PHS&T	Packaging, Handling, Storage, and Transportation 包装、装卸、存储与运输
PI	Product Improvement 产品改进
PM	Product Manager; Program Manager; Project Manager 产品主任;计划主任;项目主任
PMB	Performance Measurement Baseline 性能衡量基线
PMITTS	Project Manager for Instrumentation, Targets, and Threat Simulators 负责仪器、靶标与威胁模拟器的项目主任
PMO	Program Management Office 项目管理办公室
POA&M	Plan of Action and Milestones 行动计划与里程碑
PPBE	Planning, Programming, Budgeting, and Execution 规划、计划、预算与执行
PPP	Program Protection Plan 项目防护计划
PQT	Production Qualification Test 生产合格试验
PRAT	Production Reliability Acceptance Test 生产可靠性验收试验
PRR	Production Readiness Review 生产准备审查
PSM	Product Support Manager 产品保障主任
P – Static	Precipitation Static 沉积静电
PV	Project Viewpoint 工程视图

Q

QA	Quality Assurance 质量保证
QASP	Quality Assurance Surveillance Plan 质量保证监督计划
QOT&E	Qualification Operational Test and Evaluation 合格性作战试验鉴定
QRTWG	Quick Reaction Test Working Group 快速响应试验工作组

R

R&D	Research and Development 研究与发展
RAM	Reliability, Availability and Maintainability 可靠性、可用性与可维修性
RDA	Research, Development, and Acquisition 研究、发展与采办
RDECOM	Research, Development, and Engineering Command 研究、发展与工程司令部
RDT	Reliability Development Testing 可靠性发展试验
RDT&E	Research, Development, Test and Evaluation 研究、发展、试验鉴定
RF	Radio Frequency 射频
RFP	Request for Proposal 建议征求书
RGC	Reliability Growth Curve 可靠性增长曲线
RGT	Reliability Growth Testing 可靠性增长试验
R&M	Reliability and Maintainability 可靠性与可维修性
RM	Resource Manager 资源主任
RTM	Requirements Traceability Matrix 需求追溯矩阵
RTO	Responsible Test Organization 责任试验组织
RTS	Reagan Test Site 里根试验场

S

SAE	Service Acquisition Executive 军种采办执行官
SAF(AQ)	Assistant Secretary of the Air Force(Acquisition) 负责采办的空军助理部长
SAR	Safety Assessment Report; Selected Acquisition Report; Special Access Required 安全评估报告;选定的采办报告;特殊访问要求
SCA	Security Control Assessor 安全控制审查员
SCI	Software Configuration Item 软件配置项
SC&MPD	System Capability and Manufacturing Process Demonstration(effort of the Engineering and Manufacturing Development phase) 系统能力与制造过程演示验证(工程与制造开发阶段的工作)

SE	Support Equipment;Systems Engineering 保障装备;系统工程
Sec Def	Secretary of Defense 国防部长
SECNAV	Secretary of the Navy 海军部长
SECNAVINST	Secretary of the Navy Instruction 海军部长指示
SEP	Systems Engineering Plan;System Engineering Process;System Evaluation Plan 系统工程计划;系统工程过程;系统鉴定计划
SETR	Systems Engineering Technical Review 系统工程技术审查
SFR	System Functional Review 系统功能审查
SI	Software Item(also called CSCI(Computer Software Configuration Item);Special Intelligence 软件项(又称CSCI(计算机软件配置项));特殊情报
SIL	System Integration Laboratory 系统集成实验室
SLAD	Survivability/Lethality Analysis Directorate 生存能力/杀伤力分析部
SM	Spectrum Management 频谱管理
SMDC	Space and Missile Defense Command(Army) 陆军航天与导弹防御司令部
SME	Subject Matter Expert 主题专家
SOW	Statement of Work 工作说明
SP	Special Publication 特别出版物
SPAWAR	Space and Naval Warfare Systems Command 航天与海战系统司令部
SPECWAR	Naval Special Warfare 海军特种作战
SPO	System Program/Project Office(Air Force) 空军系统计划/项目办公室
SQT	Software Qualification test 软件合格测试
SRR	System Requirements Review 系统需求审查
SRS	Software Requirement Specification 软件需求规范
SS	Spectrum Supportability 频谱保障性
SSA	Spectrum Supportability Assessment 频谱保障性评估
SSP	Simulation Support Plan 仿真支持计划
SSR	Software Specification Review 软件规范审查

附录 A　主要缩略语

STA	System Threat Assessment	系统威胁评估
STAR	System Threat Assessment Report	系统威胁评估报告
STAT	Scientific Test and Analysis Techniques	科学试验与分析技术
StdV	Standards Viewpoint	标准视图
SUT	System Under Test	被试系统
SVR	System Verification Review	系统校核审查

T

TAAF	Test, Analyze, and Fix	试验、分析与调整
TAFT	Test, Analyze, Fix, and Test	试验、分析、调整与试验
TD	Technology Development (phase of the Defense Acquisition Management System)	技术开发（国防采办管理系统的一个阶段）
TDS	Technology Development Strategy	技术开发策略
T&E	Test and Evaluation	试验鉴定
TECHEVAL	Technical Evaluation (Navy)	技术鉴定（海军）
TEMG	Test and Evaluation Management Guide	试验鉴定管理指南
TEMP	Test and Evaluation Master Plan	试验鉴定主计划
TEMS	Test and Evaluation Master Schedule	试验鉴定主进度
TES	Test and Evaluation Strategy	试验鉴定策略
T&E WIPT	Test and Evaluation Working – Level Integrated Product Team	试验鉴定工作层一体化产品小组
TM	Test Manager	试验主任
TMO	Target Management Office	靶标管理办公室
TOC	Total Ownership Cost	总拥有费用
TPM	Technical Performance Measurement	技术性能测量
TRA	Technology Readiness Assessment	技术成熟度评估
TRADOC	Training and Doctrine Command (Army)	陆军训练与条令司令部
TREE	Transient Radiation Effects on Electronics	电子设备瞬变辐射效应
TRIMS	Test Resource Information Management System	试验资源信息管理系统
TRL	Technology Readiness Level	技术成熟度等级
TRMC	Test Resource Management Center	试验资源管理中心

TRP	Test Resource Plan 试验资源计划
TRR	Test Readiness Review 试验准备审查
TRTC	Tropical Regions Test Center 热区试验中心
TSARC	Test Schedule and Review Committee 试验进度与审查委员会
TSG	The Surgeon General 总医官
TSMO	Threat Systems Management Office 威胁系统管理办公室
TTP	Tactics, Techniques and Procedures 战术、技术与规程

U

UAV	Unmanned Aerial Vehicle 无人航空器
USASOC	U. S. Army Special Operations Command 美国陆军特种作战司令部
U. S.	United States 美国
USAF	U. S. Air Force 美国空军
USB	Universal Serial Bus 通用串行总线
U. S. C.	United States Code 美国法典
USCYBERCOM	U. S. Cyber Command 美国网络司令部
USD(A&S)	Under Secretary of Defense for Acquisition and Sustainment 负责采办与保障的副国防部长
USD(AT&L)	Under Secretary of Defense for Acquisition, Technology and Logistics 负责采办、技术与后勤的副国防部长
USD(C)/CFO	Under Secretary of Defense(Comptroller)/Chief Financial Officer 负责审计的副国防部长/首席财务官
USD(R&E)	Under Secretary of Defense for Research and Engineering 负责研究与工程的副国防部长
USMC	United States Marine Corps 美国海军陆战队
USSOCOM	U. S. Special Operations Command 美国特种作战司令部

V

VCSA	Vice Chief of Staff(Army) 陆军副参谋长
V&V	Verification and Validation 校核与验证

VV&A	Verification, Validation and Accreditation 校核、验证与确认

W

WBS	Work Breakdown Structure 工作分解结构
WDTC	Western Desert Test Center 西部沙漠试验中心
WIPT	Working – Level Integrated Product Team 工作层一体化产品小组

附录 B 美国国防部试验专用名词术语

采办(Acquisition) 武器和其他系统、供应品或服务(包括建筑)的方案形成、启动、设计、研制、试验、签约、生产、部署、后勤保障、改进及退役,以满足国防部在军事任务中使用或支持军事任务的需要。

采办类别(Acquisition Category, ACAT) Ⅰ类采办项目是重大国防采办项目(MDAP)。重大国防采办项目是指由负责采办、技术和后勤的国防部副部长(USD(AT&L))指定的或者负责采办、技术和后勤的国防部副部长估计其研究、发展、试验鉴定的最终总开支超过3.65亿美元(2000财年美元值)或采购费超过21.90亿美元(2000财年美元值)的非高度保密项目。

(1)ⅠD类采办项目,其里程碑决策者(MDA)是负责采办、技术和后勤的国防部副部长。"D"是指国防采办委员会(DAB),该委员会在重大决策点向负责采办、技术和后勤的国防部副部长提出建议。

(2)ⅠC类采办项目,其里程碑决策者是国防部的部门领导,或者,如经委派,也可是国防部的部门采办执行官(CAE)。"C"是指部门。

由负责采办、技术和后勤的国防部副部长确定项目是ⅠD项目还是ⅠC项目。

ⅠA类采办项目是指重大自动化信息系统(MAIS)项目。重大自动化信息系统项目是由负责指挥、控制、通信和情报的国防部助理部长(ASD(C^3I))指定的项目,或者估计其单一年度项目费用要超过3200万美元(2000财年美元值)、项目总费用超过12.6亿美元(2000财年美元值)或全寿命费用超过3.78亿美元(2000财年美元值)的项目。

重大自动化信息系统项目不包括高度敏感的保密项目或战术通信系统项目。

Ⅱ类采办项目是指由各种单元组合的在功能上形成完成任务所需能力的重大系统项目,但不包括建筑或对其他不动产的改进。它是指由国防部的部门领导估计其研究、发展、试验鉴定最终总开支超过1.40亿美元(2000财年美元值),或采购费用超过6.6亿美元(2000财年美元值)的项目,或由国防部的部门领导确定为重点的项目。

Ⅲ类采办项目是指不满足Ⅰ类、ⅠA类或Ⅱ类采办项目标准的采办项目。该类项目的里程碑决策者由部门采办执行官指定,且最低应是相称级别的机构。该类项目包括非重大的自动化信息系统(AIS)项目。

采办决策备忘录(Acquisition Decision Memorandum,ADM) 是指由里程碑决策者(MDA)签署的备忘录,它以文件的形式记录作为里程碑决策审查或过程审查结果所作的各种决策。

采办全寿命期(Acquisition Life Cycle) 采办项目的寿命由若干个阶段组成,每个阶段前设有一个里程碑决策点或其他决策点。在采办的寿命期中,一个系统要经过研究、发展、试验鉴定及生产等阶段。目前,采办寿命期分为四个阶段:①方案探索(CE)(0阶段);②确定项目和降低风险(PDRR)(Ⅰ阶段);③工程与制造发展(EMD)(Ⅱ阶段);④生产、部署和使用保障(PF/DOS)(Ⅲ阶段)。(据2003年美国防部颁布的5000系列文件,采办阶段的划分有新变化——译者注)

采办阶段(Acquisition Phase) 在一个采办阶段中,要完成使项目进入下一个重要里程碑决策点所需的所有任务和活动。采办过程划分阶段是合乎逻辑的,它能把概要陈述的任务需求逐步转变为明确、具体的系统需求,最终使之成为在作战使用上有效、适用且具有生存力的系统。

采办项目基线(Acquisition Program Baseline,APB) 一份包含采办项目最重要的成本、项目安排及性能参数(目标值和阈值)的文件。它由里程碑决策者批准,并由项目主任(PM)和其直接的各级领导签署,如对ⅠD类采办项目来说,采办项目基线由项目主任、项目执行官(PEO)、部门采办执行官(CEO)和国防采办执行官(DEO)签署。

采办策略(Acquisition Strategy) 在规定的资源限度内,为实现项目目标所采取的一种业务和技术管理方法。它是为采办项目制定规划、实施指导、签订合同及进行管理的框架,为项目成功所必需的研究、发展、试验、生产、部署、改进、生产后管理和其他各项活动规定了一个总进度。采办策略是制定各种工作项目和策略(如试验鉴定主计划、采办项目、竞争、样机制造等)的依据。

先期概念技术演示验证(Advanced Concept Technology Demonstration,ACTD) 应用于确定成熟技术的军事效用和开发优化效能的作战概念。先期概念技术演示验证本身不是采办项目,但它完成后能提供一种有后效的有用能力。在该领域中,其项目资金可以保障使用两年,由先期技术开发或演示验证(ATD)资金拨款。

先期技术开发或演示验证(Advanced Technology Demonstration,ATD)(预算活动6.3) 在6.3a(先期技术开发)项目中的项目,用于演示验证先期技术的成熟程度和提高军事作战能力或成本有效性的潜力,目的是以非正规过程相对较低的费用减少技术风险和不确定性。

组成部门(Agency Component) 一个机构的主要组成部分。例如,美国陆军、海军、空军和国防供应局都是美国国防部的组成部门;联邦航空公司、城市公共交通运输局和联邦公路管理局都是美国运输部的组成部门。

备选方案分析(Analysis of Alternatives,AoA) 对备选的装备系统满足任务需求的估计成本和作战效能及对每个备选方案有关的项目进行的一种分析。以前,备选方案分析称为成本和作战效能分析(COEA)。

自动化信息系统(Automated Information System,AIS) 计算机硬件和软件、数据或通信的一种组合,以完成收集、处理、传输和显示信息等功能。除计算机硬件和软件资源以外,它们在物理上属于武器系统任务性能的一部分,专用于武器系统任务性能的实时方面,或者说是此方面性能的基础。

自动化测试设备(Automatic Test Equipment,ATE) 旨在对功能或静态参数自动进行分析、评估性能降低程度及进行单元故障隔离的设备。

基线(Baseline) 明确规定的数量或质量指标,作为后续工作的起点和衡量进度的标准,可以是技术成本基线或进度基线。

试验性构形(Brassboard Configuration) 用于确定可行性和开发技术和作战使用数据的一个(或一组)实验性装置。它通常是一个经过充分加固的模型,用于在实验室以外的环境中演示验证直接感兴趣的技术原理和作战使用原则。它类似于最终产品,但不打算作为预期的最终产品使用。

实验性构形(Breadboard Configuration) 用于确定可行性和开发技术数据的一个(或一组)实验性装置。这种构形通常只用于实验室,用来演示验证直接感兴趣的技术原理。它不一定要像最终产品一样,也不打算作为预期的最终产品使用。

顶层试验鉴定主计划(Capstone Test and Evaluation Master Plan,TEMP) 阐明由若干单个系统集合而成、实现共同功能的计划项目(系统系列、多系统之大系统)的试验鉴定主计划。对单个系统特有的内容要求,应在基本的顶层试验鉴定主计划的附录中加以说明。

附录 B　美国国防部试验专用名词术语

初始作战试验鉴定的认证（Certification For Initial Operational Test and Evaluation,IOT&E）　军种在系统研制高级阶段的一个认证过程,通常在低速率初始生产（LRIP）期间进行,认证结果是宣布系统已做好进行初始作战试验鉴定的准备。这个过程各军种有所不同。

首席研制试验官（Chief Developmental Tester,CDT）　根据美国法典第10编、国防部指示5000.2和负责采办、技术与后勤的国防部副部长备忘录中关于"关键领导岗位与资格条件"的规定,项目主任将为每个重大国防采办项目和重大自动化信息系统项目指定一名首席研制试验官,负责协调、监督所有研制试验活动并领导试验鉴定工作层一体化产品小组的工作。

竞争性样机研制策略（Competitive Prototyping Strategy,CPS）　在可相互比较的并行试验中,两个或多个承包商开展样机竞争。

方案实验计划（Concept Experimentation Program,CEP）　方案实验计划是训练和条令司令部（TRADOC）执行的一项年度计划。它是为司令官们确定具体作战实验需求及如何为其配属兵力而开展的。实验是分别进行的,或者考查装备方案,或者研究作战思想。方案实验计划的程序由训练和条令司令部的71-9手册提供。

并行（Concurrency）　采办策略的组成部分,它把寿命期的一些阶段（如工程与制造发展研制阶段和生产阶段）或活动（如研制试验与作战试验）结合起来或重叠进行。

临时试验（Contingency Testing）　指在原计划的试验中不能达到重大试验目标时需要进行的附加试验,以支持对某一计划项目追加资源的决策。

连续鉴定（Continuous Evaluation,CE）　是一个贯穿从方案确定直到部署等各阶段的连续过程,它通过分析所有可用数据对系统作战效能和适用性进行鉴定。

作战系统（Combat System）　为完成飞机、水面舰艇或潜艇任务而有机组合起来的设备、计算机程序、人员和文件；不包括飞机、水面舰艇或潜艇在建造和使用过程中本身固有的结构、材料、推进器、电力和辅助设备、传动和推进装置、燃料和控制系统以及消音设备。

构型（Configuration）　有时译为配置,指描述某一产品基本特点的总称。这些特点可以用两种术语表述,即该产品预期要达到什么性能或功能；物理术语表述,即该产品制成后外观如何,由哪些部分构成等。

构型管理（Configuration Management）　为确定和记录一种构型项目（CI）的

功能和物理特性、控制产品构型及其特性的变化、记录并报告变化过程与执行状态而采取的技术和管理指导及监督措施。它提供了完整的决策与设计修改的审计记录。

合同(Contract)　有能力负法律责任的两方或多方,以适当的形式就某一法律事务或目的和基于法律考虑而达成的一种协议。

承包商后勤保障(Contractor Logistics Support)　由一个商业机构承担国防部系统的维护和/或物资管理职能。历史上这是一种临时措施,直到将系统保障转变成国防部的一种建制能力为止。目前的政策允许承包商提供长期的系统保障,也称为"长期承包商后勤保障"。

合作计划(Cooperative Programs)　由一个或多个具体的合作项目组成的计划,这些项目的安排由参与各方以书面协议确定,可以在下面的通用领域进行:

(1)国防产品(包括对美国研制的系统的合作升级或其他改进)的研究、发展、试验鉴定,由一个或多个参与方研制的国防产品的联合生产(包括后续保障),以及美国根据美国法典第22篇第2767节(参考文献[3])为促进北约部队的合理化、标准化和互操作性(RSI)或加强非北约国家正在进行的改进其常规防御能力的工作而对国外国防产品(包括软件)、技术(包括制造权)或服务(包括后勤保障)进行的采购。

(2)为了改进北约的常规防御能力并提高其合理化、标准化和互操作性,根据美国法典第10篇第2350a节,与北约和主要的非北约盟国开展的合作研究与发展(R&D)计划。

(3)按照国防部已批准计划进行的数据、信息和人员交流活动。

(4)由盟国和友好国家为满足美国目前的有效军事需求而开发的常规国防装备、弹药和技术的试验鉴定。

把费用作为独立变量(Cost As an Independent Variable,CAIV)　通过确定积极的、可实现的全寿命费用目标,并在必要时通过权衡性能和进度的方式设法达到这些目标,以便采办和使用在经济上能承受得起的国防武器系统的一种方法。考虑国防部和工业界预期的对过程的改进,费用目标要使任务需求与未来财年的资源相平衡。目前,把费用作为独立变量已使政府注意到有责任从整个费用开支的角度确定/调整全寿命费用目标和评估需求。

关键问题(Critical Issues)　在全面掌握系统的适用性之前,必须提出的有关系统在作战使用、技术及其他方面能力的问题。关键问题对于决策者做出允许系统进入下一个研制阶段的决策是至关重要的。

关键作战问题(Critical Operational Issue,COI) 作战效能和/或作战适用性问题(不是参数、目标值或阈值),这些问题必须在作战试验鉴定中加以考查,以确定武器系统完成任务的能力。关键作战使用问题通常表述为必须回答的疑问句,以便恰当地评价作战效能(例如"系统在作战环境中能否在足够的距离上探测出敌方的威胁以便成功地进行交战?")或作战适用性(例如"系统在作战环境中能否安全工作?")。

数据系统(Data System) 人员工作、表格、格式、指令、程序、数据单元和相关数据编码、通信设施及自动数据处理设备(ADPE)等的组合,为记录、收集、处理和交换数据提供自动、手工或二者结合的有机且互连的手段。

国防采办执行官(Defense Acquisition Executive,DAE) 美国国防部内负责整个采办事务的个人(见国防部指令(DoDD)5000.01.)。

国防部指令 5000.01《国防采办系统》(Department of Defense Directive 5000.01"The Defense Acquisition System",DoDD 5000.01) 美国国防部关于国防采办的主要指令性文件,它规定了美国国防部管理采办项目的政策和原则,并确定了国防部主要采办官员和有关组织的职责。

国防部指示 5000.02《国防采办系统的运行》(Department of the Defense Instruction 5000.02"Oparetion of the Defense Acquisition System",DoDI 5000.02) 美国国防部关于国防采办的主要指示性文件,是针对 DoDD 5000.01 指令有关法规的具体实施办法。其目的是确立简单灵活的采办管理框架,以便将军事需求转化为稳定的、有序的装备采办项目。

国防部采办系统(Department of Defense Acquisition System) 在国防部内对所有装备、设施及服务进行规划、设计、研制、采购、维护及处置的一个统一的系统。该系统负责制定并推行采办管理的各项政策和方法,包括制定任务需求文件并确定性能指标和基线;确定采办项目的资源需求及其优先顺序;规划和实施采办项目;指导和控制采办审查过程;确定和评估后勤影响;签订合同;监督已批准计划的执行状况;以及向国会报告等。

指定的采办项目(Designated Acquisition Program) 国防部长办公厅(OSD)监管试验鉴定的作战试验鉴定局局长(DOT&E)或战略与战术系统局(S&TS)负责研制试验鉴定的副局长指定的项目。

详细试验计划(Detailed Test Plan,DTP) 该计划是对事件设计方案的补充,向其提供日常试验所需的信息。该计划向将要进行的活动提供需求,以确保试验正常进行。详细试验计划是一份由负责试验执行活动的组织编制的文件。

研制机构(Developing Agency, DA) 指定项目主任负责武器系统、子系统或设备项目研制、试验鉴定的系统司令部或海军作战部长。

研制试验鉴定(Development Test and Evaluation, DT&E) 在整个寿命期中进行的试验鉴定,其目的是确定各种备选方案和设计方案潜在的作战与技术能力及局限性;通过分析各种备选方案的能力和局限性来支持成本－性能权衡;支持对设计技术风险的辨识和描述;评估解决关键作战问题(COI)、降低采办技术风险、实现制造过程要求和系统成熟程度方面的进展情况;评估备选方案分析(AoA)的假设和结论的有效性;提供对支持系统做好作战试验鉴定准备进行决策的数据和分析;对于自动化信息系统,在处理保密或敏感数据以前支持信息系统安全认证,并确保标准符合性认证。

研制试验机构(Developmental Tester) 规划、实施研制试验并报告研制试验结果的司令部和机构。有关的承包商可以代表这些司令部或机构进行研制试验。

早期作战评估(Early Operational Assessment, EOA) 在样机试验之前或为支持样机试验而进行的作战评估。

早期用户试验(Early User Test, EUT) 一个通用术语,包含在技术研发阶段或系统研发早期和演示阶段,利用典型的用户部队所进行的所有系统试验。早期用户试验可试验装备概念,保障训练和后勤的计划,确认互操作问题,和/或确定未来试验需求。早期用户试验提供支持里程碑 B 系统鉴定报告的数据。部队发展试验/实验或方案实验项目或二者都可包括所有或部分早期用户试验。早期用户试验的实施由研究、发展、试验鉴定提供资金。早期用户试验使用初始作战试验所描述的程序,根据试验系统和保障包的成熟性和可用性进行必要的修改。早期用户试验寻求系统鉴定报告中必须解决的已知问题的答案。

效能(Effectiveness) 系统目标达到的程度,或某种系统满足一组特定任务要求而可能被选择的程度。

工程更改(Engineering Change) 对已交付、将要交付或正在研制的系统或项目,在它们的物理或功能特性确定之后,对此类特性所作的改动。

工程更改建议(Engineering Change Proposal, ECP) 向负责部门提出的建议,旨在改变装备的原定项目和将设计或工程改动纳入产品中,以便改进、增加、去掉或替代原来的零部件。

工程研制(Engineering Development) 研究、发展、试验鉴定投资类别,包括正在为军种使用施工但尚未批准采购或使用的研制计划。6.4 类预算包括为军种使用而全面研制的项目,但这些项目仍没有批准生产或生产资金已包括在国防部当年或后续财年的预算申请中。

准入标准(Entrance Criteria) 在允许进入特定事件之前必须达到的参数。

鉴定(Evaluation) 鉴定是由独立的鉴定人员进行的独立程序,用来确定系统是否满足已批准的要求。为了确保客观性,鉴定独立于装备研发人员鉴定。鉴定将评估所有可靠来源的数据。利用来自于仿真、建模和工程或作战分析的某些数据源来鉴定系统适用性和能力。

鉴定准则(Evaluation Criteria) 用以对所要求的技术特性和作战效能/适用性特性的实现情况或对技术和作战问题的解决方案进行评估的标准。鉴定准则应包括初始作战能力(IOC)系统的定量阈值。如果参数成熟程度超过初始作战能力,还必须在适当的时机提供中间鉴定准则。

放行标准(Exit Criteria) 根据采办决策备忘录的规定,在进入下一采办阶段前必须达到的标准和计划的特定结果。放行标准对通过该阶段的计划起到了审查把关作用。放行标准包括:例如,试验中达到性能特定级别的需求,或者在为长期项目采办提供资金之前进行的关键设计审核,或者在进入低速率初始生产之前证明新制造工艺的充分性。性能放行标准是确定为系统放行标准的技术和/或作战性能指标。

初始产品(First Article) 包括生产前模型、初始生产样品、试验样品、首批产品、试生产模型及试生产批量产品;初始产品的批准必须在生产前和生产开始阶段按照合同对初始产品是否符合合同要求进行试验和鉴定。

初始产品试验(First Article Testing,FAT) 由装备研制部门规划、实施和监控的生产试验。初始产品试验包括生产前和初始生产试验,以确保承包商能提供符合规定技术标准的产品。

后续作战试验鉴定(Follow-on Operational Test and Evaluation,FOT&E) 在系统部署以后可能需要进行的试验鉴定,以便完善作战试验鉴定期间所作的估计,评定变更情况和重新鉴定该系统,以确保该系统持续满足作战需求并在新的环境中或对付新的威胁时保持其效能。

后续生产试验(Follow-on Production Test) 在作出全面生产决策后对初始生产和大批量生产的样机进行的一种技术试验,以确定生产符合质量保证要求。计划投资类别属"采购"类。

国外比较试验(Foreign Comparative Testing,FCT) 美国法典第 10 篇第

2350a(g)节规定的一项国防部试验鉴定计划,由战略与战术系统局(S&TS)国外比较试验办公室主任集中管理。当确认由盟国开发的装备项目和技术具有满足国防部有效需求的明显潜力时,国外比较试验计划就为这些选定的装备项目和技术进行美国的试验鉴定提供资金。

未来年份国防计划(Future - Year Defense Program,FYDP) 以前称五年国防计划。国防部的官方文件,汇总了与国防部长(SECDEF)批准的计划有关的兵力和资源情况。它的三个组成部分是有关的组织机构、拨款账户(研究、发展、试验鉴定(RDT&E),作战使用与维护(O&M)等)和11项重要力量计划(战略力量、空运/海运、研究与发展(R&D)等)。研究和发展是06类计划。按现行的规划、计划、预算和执行(PPBE)周期,在各军种向国防部长办公厅(OSD)提交其计划目标备忘录(POM)(5/6月)、各军种向国防部长办公厅提交其预算(9月)和总统向国会提交国家预算(2月)时,要对未来年份国防计划进行更新。未来年份国防计划中的主要数据单元是计划单元(PE)。

协调一致(Harmonization) 对美国和其盟国及其他友好国家在基本军事要求方面存在的差异或分歧进行调整的过程或结果。协调一致意味着可以使重要的特征趋向一致,以便根据合作的总体目标取得尽可能大的利益(如提高资源的有效利用率、标准化和兼容性等)。它尤其意味着在"需求"方面相对较小的差异不会被允许作为支持只有微小差别的重复计划和项目的依据。

人机系统一体化(Human Systems Integration,HSI) 将人的因素考虑到系统设计中,以提高整个系统的性能和降低拥有费用的一种规范、统一和相互作用的方法。所考虑的人员因素主要有人力、人事、训练、人因工程、安全和健康等。

独立鉴定报告(Independent Evaluation Report,IER) 在项目或系统研制的某一节点,针对项目或系统的关键问题和试验的充分性评估作战效能和作战适用性的报告。

独立作战试验机构(Independent Operational Test Agency) 指陆军作战试验鉴定司令部(ATEC)、海军作战试验鉴定部队(OPTEVFOR)、空军作战试验鉴定中心(AFOTEC)和海军陆战队作战试验鉴定处(MCOTEA);对国防信息系统局(DISA)来说,是指联合互操作能力试验司令部(JITC)。

独立校核与验证(Independent Verification and Validation,IV&V) 对软件产品功能效能和技术充分性的一种独立审查。

初始作战能力(Initial Operational Capability,IOC) 首次达到的有效部署某

种武器、装备项目或系统的能力。这种部署要求该武器、装备项目或系统符合经批准的具体性能指标,有相应数量和类型,并要配备操作、维护和保障它们所必需的经训练和装备的人员。它通常在作战需求文件(ORD)中定义。

初始作战试验鉴定(Initial Operational Test and Evaluation,IOT&E) 对产品或产品样品进行的作战试验鉴定,以确定系统由预期的典型用户使用时是否有效、适用,从而支持逾越低速率初始生产(LRIP)的决策。对于海军,参见作战鉴定(OPEVAL)。

过程中审查(In-Process Review) 在关键点对计划或项目进行的审查,以评估其状况,并向决策者提出建议。

检查(Inspection) 在不使用专门的实验室设备或程序的情况下,对项目(硬件和软件)及有关的说明性文件进行的目视检验,把相应的特性与预先确定的标准进行比较,以确定是否符合要求。

一体化产品与过程开发(Integrated Product and Process Development,IPPD) 通过采用多学科小组的形式将所有基本的采办活动结合起来,以优化设计、制造和保障过程的一种管理方法。这种管理方法有利于达到从产品方案设计到生产直到作战保障的费用和性能目标。一体化产品与过程开发的关键原则之一是通过一体化产品小组开展多学科协同工作。

一体化产品小组(Integrated Product Team,IPT) 由来自相关功能学科的代表组成的小组,共同制定成功的计划,确定和解决有关问题,及时提出有助于决策的合理化建议。一体化产品小组有三种类型:着重于战略指导、计划评估和解决重大问题的顶层一体化产品小组(OIPT);确认并解决计划问题、确定计划状况并寻求采办改革机会的工作层一体化产品小组(WIPT);重点在于执行计划的计划层一体化产品小组,该小组可以包括来自政府和承包商的代表。

互操作能力(Interoperability) 系统、单元或部队向其他系统、单元或部队提供服务或从其他系统、单元或部队接受服务并利用这种互换服务一同有效工作的能力。就通信-电子系统或通信-电子装备产品来说,其实现状态就是在它们之间和/或它们的用户之间能直接和满意地交流信息或服务。参联会(JCS)把互操作能力看作现有网络的关键性能参数(KPP)的一个要素。

问题(Issues) 在了解系统的整个军事效用以前必须弄清的系统能力方面的问题,可以是作战、技术或其他方面的问题。作战问题是必须评估的问题,要把士兵和装备作为一个整体考虑,以便在完整的使用环境中对系统的作战效能和作战适用性进行评估。

关键性能参数(Key Performance Parameters,KPP) 是那些最小的但被认为对有效军事能力最为基本的属性或特征。能力发展文件(CDD)和能力生产文件(CPD)的关键性能参数都一字不差地写在采办项目基线(APB)中。

有限用户试验(Limited User Test,LUT) 任何类型的研究、发展、试验鉴定提供资金进行的用户试验,该试验不能处理所有效能、适用性和生存性问题,因此,与初始作战试验必须处理所有效能、适用性和生存性问题相比有局限性。有限用户试验可以处理有限数量的作战问题。有限用户试验为支持低速率初始生产决策(里程碑C)的系统评估和在初始作战试验之前进行的评审提供数据源。可进行有限用户试验来确认初始作战试验中发现问题的解决情况(考虑到解决问题的重要性不能将检验延期至后续作战试验,因而在部署前必须确认)。

实弹射击试验鉴定(Live Fire Test and Evaluation,LFT&E) 美国法典第10篇第2366节规定的一种试验过程,对"有掩蔽的"系统(Covered System)、重要弹药计划和导弹计划,或它们的产品改进(PI),在逾越低速率初始生产之前必须进行这种试验。也就是说,下列情况要进行这种试验:①"加壳防护"系统,这是一类重要的系统(属采办类别Ⅰ和Ⅱ),使用者可占据其中,在作战中它对占据者提供某种程度防护;②常规弹药计划或导弹计划;③计划要采购10亿发以上常规弹药的项目;④对"有掩蔽的"系统进行的改进,这一改进将明显改善这类系统的生存能力或杀伤力。

实弹射击试验鉴定报告(Live Fire Test and Evaluation (LFT&E) Report) 作战试验鉴定局局长(DOE&T)就生存能力和杀伤力试验准备的报告。对于"有掩蔽的"系统,要在逾越低速率初始生产决策之前向国会提交。

杀伤力(Lethality) 武器效应摧毁目标或使目标失效的概率。

全寿命费用(Life Cycle Cost,LCC) 政府在一个规定的寿命范围内,为研制、采办、使用和后勤保障某一系统或部队装备而支付的全部费用。

后勤保障能力(Logistics Supportability) 系统设计特性和计划的后勤资源(包括后勤保障(LS)的各种要素)能满足系统可用性和战时使用要求的难易程度。

批量验收(Lot Acceptance) 本试验以抽样程序为基础,确保产品维持其质量水平。在批量验收试验成功完成以前,不得接收或安装。

低速率初始生产(Low-Rate Initial Production,LRIP) 也称小批量生产,生产最低数量的系统(舰艇和卫星除外),以提供生产代表性产品进行作战试验鉴定,建立初始生产基地,并允许在成功完成作战试验后有序提高生产速度而达到全速率生产。对于重大国防采办项目,其低速率初始生产数量超过采办目标10%时,必须在采办报告选(SAR)中报告。对于舰艇和卫星,低速率初始生产是保持动员的最低数量和生产速度。

可维修性(Maintainability) 当由具有特定技能等级的人员,采用预定的程序和资源,在每个预定的维修级别上进行维修时,产品可保持或恢复到规定状态的能力。见平均修复时间。

重大国防采办项目(Major Defense Acquisition Program,MDAP) 参见采办类别。

重大系统(国防部)(Major System(DoD)) 参见采办类别。

重点靶场与试验设施基地(Major Range and Test Facility Base,MRTFB) 由向负责采办、技术和后勤的国防部副部长报告的试验资源管理中心主任根据国防部第3200.11号指令管理的一系列国防部重点靶场和试验设施。

故障平均间隔时间(Mean Time Between Failure,MTBF) 就某个特定的间隔时间而言,项目总体的整个功能的使用期限除以总体范围内的故障总次数。这个定义适用于时间、弹药发数、英里数、事件数或其他寿命度量单位,是可靠性的一个基本技术衡量标准。

平均修复时间(Mean Time to Repair,MTTR) 在给定的一段时间内,改正性维修所用的全部时间(小时数)除以改正性维修活动的总次数,是可维修性的一个基本技术衡量标准。

效能量度(Measure of Effectiveness,MOE) 作战性能取得成功程度的一种量度,它必须与正在评估的任务或作战目的有密切联系。例如,每次射击的杀伤力、杀伤概率、有效射程等。在备选方案分析(AoA)、作战需求文件(ORD)和试验鉴定中使用的各种效能量度应有联系;尤其是作战需求文件、备选方案分析、试验鉴定主计划及采办项目基线中的效能量度和性能量度(MOP)应保持一致。一个有意义的效能量度必须是可量化的,要能度量出达到实际目标的程度。

性能量度(Measure of Performance,MOP) 是较低一级的性能指标的量度,是效能量度的子集,如速度、有效载荷、射程、在岗时间、频率或其他可明确量化的性能指标。

里程碑(Milestone) 提出建议并批准开始或继续(进入下一阶段)一个采办项目的时间节点。

里程碑决策者(Milestone Decision Authority,MDA) 按照国防部负责采办、技术和后勤的副部长(USD(AT&L))制定的准则指定的负责批准采办项目进入下一阶段的人员;对于自动化信息系统采办项目(国防部指示5000.2R,参考文献C),则是按照国防部负责指挥、控制、通信和情报的助理部长(ASD(C^3I))制定的准则指定的负责批准采办项目进入下一阶段的人员。

军事作战需求(Military Operational Requirement) 军事要求的正式表述,据此研制或采购项目、装备或系统。

任务可靠性(Mission Reliability) 某一系统根据任务书规定的条件,在某一给定的时间内完成任务基本功能的概率。

模型(Model) 模型是某种实际系统或概念系统的一种表示,包括数学、逻辑表达式或计算机仿真,能够用于预测在各种状态下或敌对环境中系统的运行或生存情况。

多军种试验鉴定(Multi – Service Test and Evaluation) 由国防部两个或两个以上部门对一个以上国防部部门所采办的系统(联合采办项目)或者对一个部门与其他部门的装备有接口关系的系统进行的试验鉴定,可以是研制试验,也可以是作战试验(多军种作战试验鉴定)。

非研制项目(Non – Developmental Item,NDI) 任何以前由联邦机构、州或地方政府或者与美国有防务合作协议的外国政府研制的专用于政府目的的供应项目;或任何只需进行少量修改的上述项目;或对通常在商业市场可以买到的产品型号进行修改即可满足有关部门需要的任何项目。

非重大国防采办项目(Nonmajor Defense Acquisition Program) 重大国防采办项目或高度敏感的保密项目以外的项目,即Ⅱ、Ⅲ类采办项目。

抗核能力(Nuclear Hardness) 系统或部件抵抗核武器环境导致暂时或永久性丧失功能和/或性能下降的能力的定量描述,由抵抗诸如超压、峰值电压、吸收的能量和电应力等物理量的能力来度量。抗核能力通过严格遵守相应的设计规范来实现,并通过一种或多种试验分析技术进行检验。

目标值(Objective) 用户希望得到且项目主任力图达到的性能值。目标值是在每个计划参数的阈值以上的具有作战使用意义、时效性好和效费比高的增量。

开放式系统(Open Systems) 采办武器系统的一种综合性的技术和商业策略。这种策略依据正式公认的标准组织(公认的工业标准组织)所采用的规范和标准,或有利于利用多个供应商的一般可接受的标准(公司专有或非专有标准),明确规定了系统(或在研装备)的关键接口。

作战评估(Operational Assessment,OA) 由独立作战试验机构在非生产系统上进行的作战效能和作战适用性评估,必要时可在用户支持下进行。作战评估的重点是研制工作中注意到的重要动向、计划空白点、风险领域、需求的充分性和该计划充分支持作战试验(OT)的能力。作战评估可在任何时候利用技术演示验证装置、样机、全尺寸模型、工程研制模型(EDM)或仿真来进行,但不能代替支持全速率生产决策所需进行的独立作战试验鉴定(OT&E)。

作战可用性(Operational Availability,Ao) 装备或武器系统在需要时能正常工作的程度,最高用1或100%来表示。其表达式是正常工作时间除以正常工作时间与停机时间之和。它是战备目标与保障能力之间的定量联系。

作战效能(Operational Effectiveness) 在考虑编制、条令、战术、生存能力、易损性和威胁(包括对抗措施、初始核武器效应、核生化沾染(NBCC)威胁)的情况下,由具有代表性的人员在计划和预期的作战使用环境(自然、电子、威胁等)中对系统进行使用时,系统完成任务的总体能力。

作战鉴定(Operational Evaluation) 核定武器、装备或弹药由典型军事用户在作战使用时的效能和适用性以及系统作战问题和准则;提供信息以估计组织结构、人员需求、条令、训练与战术;确定作战使用缺陷和对改进的要求;在逼真的作战使用环境下评估系统在安全、健康危害、人的因素、人力和人员(MANPRINT)等方面的情况。

作战需求(Operational Requirements) 由用户或用户代表提出的经过确认的要求,旨在弥补任务领域存在的不足、应付不断变化的威胁、利用正在出现的新技术或进行武器系统成本的改进等。作战需求是武器系统独特规范和合同要求的基本依据。

作战需求文件(Operational Requirements Document,ORD) 记录用户对某一建议方案或系统的作战性能的目标和最低可接受需求的文件。其格式见2001年4月15日发布的参联会主席指示(CJCSI)3170.01B"需求产生系统(RGS)"。

作战适用性(Operational Suitability) 系统投入战场使用的满意程度,在考虑给定的可用性、兼容性、可运输性、互操作性、可靠性、战时使用率、可维修性、安全性、人因工程、人力可保障性、后勤可保障性、自然环境效应和影响、文件以及训练需求等因素。

作战试验鉴定(Operational Test and Evaluation,OT&E) 对武器、装备或弹

药的任何项目(或关键部件)在逼真条件下进行的野外试验,目的是确定武器、装备或弹药由典型军事用户在战斗中使用时的效能和适用性,并鉴定这些试验的结果。(美国法典第10篇第2399节)

作战试验准则(Operational Test Criteria) 在每项作战试验中,为演示验证给定功能的作战效能,对军事系统所需作战性能水平的描述。这种描述包括所考虑的功能、比较的依据、所需的性能和置信度。

作战试验准备审查(Operational Test Readiness Review,OTRR) 为确定可能对作战试验鉴定(OT&E)的实施产生影响的问题而进行的审查。进行作战试验鉴定审查,旨在确定对实施作战试验鉴定所需的规划、资源或试验方面的变更情况。参与方包括作战试验人员(任主席)、鉴定人员、装备研制人员、用户代表、后勤人员、陆军部总部(HQDA)参谋人员及其他必要的人员。

参数(Parameter) 一种决定性因素或特性,通常与在研系统的性能有关。

性能(Performance) 保证系统在一定时间内有效且高效地完成其指定任务的作战和保障特性。系统的保障特性既包括设计的可保障性,又包括系统使用所必需的保障要素。

试生产(Pilot Production) 通常是指为了试验新的制造方法和工艺规程而在初始生产阶段建立起来的生产线。在生产线验收以前,通常由研究、发展、试验鉴定拨款提供资金。

生产后试验(Postproduction Testing) 最初发放和部署后,为确保经过返工、修理、革新、改装或翻修的装备符合规定的质量、可靠性、安全性和作战性能标准而进行的试验。生产后试验包括监管试验、贮存可靠性试验及修复试验。

预先规划的产品改进(Preplanned Product Improvement,P^3I) 对在研系统未来的渐进改进进行规划,为此,要在研制期间就考虑影响设计方面的问题,以增强其今后对预定技术的应用。预先规划的改进还包括为达到要求的作战能力而超出现有系统当前性能范围的改进。

试生产样机(Preproduction Prototype) 采用标准零部件按最终式样组装的产品,代表着随后在生产线上要生产的产品。

试生产合格试验(Preproduction Qualification Test) 按合同要求进行的正式试验,可确保在规定的作战和环境范围下的设计完整性。这些试验通常使用按照建议的生产设计规范和设计图纸制造的样机或试生产硬件进行。这种试验还包括发放生产许可证之前所要求的合同规定的可靠性和可维修性演示验证试验。

杀伤概率(Probability of Kill,PK)　武器系统的杀伤力,一般是指兵器(如导弹、弹药等)。通常是指武器能充分接近目标爆炸并有足够的效能摧毁目标的统计概率。

产品改进(Product Improvement,PI)　结合构形变化所做的工作,其中包括对最终产品和库存可维修部件的工程和试验工作;或结合所有为提高系统作战效能或延长其使用寿命而进行的改动(研制项目除外)所做的工作。这一工作通常是由用户反馈引起的。

生产验收试验鉴定(Production Acceptance Test and Evaluation,PAT&E)　对生产项目进行的试验鉴定,以演示验证采购项目符合采购合同或协议的要求和规范。

生产品(Production Article)　初始或全速率生产(FRP)的最终产品。

生产验证(Production Prove Out)　在用样机硬件进行生产试验前,为确定最合适的设计方案所进行的技术试验。这种试验还可以提供有关安全、关键系统技术指标的可实现性、硬件构形的改进和更加耐用以及确定技术风险等方面的数据。

生产合格试验(Production Qualification Test,PQT)　在全速率生产(FRP)决策以前进行的一种技术试验,以确保制造工艺、设备和规程的效能。这种试验还用来为装备发放所要求的独立鉴定提供数据,以便鉴定人员能针对规定的各种需求考虑装备的充分性。这种试验是在从第一批产品中随机抽取的样品上进行的,如果工艺或设计发生重大变化且采用第二批或替代样品来源时,应重复进行这种试验。

项目主任(Program Manager,PM)　通过一体化产品小组管理采办项目的军职或文职官员。

样机(Prototype)　原型或模型,以后的系统/项目按它成形或以它为基础。早期的样机可以在早期设计阶段建造,并在进入先期工程以前进行试验。在需要确定和解决此阶段或者支持预先规划的产品改进(P3I)或渐进式采办(EA)中的具体的设计和制造风险问题时,选定的样机可以发展成为工程研制模型(EDM)。

合格试验(Qualifications Testing)　根据预先确定的安全系数模拟规定的作战环境条件而进行的试验,试验结果要指出给定的设计能否在所模拟的系统作战环境中实现其功能。

质量保证(Quality Assurance,QA)　为提供以下三方面的可信性而必须有计划有系统地采取的各种行动,一是提出了充分的技术需求,二是产品和服务与提出的技术需求一致,三是达到满意的性能。

逼真试验环境(Realistic Test Environment)　预计系统要在其中使用和维护的环境条件,包括自然气候和天气条件、地形影响、战场干扰以及敌方的威胁等。

可靠性(Reliability)　系统或其零部件在无故障、不降低指标或无需保障系统的情况下完成其任务的能力。见"平均故障间隔时间"。

所需作战性能(Required Operational Characteristics)　系统参数,表示将要部署的系统完成所要求的任务功能和得到保障的能力的主要指标。

所需技术特性(Required Technical Characteristics)　选定的一组系统参数,用作工程目标完成情况的主要指标。这些参数不一定要直接衡量系统完成所要求任务功能和得到保障的能力,但始终与此种能力有关。

研究(Research)　①对某一学科进行系统性的探究,以便发现或修正事实、理论等;做调查研究。②开发在国防系统中有潜在用途的新技术的手段。

风险(Risk)　在明确规定成本和进度限制的情况下不能达到计划目标的一种量度。风险与诸如威胁、技术、设计方法、工作分解结构(WBS)单元等计划的各个方面都有关系。风险有两个组成部分:①不能实现特定结果的概率;②不能实现该结果的后果。

风险评估(Risk Assessment)　在风险领域和关键技术程序方面确定计划风险、分析其后果和发生概率并提出处理它们的优先次序的过程。

风险监控(Risk Monitoring)　在整个采办过程中,按照规定的指标系统地跟踪和评估风险项目情况,并适时制定进一步降低风险的备选处理方案的过程。

安全(Safety)　应用工程和管理原理、准则及技术,在系统寿命期的所有阶段,在作战使用效能、时间和成本约束下,使安全性达到最佳。

安全/健康检验(Safety/Health Verification)　开发用于鉴定系统安全和健康特性的数据,以确定系统的可接受性。这项工作主要在研制试验(DT)和用户或作战试验(OT)及鉴定期间进行,并通过分析和独立鉴定予以补充。

安全证书(Safety Release)　在人员接手使用或维护以前发给用户试验机构的一种正式文件。安全证书表明系统由典型用户人员使用和维护是安全的,并说明了系统安全性分析。证书还包括作战使用限制和注意事项。试验机构使用这些数据将安全纳入到试验控制和程序中,并确定在这些限制下能否满足试验目标。

采办报告选(Selected Acquisition Report,SAR)　要求定期向国会提交的有关重大国防采办项目(Ⅰ类采办项目)的标准的、综合性的现状概要报告。其内容包括重要的成本、进度和技术信息。

仿真(Simulation)　运行模型的一种方法。它是用模型进行试验的过程,目的是了解已经建模的系统在选定条件下的行为,或者评价在研制或作战使用准则规定的限制条件下使用系统的各种策略。仿真可以包括使用模拟或数字装置、实验室模型或"试验台"。仿真通常在计算机上进行编程求解,但从广义上讲,军事演习和兵棋推演也属于仿真的范畴。

模拟器(Simulator)　通用术语,用于描述在研制试验、作战试验和训练中代表武器系统的设备。例如,威胁模拟器具有一种或多种特性,这种特性在用人的感官或人工传感器进行探测时能够以预定逼真度表征实际威胁武器系统。

规范(Specification)　在研制和采购工作中使用的一种文件,描述对项目、器材或服务的技术需求,包括确定这些需求是否已满足的程序。规范可以是针对某一特定计划的(计划专用的),也可以是若干计划共用的(具有通用性)。

子试验(Subtest)　试验计划的一个单元。子试验是针对具体目的(如淋雨、沙尘、可运输性、导弹发射、涉渡等)进行的试验。

生存能力(Survivability)　生存能力是系统及其操作人员规避或承受人为敌对环境而完成指定任务的能力未受到致命削弱的能力。

敏感性(Susceptibility)　装置、设备或武器系统由于一个或多个固有弱点而易受到有效攻击的程度。敏感性是作战战术、对抗措施、敌人部署威胁的概率的函数。敏感性可以认为是生存能力的一个子集。

系统(System)　①完成指定功能以达到诸如收集特定数据、进行处理并向用户提供等预定结果所需的硬件、软件、器材、设施、人员、数据和服务的组织结构。②为完成某种作战功能或满足某种需求,由两种(台)以上的相关设备组合而成一个功能组合体。

国防系统工程(System Engineering Defense)　一种综合性的、反复进行的技术管理过程,它包括把作战需求转化成成型的系统,综合整个设计组的各种技术思想,管理各种接口,确定并管理技术风险,把技术从技术基础转变为计划项目的具体实践,以及确认设计满足作战要求等。它是贯穿于整个寿命期的活动,要求对产品和过程同时进行开发。

系统工程过程(Systems Engineering Process,SEP)　旨在把作战需求转化成

对系统性能参数和优选系统构型的一系列符合逻辑的活动与决策。

系统规范(System Specification)　根据系统的技术性能和任务要求来阐述系统所有必要的功能要求,包括确保满足所有要求的试验措施和基本的实际限制条件。系统规范把系统作为一个整体来阐述其技术和任务要求。

系统威胁评估(System Threat Assessment,STA)　描述系统将要面对的威胁和预计的威胁环境。对于由国防采办委员会(DAB)审查的计划,其威胁信息须经国防情报局(DIA)确认。

技术鉴定(Technical Evaluation,Techeval)　研制部门为确定装备、设备或系统对于军种使用的技术适用性而进行的研究、调查或试验鉴定(T&E)。(见"研制试验鉴定(DT&E),海军")。

技术可行性试验(Technical Feasibility Test)　一般在方案改进(CR)和技术发展(TD)阶段进行的一种研制试验,目的是提供数据以协助确定安全和健康危害、确认系统性能规范和可行性。

技术性能测量(Technical Performance Measurement,TPM)　描述政府为了了解除处理进度和费用以外的设计状态而进行的所有活动。技术性能测量管理人员的职责是进行产品设计评估,通过试验来估计工作分解结构(WBS)产品单元现有设计的基本性能参数值。技术性能测量可以预测出通过预定的技术计划工作能达到的参数值,测量已达到的参数值与系统工程过程(SEP)分配给产品单元的参数值之间的差异,并确定这些差异对系统效能的影响。

技术试验方(Technical Tester)　规划、实施和报告技术试验结果的司令部或机构。相关承包商可以代表这些司令部或机构完成研制试验。

试验(Test)　为评估研究与发展(R&D)(不包括实验室实验)、实现发展目标的进展情况或系统、子系统、部件及装备项目的性能和作战能力而获取、验证或提供数据而制定的任何计划或程序。

试验与鉴定(Test and Evaluation,T&E)　一个过程,通过这一过程系统或部件可提供有关风险和风险降低的信息以及用于验证模型和仿真的经验数据。试验鉴定作为对达到的技术性能、规范指标和系统成熟程度的一种评估,能确定系统在预定的作战使用中是否有效、适用和可生存。通常有两种类型的试验鉴定:研制试验鉴定(DT&E)及作战试验鉴定(OT&E)(见作战试验鉴定(OT&E)、初始作战试验鉴定(IOT&E)及研制试验鉴定(DT&E))。

试验鉴定主计划(Test and Evaluation Master Plan,TEMP)　规划试验鉴定计划的总体结构和目标的文件。它为制定详细的试验鉴定计划提供框架,并阐述有关试验鉴定计划的进度和资源问题。试验鉴定主计划中明确了必要的研制试验鉴定、作战试验鉴定以及实弹射击试验鉴定活动,并将计划进度、试验管理策略和组织及所需要的资源与关键作战问题(COI)、关键技术参数、作战需求文件(ORD)中确定的目标值和阈值、鉴定准则及里程碑决策点联系起来。对于多军种或联合计划来说,需要有单一的综合性试验鉴定主计划。各军种对系统独特的内容要求,特别是与关键作战问题有关的鉴定准则,可在各军种起草的基本试验鉴定主计划的附录中加以说明。

试验台(Test Bed) 由实际的硬件和/或软件和计算机模型或样机硬件和/或软件构成的一种系统。

试验准则(Test Criteria) 判定试验结果和结论的标准。

试验设计规划(Test Design Plan) 有关试验实施条件、试验获取数据以及将数据结果与试验条件联系起来的数据处理方法的说明。

试验仪器设备(Test Instrumentation) 试验仪器设备是在装备、训练方案或战术条令的试验、鉴定或检验期间,用于测量、传感、记录、传送、处理或显示数据的科学设备、自动化数据处理设备(ADPE)或技术设备。声像设备用于支持陆军试验时也作为试验仪器设备。

试验资源(Test Resources) 一个集合术语,包括规划、实施并从试验事件或计划中收集/分析数据所必需的所有要素。这些要素包括试验资金和保障人力(包括临时工作(TDY)成本)、试验资产(或被试产品)、试验资产保障设备、技术数据、仿真模型、试验台、威胁模拟器、代用品和替代品、指定试验资产或试验事件专用的特殊仪器设备、靶标、跟踪和数据采集设备、测量仪器设备、数据处理设备、通信系统、气象设施、公用设施、摄影设备、校准设备、保密设备、回收设备、维护和修理设备、频率管理与控制设备以及基地/设施保障服务。

威胁(Threat) 能限制或妨碍美国军事任务完成或降低兵力、系统及装备效能的任何敌人的潜在力量、能力及战略目的的总和。

阈值(Thresholds) 最低可接受值(MAV),从用户的判断来说这是满足要求所必需的数值。如果达不到阈值,计划性能会严重降低,或者计划可能非常昂贵,或者计划不再可行。

可运输性(Transportability) 通过诸如铁路、公路、水路、管线、海洋或空中运输等手段,依靠牵引、自行或运载工具对装备进行调运的能力(为实现这种能力,需要全面考虑能得到的和预计的运输资产、机动计划和进度,以及武器装备和保障项目对作战部队战略机动的影响)。

不知道的未知项(Unknown – Unknowns,UNK)　不可计划、不可预测甚至不知道想要寻求什么的未来情况。

用户(User)　从采办的系统中获益或即将获益的作战司令部或机构。作战司令官(COCOM)和军种都是用户。一个系统可以有多个用户。军种可以看作为联合司令部的作战司令官们组织、装备和训练部队所需系统的用户。

用户友好(User Friendly)　最初是自动化数据处理(ADP)中使用的一个术语,表示机器(硬件)或程序(软件)能够与人员的能力相适应,从而可以成功和方便地使用。

用户代表(User Representatives)　由适当的职能部门正式指定、在需求和采办过程中代表一个或多个用户的司令部或机构。军种和作战司令官的军种部门通常都是用户代表。对于一种系统来说应该只有一个用户代表。

确认(Validation)　①由承包商(或国防部的采购部门指定的其他单位)对出版物或技术手册(TM)的技术准确性和充分性进行检验的过程。②针对已经编辑的文件对输入和输出进行比较,并通过作为标准建立的决策表对比较结果进行评估的过程。

方差(统计学)(Variance(Statistical))　一组数值离散程度的量度;单个数值偏离平均值趋势的量度。其计算方法是:先将每一数值减去平均值得到一组差数,然后将每一差数进行平方,再将各个平方值相加除以数值的个数,便可以求得这些方差的算术平均值。

易损性(Vulnerability)　系统在非自然(人为)的敌对环境下受到某种(明确规定的)程度的影响而使其执行指定任务的能力受到一定削弱(失去或降低)的特性。易损性可以认为是生存能力的一个子集。

工作分解结构(Work Breakdown Structure,WBS)　把项目越来越细地分解成若干合乎逻辑的部分或子项目的组织方法。它对于组织一个项目非常有用。

工作层一体化产品小组(Working – Level Integrated Product Team,WIPT)　来自于所有相应职能学科的代表为制定成功和平衡的计划、确定和解决问题以及进行及时有效的决策而在一起工作的小组。工作层一体化产品小组可以包括来自政府和工业界(其中包括主承包商和子承包商)两个方面的成员。一个包括提供工业界观点的非政府代表在内的委员会是符合联邦咨询委员会法案且必须遵循该法案的程序办事(FACA)的咨询委员会。